U0629986

普通高等教育数据科学与大数据技术系列教材

大 数 据 计 算

邬江兴 张 帆 邹 宏 主编

科学出版社

北 京

内 容 简 介

本书是一本系统介绍大数据计算技术及其应用的教材,旨在为读者提供一个全面了解大数据计算领域基本概念、关键技术、系统框架、实际应用等的全景图。全书共 9 章,主要包括绪论、大数据存储、大数据分析与可视化、大数据计算框架及软件架构、先进大数据计算系统框架、大数据计算系统架构模拟仿真、先进大数据计算系统实现技术、先进大数据计算系统应用实践、大数据计算的生态体系和发展趋势等内容。本书对当前常规和先进的大数据计算系统进行了深入剖析,阐述了各种加速芯片和晶圆级异质集成计算系统的实现技术,并介绍了大数据计算技术在医疗、安全、遥感等领域的具体应用案例。

本书旨在帮助读者深入理解大数据计算的核心概念、技术原理及其在实际应用中的价值,可作为计算机科学、数据分析、高性能计算、人工智能等相关专业高年级本科生和研究生的教材,也可供相关领域的研究人员阅读参考。

图书在版编目 (CIP) 数据

大数据计算 / 邬江兴, 张帆, 邹宏主编. — 北京 : 科学出版社, 2025.2.
(普通高等教育数据科学与大数据技术系列教材). — ISBN 978-7-03-080450-1

Ⅰ. TP274

中国国家版本馆 CIP 数据核字第 2024R1J802 号

责任编辑:于海云 /责任校对:王 瑞
责任印制:师艳茹 /封面设计:马晓敏

科 学 出 版 社 出版
北京东黄城根北街 16 号
邮政编码:100717
http://www.sciencep.com
三河市骏杰印刷有限公司印刷
科学出版社发行　各地新华书店经销
*
2025 年 2 月第 一 版　　开本:787 × 1092　1/16
2025 年 2 月第一次印刷　印张:12 1/2
字数:300 000

定价:**59.00 元**
(如有印装质量问题,我社负责调换)

编　委　会

主　　编： 邬江兴　张　帆　邹　宏
副主编： 曹　伟　马江涛　黄瑞阳
参　　编： 高彦钊　祁晓峰　余新胜
　　　　　　　张逢喆　周学功　侯　慧
　　　　　　　齐　宁　杨少波　刘正煜
　　　　　　　查雨立　陈　立　张馨怡

前　言

2022 年底以 ChatGPT 为代表的大模型火爆出圈引起了公众对人工智能的广泛探讨。而大模型等先进人工智能技术的迅速发展，离不开大数据计算等关键技术的支撑。

大数据计算是指专门为收集、储存、处理大量或复杂的数据集而设计的方法和工具，这些数据集通常具有海量、类型多样、产生速度快和价值密度低等特点。大数据计算依赖于分布式计算、云计算、机器学习等先进技术架构，对海量数据进行高效、准确的处理和分析，从而提取出有价值的信息和知识。

大数据计算主要解决的问题包括海量数据的存储和管理、数据的处理和分析、数据的可视化和展示、数据的安全和隐私、数据的共享和开放，以及实时数据处理和多源异构数据处理等。在信息量激增的当代，大数据计算在商业、医疗、交通、金融和人工智能等诸多领域都发挥着重要作用。

在发展历程上，大数据计算的起源可追溯到 20 世纪 90 年代，当时商业智能的兴起推动了数据仓库的出现。随后在 21 世纪初，Hadoop 和非结构化数据库等技术相继出现，拉开了大数据时代的序幕。在 2009 年之后，随着大数据基础技术的成熟，大数据计算开始向商业、科技、医疗、政府、教育等各个领域渗透。近年来，大数据计算与云计算、人工智能等技术不断融合，推动了数据处理、分析和应用能力的提升。在未来，随着数字化转型的加速，大数据计算将与边缘计算、生物信息学和可持续发展等新兴领域持续融合，从而推动各领域的高效发展。

大数据计算的研究包括了数据的收集、筛选、存储、分析、可视化和保护等各方面内容，还涉及设计系统框架、研发加速芯片和模拟仿真等具体研究方法。

在上述背景下，本书应运而生，旨在系统介绍大数据计算领域的基础理论、技术方法以及实践应用，以满足学术界和工业界对于大数据计算知识的需求。本书以系统性、全面性、前瞻性为特点，对大数据计算领域的基础理论、技术演进、实践应用进行了深入探讨。在本书中，分别对大数据计算的存储、分析与可视化、系统框架和仿真验证等方面进行了具体描述，详细介绍了大数据计算的主要研究内容与方法。此外，本书还突出了领域专用软硬件协同计算、先进大数据计算系统实现技术等前沿内容，对读者进行了全方位的知识传递和启发。

全书共 9 章，主要内容如下。

第 1~4 章主要介绍了大数据技术的基础知识、计算方法和传统框架，包括绪论、大数据存储、大数据分析与可视化，以及大数据计算框架及软件架构。

第 5~7 章着重介绍了先进大数据计算系统框架、模拟仿真和实现技术，包括领域专用软硬件协同计算、大数据计算系统架构模拟仿真,以及先进大数据计算系统实现技术等内容。

第 8 章介绍了先进大数据计算系统在实践中的应用案例,包括大数据试验场、医保大数据稽核、遥感大数据计算等。

第 9 章对未来大数据计算发展趋势进行了展望。

对于本书的出版,要感谢所有为本书提供支持和帮助的人员,特别是家人以及各位同行专家学者和出版社工作人员,没有他们的支持和帮助,本书将无法顺利完成。

在这个飞速发展的数字时代,大数据计算如同一把钥匙,开启着通往未来的大门。然而,面对这一领域的深邃与广阔,作者团队的能力水平有限,书中难免有疏漏之处,敬请读者给予批评指正。在这个数字时代,让我们携手大数据计算,共同探索未来的可能性。

邬江兴

2024 年 8 月

目　录

第1章 绪 论

当今世界，数字技术正以新理念、新业态、新模式全面融入人类政治、经济、文化、社会、生态文明建设各领域和全过程，给人类生产生活带来广泛而深刻的影响。数字技术通常是互联网、大数据、云计算、人工智能等一系列技术的统称，是新一轮科技革命的主导技术。数字技术从未像今天这样深刻地影响着一个国家的前途命运，也从未像今天这样深刻地影响着人民的生活福祉。

大数据是数字技术的重要组成部分，也是数字技术赖以实现的基石，本章首先阐述了大数据的概念及技术体系，并重点介绍大数据计算技术的内涵、分类、面临的挑战和发展趋势。

1.1 大数据技术概述

面对电商网站上琳琅满目的商品，用户如何快速找到指定类型的商品呢？

面对一个城市数万个摄像头，公安部门如何快速筛选定位找到目标人物呢？

面对浩如烟海的网页内容，用户如何快速搜集到所需要的信息呢？

公司人事部门如何从海量的简历信息中快速筛选出与公司所需职位匹配度较高的员工？

网络营销人员如何从用户的消费等相关行为数据中筛选出最有价值的客户？

电信监管部门如何从每天大规模的通话记录中找到一些电信诈骗的通话记录？

网络安全分析师如何从每天的高速流量数据中筛选出攻击线索？

网络巡警如何从成千上万的网页中及时发现不良的网页内容信息？

……

美国著名未来学家阿尔文·托夫勒(Alvin Toffler)在其具有深远洞见的《第三次浪潮》一书中曾经大胆预言：信息化将改变人类的生活和工作方式，而信息流动所产生的难以计量的非结构性数据将成为新的资产。这个预言已经变成今天日常的现实，在当下的每一时刻，各种互联网社交媒体网站、数量繁杂的物联网传感器和现实数字化媒体平台等都在源源不断地产生着涵盖文本、语音、图像、视频、位置、流量等的大数据，而人类浏览、阅读和分析处理这些数据的行为同时也在被大数据偷偷地记录着。大数据已然深入渗透到人类生活的方方面面。

1.1.1 数据的基本概念

2023 年 10 月 25 日，国家数据局正式挂牌成立，它的成立对于全面贯彻落实数字中国建设整体布局，健全我国数据基础制度，提升数据治理效能产生深远而积极的影响。在数字经济时代，数据就像"工业血液"石油一样，是每个企业生存发展不可或缺的生产资料，因此，要将数据看作推动数字中国建设和加快数字经济发展的重要生产要素，驱动数据标准化、规范化、体系化、价值化、要素化。

1. 数据

从文明之初的"结绳记事"，到文字发明后的"文以载道"，再到近现代科学的"数据建模"，数据一直伴随着人类社会的发展变迁，承载了人类基于数据和信息认识世界的努力和取得的巨大进步。

数据是信息科学和计算机科学中的基本概念，主要指用于记录和表达各种信息的原始素材，可以是数值、文本、图像、音频、视频等不同形式。本书所关注的数据特指可以用计算机来表达的各种素材，即其本质都可以用"0"和"1"来表示。一般而言，数据主要有以下几种特性。

(1)多样性：数据集中包含了不同类型、来源和格式的数据，数据可以采取多种形式表达，如数字、文字、图片、声音等。

(2)量化性：数据可以被量化和度量，即数据可以表现为数值形式，或者转换为数值形式，以进行数学运算和分析。数据的量化性是进行有效数据分析和洞察的基础，通过量化，可以对数据进行数学建模和分析，从而支持决策制定和问题解决。

(3)结构性：数据的组织方式和内部关系，描述了数据元素之间的排列、组合和关联方式。数据可以是结构化的，如数据库中的表格数据，也可以是非结构化的，如电子邮件、社交媒体帖子等。

(4)动态性：数据在生成、更新和变化过程中的特点和行为。在大数据环境中，数据的动态性是一个重要的特性，因为它直接影响到数据的实时性、有效性和可用性。

(5)价值性：数据在决策制定、业务优化、问题解决等方面所能发挥的作用及其重要性。在大数据时代，数据被认为是一种资产，其价值性取决于数据的质量、相关性、及时性和可用性。

2. 数据与 DIKW 模型

数据(data)、信息(information)、知识(knowledge)和智慧(wisdom)之间的逻辑关系常用 DIKW(data-to-information-to-knowledge-to-wisdom)模型来进行刻画和理解，如图 1-1 所示，它们构成了完整的知识体系。

数据位于 DIKW 模型第一层，它是指以数字的形式对客观事物的数量、属性、活动规律和相互关系等进行的刻画和描述，例如，一座桥梁路面宽 8m、高 5m；一袋面粉重 10kg 等。数据是人类对自然现象和社会活动进行记录的原始素材，在文字出现以后，人类就一直持续记录各种自然和社会历史数据，然而由于不同年代和不同地域等，数据记录方法存在一定的差异性，例如，丈量长度时，亚洲采用米(m)为单位，这与欧洲所采用的英寸(in，1in=2.54cm)不同，所以造成数据跨年代或者跨区域难以达成共识现象时有发生。直到 20 世纪计算机诞生并使得数据记录和存储管理变得更加便捷后，数据才开始以计算机便于组织的方式进行记录，并在不断实践中逐渐形成了数据统一记录或者转换的方法，从而较大程度地促进了数据在世界范围内的分享和无障碍理解。随着计算机通信网络技术特别是 Web2.0 技术的发展，数据记录范围得到极大的拓展，大量的互联网用户逐渐成为数据制造的主力军，而随着物联网(internet of things, IoT)、对地观测等技术的发展，世界被"监控"

的力度和强度越来越大，所产生的数据也不断呈几何级数增长，数据规模和急剧增长的速度对计算机处理分析提出了较大的挑战。

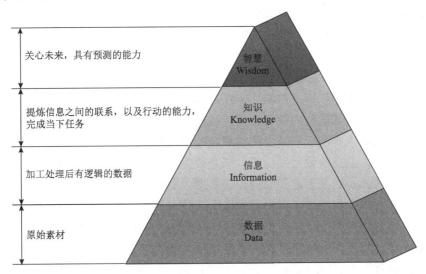

图 1-1　DIKW 模型

信息位于 DIKW 模型第二层，它是指对纷繁无序、相对孤立的数据进行处理，使得数据能够按照一定的逻辑关系进行组织，从而准确地反映客观事物之间的关系。例如，一个房子准备装修时，装修师傅丈量的房间各个局部的尺寸数据都是相对孤立的数据，这些数据仅仅反映了某个局部的长度信息，只有将这些孤立的数据进行汇总和组织，才能为房子的整体装修提供决策依据，如需要铺多少块砖、需要刷多少面积的墙体等，而这个汇总和组织后的数据就称为信息。信息来源于数据并高于数据，它需要对数据进行加工处理和逻辑组织，使处理组织后的数据具有一定含义，能够为决策提供支撑。数据是信息的载体，而信息与数据的主要区别在于：数据是对客观事物的直接定量描述，它往往是真实客观的；而信息在数据的筛选和组织等过程中融入了人的主观因素，不同的人提炼的信息会存在偏差，从而导致信息不一致的现象时有发生。因此信息的参差不齐，特别是大量冗余、错误甚至前后矛盾的信息，给信息检索结果的筛选辨别带来了巨大挑战。

知识位于 DIKW 模型第三层，它是指通过对大量历史上下文信息进行归纳、演绎等分析手段来探求信息背后的规律。尽管信息经过对数据的筛选和组织形成了具有一定决策价值的内容，但是信息往往具有一定的时效性，信息所具备的决策价值会随着时间变化而衰减。而通过对描述同一客观事物或者自然社会现象的历史信息进行综合归纳、演绎和分析，可以挖掘出信息背后所蕴含的模式和规律。例如，用户 U 经常每天在 7:00～8:00 从城市的 A 公交站上车，到 B 公交站下车，而在 17:00～18:00 从城市的 B 公交站上车，到 A 公交站下车，通过对该信息进行归纳分析，可以获得如下知识：用户 U 属于上班族，其家的位置在 A 公交站附近，而工作地点在 B 公交站附近；而将上述现象扩展到众多用户，可以判断形成整个城市的居住区域和工作区域的大致分布图。这种结合人类的知识体系，从历史上下文信息挖掘形成的模式和规律就可以称作为知识。为了让计算机具备发现知识的能力，数据挖掘技术应运而生，它能够发现信息背后潜在的、稳定的知识，具备了知识，机器就拥有了像人类一样洞察事件的能力。

智慧位于 DIKW 模型第四层，智慧是人类区别于其他生物的重要特征，它指不仅仅要洞察信息背后的规律和模式，而且要分析研判产生这种规律和模式的原因，并通过分析事件活动背后所蕴藏的原因机理，预测未来可能会发生的事件。智慧的产生过程依赖于知识，人类在进行行动决策的过程中，往往有许多知识可供选择，相应地会有多种行动决策方案可供选择，而选择哪些知识能够使行动更顺利以达成既定目标，以及如何做出正确选择等，就需要决策者综合各方面知识，前瞻性研判各种备选方案的效果。这种为了获得某种成功结果而选择最佳实现方式的能力就是智慧。虽然智慧的产生过程相对困难，但幸运的是它可以通过学习总结前人相同或者类似的实践经验得到。

从数据到知识，甚至从数据到决策，都是数据分析领域持续探索的目标。为实现这一目标，各种计算范式不断被创建和应用。在数据大爆炸的今天，人类进入了数据密集型科学时代，大数据与人工智能技术成为当前重要的技术抓手。数据密集型科学计算范式的研究意义最终都可以归结为一点，即不断地提高决策的水平和智能化程度，使机器像人类一样拥有智慧。该计算范式的研究对象主要是数据，并通过数据管理和分析来研究科学，即实现"数据到决策"的闭环。在这个过程中，"信息"更强调对数据的系统组织、逻辑整理和分析，使得相对独立、无序的数据变得具有相关性，为知识的挖掘和提炼提供重要支撑，因此其是新型计算范式研究的重要组成部分。

3. 数据的分类

互联网上有着海量的数据，按照不同的标准和依据，可以将这些数据划分为不同的类型。按照数据应用范围和所属领域，可以分为政治类、经济类、社会类、医学类、生活类、技术类、科学类等领域数据；按照数据的公开范围，可以分为公开数据和秘密数据；按照数据的来源类型，可以分为单一来源数据和多源数据；按照数据是否按照相同结构组织，可以分为同构数据和异构数据；按照数据的组织结构类型，可以分为结构化数据、半结构化数据和非结构化数据。下面对结构化数据、非结构化数据、半结构化数据进行介绍。

1) 结构化数据

由于结构化数据本身就按照关系数据库的方式进行组织，逻辑结构清晰，因此结构化数据实质上等同于数据库中的表结构。一些半结构化数据或者非结构化数据经过信息抽取和结构化组织，也可以转变为结构化数据。例如，对图像这种非结构化数据中的实体目标（人、车等）进行检测，并对实体目标的属性信息（如人的年龄、性别、身高、衣着，或车的颜色、品牌、型号、车牌号等）进行抽取，可以将非结构化数据中的重要目标按照明确的层次结构进行组织，并以数据库的方式进行维护和管理，从而支撑面向图像非结构化数据的信息检索。

因此，结构化数据是指经过整理并按照一定行列结构格式进行编码组织的信息，结构化数据的字段含义明确清晰，信息之间的关系层次分明，能够反映和揭示多条信息记录之间的相互关系，是用户最容易理解的一种信息组织方式。将半结构化数据或者非结构化数据转变为结构化数据是信息检索流程中数据预处理模块的重要任务之一，它可以使得数据的组织和管理更加有序，通过将多媒体数据内部蕴含的丰富结构信息进行聚合和关联，能够清晰地揭示数据之间的相互关系，然后将这种数据之间的关系进行组织和管理，使得信息更加有效，更便于被查找和检索，更有利于帮助用户从海量数据中获取知识。

2）非结构化数据

非结构化数据是指无法用统一固定的模式进行明确表示，难以按照统一的结构进行组织管理的信息，例如，海量图像数据尽管可以按照图像类别或者图像产生的时间等方式进行组织和管理，但是在图像内容层面仍然无法用统一结构进行有效的组织和管理。业界普遍认为：非结构化数据约占数据总量的 80%以上，主要包括各种办公文档、图像、语音、视频、数据流等数据，虽然随着计算机存储管理技术的发展，非结构化数据存储管理技术日趋成熟，但是在内容层面，由于缺乏机器可直接读取的结构，非结构化数据的深层次内容理解和信息检索仍然是当前学术界和企业界研究和探索的热点与难点。

在非结构化数据理解和信息提取方面，人类比机器做得更好，但是与机器相比，人类在处理效率方面存在既耗时间又耗精力的现实挑战。而随着人工智能技术的突破，在一些非结构化数据分析领域，机器已经取得与人类媲美甚至超越人类的水平，如图像分类、语音识别、人脸识别等。因此，在对非结构化数据进行组织、存储和管理的基础上，借助日趋成熟的人工智能技术，非结构化数据检索能力得到了大幅度的提升，非结构化数据的蓝海价值正在被不断挖掘。

3）半结构化数据

半结构化数据是指介于结构化数据和非结构化数据之间的信息，即它是指按照不是特别严格和固定的结构来进行组织的信息。例如，在某位职员的简历信息中，既可以得到该职员的姓名、性别、民族、籍贯、年龄等相对通用且含有明确定义的信息，同时还能获得该职员的培训经历、岗位经验等难以用统一结构进行描述的信息。半结构化数据的来源和数据格式是多样化的，如 HTML 网页、E-mail 邮件、XML 和 JSON 组织的文件等，也可以是非结构化数据经过信息抽取和标注后得到的数据，如对图像中的人物信息、场景类别等进行标注后组织的信息。

半结构化数据具有结构灵活多变的特性，可以满足多种复杂条件下的信息组织和表达需求，特别是信息动态增长且其格式前后发生变化这种特殊场景。然而由于半结构化数据对信息没有限定统一的表示方式，因此半结构化数据的理解和认知面临着时空基准、尺度基准等标准不统一的挑战，以财务报表为例，有些公司的财务报表以人民币为单位，有些则用美元作为单位，而在以人民币为单位的公司中，一部分用元作为基准，而另一部分则用万元作为基准。这种不统一的表示方式易给半结构化数据检索和知识推理带来困惑。

1.1.2 大数据概念及技术体系

大数据是信息化发展到一定阶段的产物。随着信息技术和人类生产生活深度融合，以及互联网特别是移动互联网快速普及，全球数据呈现爆发增长、海量集聚的特点，这些数据是新型生产要素和重要的基础性战略资源，经过对其进行深入挖掘并加以应用，释放出其蕴藏的巨大价值，将对企业运营、经济发展等方面产生重大影响，因此大数据技术概念应运而生。本节主要分析大数据的起源，重点围绕大数据的概念内涵及特性、大数据的技术体系等进行概述。

1. 大数据起源

近些年来，大数据(big data)一词已经成为家喻户晓的热词，并在电信、金融、教育、医疗、军事、电子商务等众多领域大展身手。在电信领域，大数据技术可用于客户关系管理，通过分析用户行为模式，运营商能够提供更加个性化的服务并优化网络资源分配，提高用户体验；在金融领域，大数据技术可用于风险管理，通过实时监测交易行为来预防和识别潜在的欺诈活动，保护消费者的财产安全；在商业领域，企业可以通过大数据分析更精准地了解消费者需求，实施个性化营销，提高销售额和客户满意度；在医疗健康领域，大数据技术可以辅助临床决策支持系统，提高诊断的准确性和效率，并精准预测疾病流行趋势，为公共卫生政策制定提供科学依据。随着技术的不断进步和数据量的不断增加，大数据将继续在各行各业发挥其巨大潜力，推动经济社会的数字化转型，提升行业效率和公民生活水平。

大数据技术被视为新一轮科技革命的前沿性技术之一，那么是什么力量驱使大数据技术概念诞生并对人类社会产生重大技术变革性影响的呢？根据互联网大脑进化理论(图1-2)，随着人工智能、物联网、大数据、云计算、机器人、虚拟现实、工业互联网等科学技术的蓬勃发展，互联网正在向着与人类大脑高度相似的方向进化，它将具备自己的视觉、听觉、触觉、运动神经系统，也会拥有自己的记忆神经系统、中枢神经系统、自主神经系统。

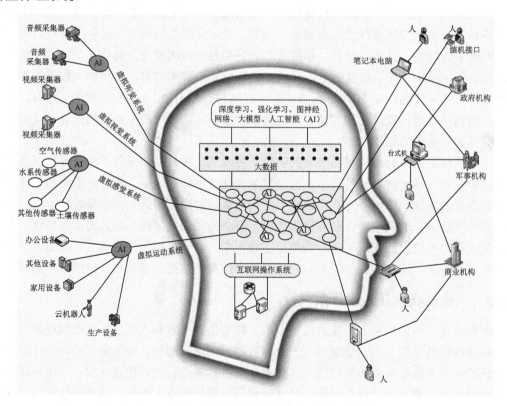

图 1-2　互联网大脑进化概念图

其中，物联网是互联网大脑的感觉神经系统，它具备网络线路传输、信息存储和处理、行业应用接口等功能，重点突出了传感器感知的概念，使人与人(human to human, H2H)、人与物(human to thing, H2T)、物与物(thing to thing, T2T)之间的交流变成可能，最终将使人类社会、信息空间和物理世界(人、机、物)融为一体。物联网可依照不同的工作内容划分为感知层、网络层及应用层。在感知层方面，主要是利用感测组件针对特定的场景进行数据收集或者监控的动作来达到全面感知的目的。它将传感器监测到的各种状态数据(如温度、湿度、压力、雨量、RFID、GPS 位置等)、互动数据(社交论坛 X 平台推文、微博、Meta 互动、网页广告点击、电商购物、电影播放等)和交易数据(如转账明细、付款记录、交易明细等)等多维多类数据进行数字化，然后通过网络层确保数据的可靠传递，从而将物联网终端装置上的各类数据汇聚传递至大后端平台上，形成大数据的重要来源。

物联网涵盖听觉、视觉和感觉等多个维度，它的应用浪潮，带动了网络数据量迅速增长。物联网的本质是解决了数据采集的问题，其通过"联"的本领，实现了网络数据的传输、共享，为大数据价值的发挥奠定坚实基础。而工业互联网相当于互联网中枢神经运动系统，它通过智能化、3D 打印、无线传感等技术，使得工业互联网、智能家居设备、办公自动化设备等源源不断向互联网大脑反馈大数据，不仅成为互联网大脑改造世界的工具，也成为大数据的重要数据来源。

正是由于物联网、云计算、工业互联网以及移动互联网等技术的兴起，互联网上的数据信息正以前所未有的速度增长和积累。互联网用户的互动、企业和政府的信息发布、物联网传感器感应的实时信息每时每刻都在产生大量的结构化和非结构化数据，这些数据分散在整个互联网网络体系内，体量巨大，这些数据中蕴含了对经济、科技、教育等领域非常宝贵的信息，这就是互联网大数据兴起的根源和背景。

早于 2010 年 2 月，肯尼斯·库克尔在《经济学人》上发表了长达 14 页的大数据专题报告《数据，无所不在的数据》，库克尔在报告中提到，世界上有着无法想象的巨量数字信息，并以极快的速度增长，从经济界到科学界，从政府部门到艺术领域，很多方面都已经感受到了这种巨量信息的影响，科学家和计算机工程师已经为这个现象创造了一个新词汇："大数据"。2011 年 5 月，全球知名咨询公司麦肯锡全球研究院发布了一份报告——《大数据：创新、竞争和生产力的下一个新领域》。报告指出，大数据已经渗透到当今每一个行业和业务职能领域，成为重要的生产因素。人们对海量数据的挖掘和运用预示着新一波生产率增长和消费者盈余浪潮的到来。2012 年 3 月，美国奥巴马政府在白宫网站发布了《大数据研究和发展倡议》，标志着大数据已经成为重要的时代特征。2012 年 3 月 22 日，奥巴马政府宣布将 2 亿美元投资于大数据领域，这是大数据技术从商业行为上升到国家科技战略的分水岭。奥巴马政府认为：数据是"未来的新石油"，大数据技术领域的竞争事关国家安全和未来；国家层面的竞争力将部分体现为一国拥有数据的规模、活性以及解释、运用的能力；国家数字主权体现对数据的占有和控制，数字主权将是继边防、海防、空防之后，另一个大国博弈的空间。

在我国，"大数据"首次出现在 2014 年的《政府工作报告》中，该报告中指出，要设立新兴产业创业创新平台，在大数据等方面赶超先进，引领未来产业发展。2015 年 9 月，国务院发布《促进大数据发展行动纲要》，大数据被提升至国家战略层面。2016 年，《中华人民共和国国民经济和社会发展第十三个五年规划纲要》对全面促进大数据发展提出方向性目标和任务。2017 年，党的十九大报告提出推动互联网、大数据、人工智能和实体经济深度融合。在党的十九届四中全会上，首次将数据纳入生产要素范畴。2023 年，中共中央、国务院印发的《数字中国建设整体布局规划》明确提出，数字中国建设要夯实数字基础设施和数据资源体系"两大基础"。《中共中央 国务院关于构建数据基础制度更好发挥数据要素作用的意见》提出，以数据产权、流通交易、收益分配、安全治理为重点，系统搭建数据基础制度体系的"四梁八柱"。大数据战略和相关行动纲要的陆续颁布将充分发挥我国海量数据规模和丰富应用场景优势，激活数据要素潜能，做强做优做大数据产业经济，增强经济发展新动能，为数字经济发展保驾护航。

2. 大数据概念内涵及特性

1) 大数据的概念内涵

大数据研究机构 Gartner 将大数据定义为需要新处理模式才能具有更强的决策力、洞察发现力和流程优化能力来适应海量、高增长率和多样化的信息资产。麦肯锡全球研究院将大数据定义为：一种规模大到在获取、存储、管理、分析方面大大超出了传统数据库软件工具能力范围的数据集，具有海量的数据规模、快速的数据流转、多样的数据类型和价值密度低四大特征。维基百科则认为：大数据是指传统数据处理应用软件难以捕捉、管理和处理的在一定时间范围内快速增长的、复杂的大规模数据集，它涉及数据的采集、存储、管理、分析和解释等多个环节。

从上述引述可以看出，大数据目前并未有非常明确统一的定义。尽管在当今这个信息爆炸的时代，大数据已经成为一个不可或缺的话题，但是对于大数据的基本概念，由于关注点的不同，对大数据内涵的理解不同。

技术人员认为，大数据是指规模巨大、多样性强、速度快、价值密度低的数据集。这些数据集太大，无法使用传统的数据处理软件进行处理，需要新的技术和方法来解析和利用。

企业家则关注大数据的商业价值。他们认为，大数据是一种新的资源，就像土地、劳动力、资本和原材料一样。通过对大数据的挖掘和分析，可以发现新的商业机会，提高企业的竞争力。

学者和研究人员则从学术角度定义大数据。他们认为，大数据是一种具有海量、高维、异构、动态和价值密度低等特点的数据集。处理大数据需要新的理论、方法和技术，包括数据采集、存储、处理、分析和可视化等方面。

而在普通民众的眼中，大数据可能只是一个模糊的概念，他们可能并不清楚大数据究竟是什么，但他们在日常生活中却无时无刻不在产生和接触大数据。他们的购物记录、上网行为、社交媒体活动等都是大数据的一部分。

总的来说，大数据是一个多维度、多层次的概念，它既包括技术层面的定义，也包括商业和学术层面的解读。而无论从哪个角度来看，大数据都已经成为人们生活中不可或缺的一部分，影响着人们的工作和生活方式。大数据的价值本质上体现为提供了一种人类认识复杂系统的新思维和新手段。就理论上而言，在足够小的时间和空间尺度上，将现实世界数字化，可以构造一个现实世界的数字虚拟映像，这个映像承载了现实世界的运行规律。在拥有充足的计算能力和高效的数据分析方法的前提下，通过对这个数字虚拟映像的深度分析，将有可能理解和发现现实复杂系统的运行行为、状态和规律。应该说大数据为人类提供了全新的思维方式和探知客观规律、改造自然和社会的新手段，这也是大数据引发经济社会变革最根本性的原因。

2）大数据的特性

经过多年迭代，大数据的特性常被认为是 4 个 V，具体如下。

（1）体量大（volume）。

大数据，顾名思义，"大" 该是应有之义，即大数据指的是规模巨大的数据集，通常涉及的数据量超出常规数据库软件所能处理的范围。这些数据集可能包含数百万个、数十亿个甚至更多的数据点。根据维基百科的定义，一般认为当数据规模达到 PB 级别时，才能称为大数据。具体的数据存储容量级别如表 1-1 所示。

表 1-1　数据存储容量级别

中文单位	中文简称	英文单位	英文简称	进率（Byte=1）
位	比特	bit	bit	0.125
字节	字节	Byte	B	1
千字节	千字节	KiloByte	KB	2^{10}
兆字节	兆	MegaByte	MB	2^{20}
吉字节	吉	GigaByte	GB	2^{30}
太字节	太	TeraByte	TB	2^{40}
拍字节	拍	PetaByte	PB	2^{50}
艾字节	艾	ExaByte	EB	2^{60}
泽字节	泽	ZettaByte	ZB	2^{70}
尧字节	尧	YottaByte	YB	2^{80}
千亿亿亿字节	千亿亿亿字节	BrontByte	BB	2^{90}

2023 年 IDC 最新发布的 Global DataSphere 报告显示，中国数据规模将从 2022 年的 23.88ZB 增长至 2027 年的 76.60ZB，如图 1-3 所示，CAGR（compound annual growth rate，复合年均增长率）达到 26.3%，为全球第一。报告中，IDC 同样延续此前的预测，即预计到 2025 年，全球数据产生量将达到 188 ZB，这个数字相当于 1000 个银河系中的星星数量，或者 10 亿个地球上的人口数量，这个数据量足以证明大数据体量的庞大。

此外，该报告还详细分析了大数据主要分布领域，主要有政府、媒体、专业服务、零售、医疗、金融，这些领域中的机构或企业拥有更多的数据，同样也带来更大的存储治理和分析管理压力，这也为数据管理服务创造了更多机会以激活数据来挖掘商业和社会价值。

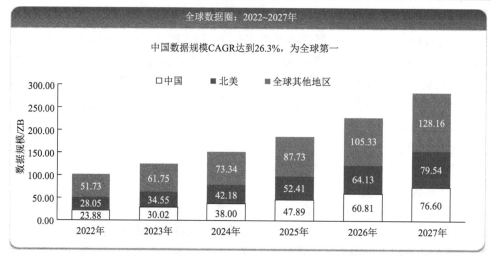

图 1-3　IDC 统计的全球数据规模增长态势图

而第 52 次《中国互联网络发展状况统计报告》显示，截至 2023 年 6 月，我国网民规模达 10.79 亿人，较 2022 年 12 月增长 1109 万人，互联网普及率达 76.4%；域名总数为 3024 万个；IPv6 地址数量为 68055 块/32，IPv6 活跃用户数达 7.67 亿人；互联网宽带接入端口数量达 11.1 亿个；光缆线路总长度达 6196 万千米。在移动网络发展方面，截至 2023 年 6 月，我国移动电话基站总数达 1129 万个，其中累计建成开通 5G 基站 293.7 万个，占移动基站总数的 26%；移动互联网累计流量达 1423 亿 GB，同比增长 14.6%；移动互联网应用蓬勃发展，国内市场上监测到的活跃 APP 数量达 260 万款，进一步覆盖网民日常学习、工作、生活。在物联网发展方面，截至 2023 年 6 月，三家基础电信企业发展蜂窝物联网终端用户 21.23 亿户，较 2022 年 12 月净增 2.79 亿户，占移动网终端连接数的比重为 55.4%，万物互联基础不断夯实。与此同时，许多网络类应用程序的用户规模获得一定程度的增长。一是即时通信、网络视频、短视频的用户规模仍稳居前三。即时通信、网络视频、短视频用户规模分别达 10.47 亿人、10.44 亿人和 10.26 亿人，用户使用率分别为 97.1%、96.8% 和 95.2%。二是网约车、在线旅行预订、网络文学等用户规模实现较快增长。网约车、在线旅行预订、网络文学的用户规模较 2022 年 12 月分别增长 3492 万人、3091 万人、3592 万人，增长率分别为 8.0%、7.3% 和 7.3%，成为用户规模增长最快的三类应用。

根据这个报告可以看出，数亿级规模的网络用户中，人人都成为数据制造者，短信、微博、照片、录像都是其数据产品；数据还来自无数自动化传感器、自动记录设施、生产监测、环境监测、交通监测、安防监测等，或来自自动流程记录，刷卡机、收款机、电子不停车收费系统，互联网点击、电话拨号等设施以及各种办事流程登记等。这些规模庞大的用户及其每天数以亿计的网络交互行为最终汇聚成为规模体量极其庞大的数据。

(2) 多样性 (variety)。

数据多样性是指数据类型、来源、质量、规模和用途的广泛差异，主要如下。

① 数据类型的多样性：大数据涵盖了结构化数据、半结构化数据和非结构化数据等多种类型。据统计，目前全球大约有 80% 的数据是非结构化数据，包括文本、图片、音频和视频等。这些数据类型的多样性给数据的分析和应用带来了更高的挑战。

② 数据来源的多样性: 大数据来源于多个领域, 包括互联网、物联网、社交媒体、企业内部数据库、公共数据库等。以交通领域为例, 一个人的出行方式包括飞机、火车、公交、出租车、网约车、共享单车等多样化的选择, 而要拼接起目标用户的出行画像, 就需要对多样化出行数据来源进行汇聚, 这样才能够全面地理解用户的出行规律特点。

③ 数据质量的多样性: 大数据中包含了大量的噪声、重复和错误数据, 因此大数据的数据质量总体呈现数据不一致性、数据不完整性、数据不确定性、数据时效性差、数据不可信性等问题。数据分析人员需要花费大量的时间和精力来清洗和整理数据, 以确保分析结果的准确性和可靠性。

④ 数据规模的多样性: 大数据的规模大小不一, 从小型数据集到大型的数据仓库、数据湖等。国家互联网信息办公室于 2023 年 5 月发布的《数字中国发展报告(2022 年)》报告显示, 2022 年全国在用数据中心共有超过 650 万个标准机架, 算力总规模位居世界第二, 这表明了我国数据中心机架数量快速增长, 各种规模的数据中心呈现井喷式增长, 且总体呈现向大型化、集约化方向发展的趋势。

⑤ 数据用途的多样性: 大数据广泛应用于各个行业和领域, 包括金融、医疗、交通、教育、零售等。例如, 在金融行业, 大数据用于风险管理、客户画像和交易监控等方面。IDC 于 2024 年 4 月发布的《IDC PeerScape: 金融领域中数据管理分析服务最佳实践案例》报告表示, 2023 年中国金融行业大数据市场支出规模达到 29.7 亿美元, 预计到 2027 年将增长至 64.6 亿美元。

大数据的多样性同时也意味着数据分析人员需要处理不同格式的文本、图片、音频和视频等数据, 增加了数据处理的复杂性和难度; 需要整合和处理不同来源和格式的大量数据, 以便提取有价值的信息。

值得一提的是, 基于深度学习的新一轮人工智能取得重大技术突破, 其最重要的基础条件之一就是海量的数据集。ChatGPT 之所以能够在推出后短短 2 个月内爆火, 是因为其能够对来自小说、科学、历史、哲学等多个领域的新闻、博客、论坛、社交媒体等各种类型的文章进行学习训练, 具备广阔的知识视野, 具有强大的自然语言生成和理解能力。2024 年 OpenAI 推出 Sora 视频大模型, 其训练集同样广泛多样, 包含不同长度、分辨率和长宽比的视频与图像, 它吸收了来自 Unity、Unreal 等系统的模拟镜头数据, 以捕捉更丰富的视角和风格的视频内容, 重现 Minecraft 等数字世界。这让 Sora 类似 GPT 语言模型, 达到了视频生成的 "全能" 境界, 丰富的数据训练使 Sora 能够深刻理解复杂动力学, 生成既多样又高质量的内容, 这种方法模仿了大语言模型(large language model, LLM)在多样化文本上的训练方式, 将类似理念应用于视觉数据, 以获得通用能力。

(3) 速度快(velocity)。

数据速度快是指数据生成的速度非常快, 需要实时或近实时地处理和分析。网络分析公司 Domo 于 2023 年 12 月发布的第 11 年 "Data Never Sleeps Turns 11" 信息图(图 1-4), 既展示了互联网对人们的生活方式、经济活动和文化交流等的深刻影响, 又揭示了互联网活动的惊人速度和规模。

图 1-4 "Data Never Sleeps Turns 11"信息图

统计数据显示，2023 年每分钟发送的电子邮件数量达到 2.41 亿封，在谷歌(Google)上的搜索次数达到 630 万次，X 平台(原 Twitter 平台)发布的推文数量达到 36 万条，Instagram平台上用户发送 Reel 的频率为每分钟 69.4 万次，ChatGPT 人工智能应用访问量为每分钟 6944次，所有平台流媒体播放时长达到 43 年。这些都充分说明了大数据产生的速度之快，远超人类想象。

总结而言，大数据的速度快特性可以通过以下几个方面来理解。

① 数据产生的速度：随着互联网、物联网和社交媒体等技术的快速发展，数据产生的速度越来越快。据统计，全球数据产生的速度每年以约 50%的速度增长。

② 数据传输的速度：大数据需要在不同系统和设备之间进行传输，而数据传输的速度也越来越快。2023 年 11 月，我国开通首条 1.2TB 超高速互联网主干通路，标志着全球首条 T bit 级的下一代互联网主干通路面世，该通路的数据传输达到每秒 1.2T bit，这一速度是目前千兆网络的 1200 倍。

③ 数据处理的速度：大数据的处理速度也是衡量其速度快特性的重要指标。根据数据库管理系统提供商 Oracle 的报告，大数据处理速度正在以每两年翻一番的速度增长。这意味着大数据的处理速度正在迅速提高，对数据分析的实时性要求也越来越高。

④ 数据处理的延迟：大数据的处理延迟是指从数据产生到数据处理完成所需的时间。根据数据处理解决方案提供商 DataTorrent 的调查，大约有 70%的企业对大数据处理延迟的要求在秒级以下。这表明大数据的处理需要尽可能快，以满足实时分析和决策的需求。

(4)数据价值性(value)。

在当今信息时代，大数据的价值密度低特性是一个不可忽视的问题。尽管人们对于大数据的潜在价值充满期待，但实际上，大数据中的有用信息仅占总体的很小一部分，这就使得挖掘宝藏变得具有挑战性。

首先，大数据的量级巨大，这使得其中的价值密度相对较低。IDC 的一份报告显示，全球产生的数据量将在 2025 年达到 175ZB。在这个庞大的数据量中，真正有价值的信息只占很小的一部分。这意味着企业和组织需要投入大量的时间和资源来处理和分析这些大量的数据，以挖掘出有价值的信息。例如，在社交网络上，社交媒体平台每天会产生数以亿计的帖子、评论和点赞。虽然这些数据对于企业品牌监测和市场营销有一定的价值，但大部分内容是用户日常交流、个人感慨或无关紧要的分享，而要从这些海量的数据中提取出有意义的消费者情绪或进行趋势分析，需要筛选和排除大量无关信息。

其次，数据的噪声也是大数据价值密度低特性的一个重要因素。噪声指的是数据中的错误或无关信息，这些噪声会干扰对有用信息的挖掘和分析。IBM 的一份报告指出，数据噪声对企业决策的影响达到 70%。噪声的存在使得在数据分析和决策过程中产生误差，降低了数据的可用性和价值密度。

最后，数据的多样性也加剧了大数据的价值密度低特性。大数据涵盖了各种类型的数据，包括结构化数据、半结构化数据和非结构化数据，由于不同类型的数据具有不同的格式和语义，因此分析和处理这些数据变得更加复杂和困难，进一步降低了数据的价值密度。

大数据的价值密度低特性是一个巨大的挑战，但也蕴藏着巨大的机遇。通过投资先进的数据处理和分析技术，建立数据质量管理体系，以及注重数据的整合和标准化，企业和组织可以在大数据的海洋中挖掘出宝贵的宝藏，实现更好的决策和业务成果。

3. 大数据技术体系

在当今信息时代，大数据技术的应用已经深入到各个领域，其技术体系也日臻完善，已成为推动经济社会发展的重要力量。

大数据技术体系庞大且复杂，它贯穿了数据采集汇聚、存储管理、高效计算、分析挖掘和可视化等诸多链条。典型的大数据技术体系结构如图 1-5 所示。

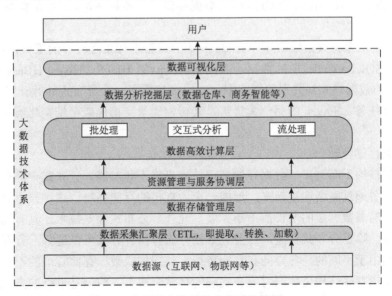

图 1-5　典型的大数据技术体系结构图

1) 数据采集汇聚

数据采集汇聚是指通过对各种来源的数据进行采集整理，实现将零散的结构化和非结构化的海量数据(包括移动互联网数据、社交网络的数据等)进行整合，为后续数据的统一管理和数据综合利用提供数据源。随着 5G、物联网、人工智能等技术的发展，数据采集汇聚技术正朝着更加智能化、高效化的方向发展。例如，无人驾驶汽车需要实时采集周边环境信息，实现自主决策；物联网设备可以实时收集各种数据，为用户提供个性化服务。

数据采集汇聚包括文件日志的采集、数据库日志的采集、关系数据库的接入和应用程序的接入等。在数据量比较小的时候，可以写一个定时的脚本将日志写入存储系统，但随着数据量的增长，这些方法无法提供数据安全保障，并且运维困难，需要更强壮的解决方案。常见的大数据采集汇聚技术架构如下。

(1) Flume。

Flume 是一个分布式、可靠且高可用的服务，用于有效地收集、聚合和移动大量日志数据。它是一种基于数据流的简单灵活架构，能够支持在系统中定制各类数据的灵活发送和收集。Flume 具有以下几个特点：一是良好的可扩展性，Flume 的架构是完全分布式的，没有任何中心化组件，使得其非常容易扩展；二是高度定制化，采用插拔式架构，各组件插拔式配置，用户可以很容易地根据需求自由定义；三是良好的可靠性，Flume 内置了事务支持，能保证发送的每个数据能够被下一跳收到而不丢失；四是可恢复性，依赖于其核心组件 Channel，选择缓存类型为 FileChannel，事件可持久化到本地文件系统中。

(2) Logstash。

Logstash 是开源的服务器端数据处理管道，能够同时从多个来源采集数据、转换数据，然后将数据发送到指定的"存储库"中。一般常用的存储库是 Elasticsearch。Logstash 支持各种输入选择，可以在同一时间从众多常用的数据源捕捉事件，能够以连续的流式传输方式，轻松地从日志、指标、Web 应用、数据存储以及各种 AWS 服务采集数据。

(3) Sqoop。

Sqoop 是用来将关系数据库和 Hadoop 中的数据进行相互转移的工具，可以将一个关系数据库(MySQL、Oracle)中的数据导入到 Hadoop(如 HDFS、Hive、HBase)中，也可以将Hadoop 中的数据导入到关系数据库中。Sqoop 启用了一个分布式并行计算的 MapReduce作业来执行任务。Sqoop 的另一大优势是其传输大量结构化或半结构化数据的过程是完全自动化的。

2) 数据存储管理

随着科技的不断进步，数据存储管理技术也将不断发展。分布式存储技术是将大量廉价的存储设备通过网络连接起来，形成一个大规模的存储系统，这种技术具有很高的可扩展性，可以随着数据量的增长而不断扩展。此外，分布式存储技术还具有高可靠性、高可用性等特点。除了分布式存储，目前大数据存储有两种方案可供选择：行存储和列存储，这两种方案由于不同的任务导向和功能特点，共同构成数据存储管理的不同应用场景。

行存储指存储结构化数据时，在底层的存储介质上，数据是以行的方式来组织的，即存储完一条记录的所有字段，再存储下一条记录的所有字段，传统的关系数据库，如 Oracle、DB2、MySQL、SQL Server 等，采用行存储，在基于行存储的数据库中，数据是按照行(记录)来组织的，一行中的数据在存储介质中以连续存储形式存在。进入大数据时代后，行存储技术也不断演进，Hadoop 作为一个开源的框架，专为离线和大规模数据分析而设计，其分布式文件系统(HDFS)就是一种典型的分布式存储技术，HDFS 作为其核心的存储引擎，已广泛用于数据存储。Hive 是基于 Hadoop 的一个行存储数据仓库工具，它基于一个统一的查询分析层通过 SQL 语句的方式对 HDFS 上的数据进行查询、统计和分析，从而解决了海量数据的统计分析问题。

由于行存储通常将一行数据完全读出，如果只需要其中几列数据，就会存在冗余列，出于缩短处理时间的考量，消除冗余列的过程通常是在内存中进行的。列存储由于需要把一行记录拆分成单列保存，写入次数明显比行存储多，再加上磁头需要在盘片上移动和定位花费的时间，实际时间消耗会更大。因此，列存储存在写入时间长，但是读写速度快的特点。HBase 是一个分布式的、面向列的开源数据库，可以认为是 HDFS 的封装，本质是数据存储、NoSQL 数据库。HBase 是一种 Key/Value 系统，部署在 HDFS 上，克服了 HDFS 在随机读写方面的缺点，与 Hadoop 一样，HBase 的目标主要是依靠水平扩展，通过不断增加廉价的商用服务器来增加计算和存储能力。此外还有 Redis，它是一种速度非常快的非关系数据库，可以存储键与 5 种不同类型的值之间的映射，也可以将存储在内存的键值对数据持久化到硬盘中，使用复制特性来扩展性能，还可以使用客户端分片来扩展写性能。

3) 数据高效计算

大数据计算是指对大规模数据集进行处理和分析的计算过程。由于大数据的体量大、多样性和速度快等特点，传统的数据处理方法无法胜任，因此需要采用专门的技术和算法来进行高效、快速的计算。为了适应大规模数据处理的需求，MapReduce 模型应运而生，它于 2004 年被 Google 首次公开，它通过简单、优雅的编程模型，使得开发者可以将复杂的数据处理任务分解为可并行化的小任务，从而在数百或数千台机器上并行处理数据。MapReduce 模型的上述特点使其一经提出就成为分布式大数据处理的标准。

MapReduce 包含两个阶段，即 Map(映射)和 Reduce(归约)，在 Map 阶段，程序接收输入数据，并将其分解成一系列的键值对；而在 Reduce 阶段：处理由 Map 阶段产生的键值对，进行某种形式的聚合操作，最终生成输出结果。它极大地方便了编程人员在不会分布式并行编程的情况下，将自己的程序运行在分布式系统中。然而由于每个 Map 和 Reduce 阶段所能表达的计算逻辑是有限的，因此完整的业务逻辑往往包含了多个阶段，这些阶段都有数据 I/O 操作的开销，对于同一个任务的中间结果，其唯一用途就是被下一阶段读取，且读后就成为垃圾文件，对中间结果落盘显然是不合理的重大开销。因此为了减少频繁的 I/O 操作，Spark 提出了内存计算的概念，核心思想就是中间结果尽量不落盘。Spark 拥有 Hadoop MapReduce 所具有的特点，它将 Job 中间输出结果保存在内存中，从而不需要读取 HDFS。Spark 还启用了内存分布数据集，除了能够提供交互式查询功能外，它还可以优化迭代工作负载。Spark 是在 Scala 语言中实现的，它将 Scala 用作其应用程序框架。与 Hadoop 不同，Spark 和 Scala 能够紧密集成，其中的 Scala 可以像操作本地集合对象一样轻松地操作分布式数据集。依靠这样的架构设计，Spark 相对 Hadoop MapReduce 获得了千百倍的性能提升。

4) 数据分析挖掘

数据分析挖掘是指使用各种算法、统计方法和数据处理技术来分析和挖掘大数据集中的信息和模式。这些技术通常用于发现数据中的隐藏关系、预测未来趋势以及为决策提供支持。随着机器学习、人工智能技术不断进步，数据分析挖掘方法不断取得进步，对数据的洞察力也越来越强。

数据分析挖掘方法主要包括以下几个方面。

(1) 数据预处理：在进行分析和挖掘之前，需要对数据进行清洗、转换、集成和归一化等预处理操作，以提高数据质量并准备好进行分析。

(2) 数据探索性分析：通过可视化、统计分析和探索性数据分析来发现数据的基本特征、分布、异常值、关系和模式。

(3) 描述性分析：使用统计方法和数据可视化工具来描述数据集的主要特征，如平均值、中位数、标准差、频率分布等。

(4) 关联规则挖掘：识别数据集中不同项目之间的关系，如频繁项集、关联集和序列集。这在市场篮子分析、推荐系统等领域非常有用。

(5) 聚类分析：将一个没有标签的数据集分成若干个群组（称为"簇"或"类"），使得同一个簇内的数据点彼此的相似度尽可能高，而不同簇的数据点相似度尽可能低。聚类分析在市场分析、图像处理、生物信息学、社会网络分析等多个领域都有广泛的应用。

(6) 分类和回归分析：构建模型来预测数据集中的分类标签（分类）或连续值（回归）。这些模型可以用于信用评分、疾病诊断、股票价格预测等。

(7) 预测分析：使用历史数据来构建模型，预测未来的事件或趋势。这包括时间序列分析、机器学习模型和深度学习技术。

(8) 增强学习和深度学习：利用机器学习算法（如神经网络）来发现复杂的数据模式，这在图像识别、自然语言处理和推荐系统中尤为重要。

(9) 文本挖掘和情感分析：从文本数据中提取信息和模式，以及分析用户的情感倾向，这在市场研究、社交媒体分析和客户服务中非常有用。

(10) 多维数据分析：使用在线分析处理（OLAP）工具来快速查询和分析大数据集，以便从多个角度查看数据。

5) 数据可视化

数据可视化是指将大数据集转换为图形或图像表示，以便更容易地理解数据、发现模式和趋势，以及进行数据故事讲述。数据可视化的重要性在于它能够帮助人类直观地处理和解释大量复杂的信息。

数据可视化常用的可视化策略如下。

(1) 图表可视化：使用图表、图形和地图等视觉元素来展示数据的分布、趋势、模式和关系。常见的数据可视化工具有 Tableau、Power BI、Qlik View、D3.js 等。

(2) 数据的可视化探索：通过交互式探索性数据分析（EDA）来发现数据中的有趣现象，用户可以自由地缩放、过滤和钻取数据集以深入了解其内容。

(3) 仪表板和报告：创建仪表板和报告来整合多个数据源和可视化元素，以监测关键性能指标（KPI）和业务智能。

(4) 地图和地理信息系统 (GIS)：使用地图和 GIS 技术来展示地理位置数据，分析空间模式和趋势，这在零售、房地产、城市规划等领域非常有用。

(5) 网络关联呈现：使用社交网络分析来展示个体之间的关系和网络结构，这在社交媒体分析、影响力营销等领域非常重要。

(6) 时间序列呈现：通过时间线和动画来展示数据随时间的变化，这在股票价格分析、天气预测等领域非常有用。

(7) 交互式数据故事讲述：通过结合文本、图像和数据可视化来讲述故事，以传达数据背后的含义和洞见。

(8) 实时数据可视化：展示实时数据，以便用户可以即时监测和响应数据变化，这在金融市场分析、交通监控等领域非常有用。

为了便于将分析得到的数据进行可视化，用于指导决策服务，一些数据可视化工具不断被开发出来，使用专门的数据可视化工具，如 Tableau Public、Google Charts、Highcharts 等，可以轻松创建视觉上吸引人的图表和仪表板。

1.2 大数据计算概述

在当今信息爆炸的时代，大数据计算已成为一种至关重要的力量。大数据计算的魅力在于它能够从海量的数据中挖掘出有价值的信息，为人类提供智能化支持。大数据计算在各个领域的应用已日益广泛。在医疗领域，大数据计算可以帮助医生分析患者的病例，为患者提供个性化的治疗方案。在金融领域，大数据计算可以协助金融机构防范风险，提高信贷审批的准确性。在交通领域，大数据计算可以优化交通出行，减少拥堵现象。在教育领域，大数据计算可以实现个性化教学，提高教学质量。可以说大数据计算正在改变着人们的生活方式，让人们的生活变得更加便捷、智能。本节从计算与算力概念出发，阐述大数据计算的内涵、分类和典型框架。

1.2.1 计算与算力

计算的本质是一种运算过程，它可以自动处理数据，通过程序运算出所需的结果。计算的过程就像一台精密的机器按照预设的程序自动地处理数据。在这个过程中，计算机会进行各种运算，如加减乘除、比较、逻辑运算等，从而得出所需的结果。这种自动化的处理方式大大提高了人们的工作效率，使人们能够更好地理解和利用数据。

计算的核心在于算法。算法是一系列解决问题的步骤，它指导着计算过程的进行。优秀高效的算法可以高效地解决问题，节省计算资源。而算法的设计则需要深入理解问题的本质，运用智慧和创造力。为了深入分析数据背后蕴含的知识，各种算法，特别是机器学习与人工智能算法，不断被提出。近几年来，以深度学习为代表的人工智能技术取得了突破性进展，极大地提高了计算机深度分析和理解多媒体内容的能力，计算机视觉、语音识别和机器翻译的性能获得了超乎想象的提升。研究领域和现实世界应用领域见证了这一切，例如，到 2015 年，计算机图像识别错误率 (ImageNet 竞赛 top-5 错误率为 3.5%) 已经低于人类；微软语音和对话研究团队负责人黄学东宣布微软语音识别系统取得重大突破，错误率由 5.9% 进一步降低到 5.1%，可与专业速记员比肩，今天，人脸识别技术在业界的准确率已经达到 99%，超过人类水平的 97%。

然而，计算并非万能，特别是在有些计算任务要求在短时间内处理大量的数据，并得出准确的结果的情况下。这就对计算的算力(computational power)提出了较高的要求。算力在计算机科学和计算领域中是一个重要概念，它指的是计算机系统或设备执行数值计算和处理任务的能力。提升算力意味着可以更快地执行复杂的计算任务，从而提高计算的效率和性能。

算力最基本的计量单位是 FLOPS(floating-point operations per second, 每秒执行的浮点运算次数)。浮点运算其实就是带小数的加减乘除运算。为了适应普适性计算，CPU 被设计出来用于处理各种不同的数据计算任务，它通过指令集来处理数据和完成计算任务，具有高度的灵活性和适应性，且具备较强的运算能力，适用于复杂的计算任务，它能够在极短的时间内完成大量计算，从而保证计算机的流畅运行。

CPU 以浮点运算为基本单元，其在执行矩阵计算等任务时，往往需要将任务转化为浮点运算的指令才能执行，导致较大规模和频繁的矩阵、向量和张量等运算效率低下。为了解决这一问题，GPU(graphics processing unit, 图形处理单元)被设计出来，主要负责处理图像、视频等视觉任务。随着深度学习计算的进步，GPU 强大的并行处理能力不仅能够使复杂的图像渲染和视频编码变得轻松，而且能够使图像卷积池化运算变得更加便捷，因此 GPU 逐渐用于人工智能、深度学习等领域，其性能在这些领域已经超过 CPU。

1.2.2 大数据计算技术

1. 大数据计算的分类

大数据计算根据数据规模、计算策略和计算任务分为多个不同的类别。

1) 按数据规模划分

批处理(batch processing)计算：处理规模巨大、更新频率低的数据集。它将数据一批一批地进行处理，如历史数据分析和报告。它不要求实时处理，而是可以在数据收集完毕后批量处理。Hadoop 的 MapReduce 是一种常见的批处理计算模型。

实时(real-time computing)计算：涉及对数据进行即时处理和分析，以便快速做出决策或响应。这种计算通常用于需要快速反馈的场景，如金融交易监控、交通流量控制和社交媒体分析。Spark 和 Flink 是两种流行的实时计算框架。

流处理(stream processing)计算：一种特殊的实时计算，专注于处理连续的数据流。它对数据源生成的数据进行实时处理，而不是批量处理。Kafka、Apache Storm 和 Spark Streaming 是流处理计算的一些工具。

2) 按计算策略划分

内存计算(in-memory computing)：利用高速内存来加速数据处理和分析，而不是使用传统的硬盘存储。这种方法可以显著提高处理速度，对于需要快速访问和处理大量数据的场景非常有用。

分布式计算(distributed computing)：涉及将数据和计算任务分散到多个计算节点上，以实现更高的处理能力和可扩展性。Hadoop 和 Spark 等框架就是基于分布式计算原理设计的。

并行计算(parallel computing)：同时使用多个处理器来处理多个任务或一个任务的多个部分。这种计算方法可以提高处理速度，尤其是对于复杂的数据分析任务。

3）按计算任务划分

机器学习和人工智能计算(machine learning and AI computing)：涉及使用算法来发现数据中的模式、预测未来趋势和进行智能决策。这些计算通常需要大量的计算资源，并且可能需要专门的硬件，如 GPU。

大数据平台和云计算(big data platforms and cloud computing)：提供了存储、处理和分析大量数据的工具和服务。这些平台通常包括数据存储框架、数据处理框架、分析和可视化工具，以及可扩展的计算资源。

边缘计算(edge computing)：将数据处理和分析推向数据源的边缘，即靠近数据产生的地方。这种方法可以减少数据传输时间，提高响应速度，对于物联网和实时应用非常有用。

图计算(graph computing)：一种基于图模型的计算方法，它通过节点(顶点)和边来表示实体及其关系，从而对复杂网络结构进行分析和解构。在图计算中，节点通常代表实体，如个人、对象或事物，而边代表节点之间的关系，如社交网络中的朋友关系、交通网络中的路径连接等。

2. 大数据计算面临的困难和挑战

在数字化时代，大数据计算成为一种重要的技术手段，但在其发展的过程中，也存在着诸多困难和挑战，主要如下。

1）数据质量问题

大数据计算的有效性很大程度上依赖于数据的质量。但在实际应用中，数据质量问题成为一大挑战。数据可能存在缺失、错误、重复、异常等情况，这些都会影响到数据分析的结果。因此，如何提高数据质量成为大数据计算需要解决的首要问题。

2）数据安全与隐私保护

大数据计算在带来便捷的同时，也使得个人信息暴露在风险之中。在数据收集、存储、处理和分析过程中，如何避免出现包括数据泄露、数据滥用和数据盗窃等在内的数据安全风险，确保数据的安全性，保护个人和企业的隐私权益，是大数据计算面临的一大挑战。

3）数据处理和分析的复杂性

大数据计算涉及的数据量庞大，数据类型繁多，处理和分析过程复杂。这要求计算系统具备高度的并行计算能力、存储能力和传输能力。同时，还需要开发出更为高效、智能的数据处理和分析算法，以满足不同应用场景的需求。

4）技术更新迭代快

大数据计算领域技术的更新迭代速度非常快，新技术、新算法层出不穷。这要求企业和研究人员能够紧跟技术发展的步伐，不断学习、掌握和应用新的技术，否则很容易被淘汰。

5）成本能耗问题

大数据计算需要投入大量的硬件资源、软件资源和人力成本。对于一些中小企业来说，高昂的成本成为他们进入大数据计算领域的一大障碍。如何降低成本，提高大数据计算的性价比，是需要解决的问题。

6)跨学科交叉应用的困难

大数据计算是一门跨学科领域，涉及计算机科学、统计学、数学、物理学、生物学等多个学科。在实际应用中，如何实现跨学科的交叉应用，发挥大数据计算的最大潜力，是亟待解决的问题。

3. 大数据计算的发展趋势

随着数字化转型的加速，大数据计算已经成为企业和社会发展的关键驱动力。面对日益增长的数据量和复杂性，大数据计算的发展趋势将朝着更深层次、更广泛领域和更高效率的方向演进。在未来，大数据计算的发展趋势主要体现在以下几个方面。

1)人工智能与大数据的深度融合

人工智能(AI)技术在近年来取得了突飞猛进的发展，与大数据计算的融合将成为未来发展的重点。AI技术能够帮助企业从海量数据中挖掘出有价值的信息，实现智能决策和自动化操作。同时，大数据为AI提供了丰富的训练数据，助力提高AI模型的精准度和泛化能力。在未来，人工智能与大数据计算的融合将推动各行各业的创新和发展。

2)实时大数据计算技术的突破

随着互联网、物联网和移动设备的普及，实时数据产生的速度越来越快，对实时大数据计算技术的需求也越来越高。未来，实时大数据计算技术将在算法优化、数据处理速度和准确性等方面取得重要突破。这将为金融、智能制造、智能交通等领域提供强大的技术支持，实现实时决策和精细化管理。

3)云计算与边缘计算的协同发展

云计算为大数据计算提供了强大的计算和存储能力，而边缘计算则将数据处理能力拓展到了网络边缘。在未来，云计算与边缘计算将实现协同发展，为大数据计算提供更加高效、可靠的基础设施。这种协同作用将降低数据传输延迟，提高数据处理速度，进一步发挥大数据的价值。

4)数据安全与隐私保护的技术创新

随着数据规模的不断扩大，数据安全和隐私保护成为大数据计算领域亟待解决的问题。未来，数据安全与隐私保护的技术创新将成为重要的发展方向。加密、差分隐私等技术的应用将保护数据在存储、传输和处理过程中的安全性，同时确保个人和企业的隐私权益。

5)生物信息学与大数据计算的交叉应用

生物信息学是一个跨学科领域，结合了生物学、计算机科学和信息技术。在未来，生物信息学与大数据计算的交叉应用将取得更多突破。大数据计算技术将在基因测序、药物研发、生物特征识别等领域发挥重要作用，推动生物科技的快速发展。

6)大数据计算在可持续发展领域的应用

大数据计算在可持续发展领域具有巨大的潜力。通过分析环境、能源、交通等数据，大数据计算技术可以为政府和企业提供有针对性的建议，助力实现绿色、低碳和可持续的发展。在未来，大数据计算将在环境保护、资源优化和城市规划等方面发挥更大的作用。

1.3 本书的组织结构

大数据计算是指专注于处理和分析大规模数据集的计算过程。它涉及计算机科学、数据科学和统计学等多个学科领域，并涉及数据的存储、管理、计算、分析和应用等一系列的技术、工具和框架，以从大量的复杂数据中提取有价值的信息和知识。全书共分为 9 章，其组织架构如图 1-6 所示。由于大数据计算的内容繁多，本书力求涵盖大数据计算相关的基本概念及关键技术。

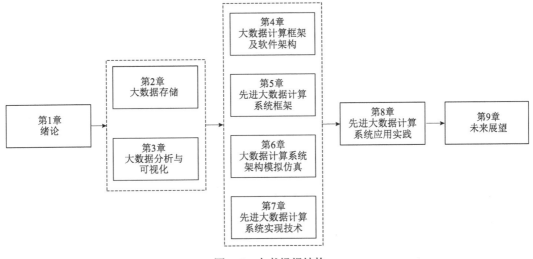

图 1-6 本书组织结构

第 1 章的主要内容是大数据计算概述，介绍数据的基本概念、大数据的概念及技术体系、计算与算力等内容。

第 2 章和第 3 章分别介绍了大数据存储、大数据分析与可视化，从而为大数据计算提供重要的底层存储支撑和分析需求牵引。

第 4～7 章围绕先进大数据计算这一主题，首先在第 4 章介绍了大数据计算框架及软件架构，第 5 章提出了先进大数据计算系统框架，第 6 章开展了大数据计算系统架构的模拟仿真，第 7 章介绍了先进大数据计算系统实现技术。

第 8 章从大数据试验场、医保大数据稽核、遥感大数据计算等领域，阐述大数据计算的应用实践。

第 9 章对全书进行总结，并对大数据计算未来发展进行了展望。

1.4 本 章 小 结

在数字化时代，大数据技术已成为一种至关重要的技术手段，广泛应用于各个领域。大数据技术主要包括数据采集汇聚、存储管理、高效计算、分析挖掘和可视化等多个环节，其中每一个环节都具有重要意义。本章主要从大数据起源、概念内涵、特性和技术体系着手，概述大数据的内涵与外延，然后从计算与算力入手，对大数据计算的分类、面临的困难与挑战、未来发展趋势等进行阐述。

第 2 章 　大数据存储

　　大数据存储是大数据计算领域的一项关键支撑技术，随着数据的爆炸性增长和存储成本的降低，分布式存储逐步成为大数据技术的主流存储策略。为了满足结构化、半结构化、非结构化、文档和图形等新型数据结构的数据存储需求，研究人员开发了新型的数据库系统，以应对多样化的大数据管理挑战。本章将分别介绍大数据存储概述、分布式文件系统、分布式数据库和 NoSQL 数据库等几个方面。

2.1 　大数据存储概述

　　数据存储对大数据分析至关重要，一方面数据采集过程中采集到的数据要存储在某种文件系统中，另一方面存储的性能在一定程度上会影响大数据系统分析的性能。同时，大数据存储提供海量数据的高压缩比存储的基础能力，以数据库、数据仓库、数据湖等为其技术表现形态。目前在数据要素等新需求牵引下，其正呈现出百花齐放的发展态势。本节将介绍大数据存储的发展历程和大数据存储的特点。

2.1.1 　大数据存储发展

1. 存储介质的演变

　　人类进入文明时代以来，土块、石头、甲骨、竹简、布帛、羊皮纸等介质成了文字存储的载体。最早的与计算机相关的存储介质是打孔卡纸，打孔卡纸最初由 Basile Bouchon 于 1725 年发明，用于记录印染布上的图案。穿孔纸带最早由 Alexander Bain 于 1846 年使用，每行代表一个字符，相较于打孔卡纸，其存储容量更大。1946 年，美国无线电公司启动了计数电子管的研究，开发出一种能存储 4096 位数据的电子管。同时，电子数字积分计算机 (electronic numerical integrator and computer, ENIAC) 采用了真空电子管作为存储器，占据大量空间。20 世纪 50 年代，国际商业机器公司 (IBM) 首次使用盘式磁带进行数据存储，一卷磁带可代替一万张打孔卡纸，使得盘式磁带成为当时最普及的存储设备之一。盒式录音磁带由飞利浦公司发明，直至 70 年代才开始流行，一些计算机如 ZX Spectrum、Commodore 64 和 Amstrad CC 开始使用它存储数据。硬盘于 1956 年由 IBM 发明，第一个硬盘由 50 个 24 英寸盘片组成，仅有 5MB 容量。随后，不断出现容量更大、体积更小的硬盘，如 1980 年的 3.5 英寸 5MB 硬盘和 20 世纪 90 年代的 Flash SSD 技术。至今，硬盘技术仍在不断进步。

2. 大数据时代的存储技术

　　在大数据时代，存储技术的发展尤为重要，以满足日益增长的数据量和复杂性的要求。以下是一些关键的大数据存储技术。

1）虚拟化存储

虚拟化存储是指对存储硬件（包括内存和硬盘等）进行统一管理，并通过虚拟化软件对其进行抽象化处理。可以通过一个或多个服务，实现对存储硬件的统一管理和提供全面的服务功能。虚拟化存储旨在掩盖系统的复杂性，加入或融合新增功能，同时模拟、整合或拆分现有的服务功能。在当前阶段和未来相当长的一段时间内，虚拟化存储技术将是数据存储领域的主要发展方向。

2）云存储

云存储是基于云计算理念进一步发展的新型概念。通过应用集群技术、网络技术和分布式文件系统，该技术将网络中的多种存储设备通过应用软件连接，实现了设备间的协同工作，以提供数据存储和业务访问服务。此外，云存储系统还确保了数据的安全性，同时有效地节约了存储空间。

3）分布式存储

分布式存储与集中式存储相对应。传统的集中式存储将所有数据集中存放，通常采用专用的存储阵列进行数据存储。而分布式存储则通过大规模的集群环境来存储数据。在分布式存储中，集群中的每个节点不仅负责数据计算，还要存储部分数据。整个集群中所有节点存储的数据的总和构成了完整的数据集，而集群中专门设置的管理节点负责管理数据存储、负载均衡等任务。例如，HDFS 是大数据技术中最著名的分布式文件系统（distributed file system）之一，它被设计用来存储非常大的数据集，支持高吞吐量的数据访问。

4）对象存储

对象存储系统将数据作为对象存储，而不是传统的文件或块。这些系统通常用于存储非结构化数据，如音频、视频和图像文件。Amazon S3 是最著名的对象存储服务之一。

以上技术各有优势和应用场景，选择合适的存储技术通常需要考虑数据的类型、数量、访问模式以及成本等因素。随着大数据技术的不断进步，这些存储技术也在持续发展和改进，以满足不断增长的数据管理需求。

2.1.2 当前数据存储与计算发展的特点

1. 云化改造全面加速

数据存储与计算技术持续与云端技术相融合，使资源利用率进一步提升。随着云计算的发展，数据存储与计算技术逐渐从私有部署转化为云上部署，初期体现为部署模式的不同，但伴随着云原生理念的兴起，云原生数据存储与计算产品开始成为产业变革浪潮。利用云原生理念，数据存储与计算实现了存储、计算、调度、安全、分析等模块的进一步解耦，各模块与容器等底层资源单元相适配，实现弹性扩缩容，从而使得资源利用率有效提升。

2. 融合一体化持续加深

批流一体、湖仓一体、混合事务分析处理等融合架构不断降低运维成本。随着数字化转型的深入，大数据平台出现数据冗余、数据一致性差、资源配置难、系统复杂等问题，极大增加了运维的压力与成本。为解决上述问题，数据存储与计算领域各技术产品转向融合架构成为趋势，如将批处理技术与流处理技术融合的批流一体技术框架、打通数据仓库和数据湖技术的湖仓一体技术框架以及同时具备在线事务处理及分析功能的混合事务分析处理技术。

2.1.3　大数据计算与存储的本质关系

1. 空间换时间

空间换时间是大数据存储与计算中最常见的关系之一。在处理大规模数据时，为了加快计算速度，通常会采用更多的存储空间来存储预先计算好的结果或者索引，以便在需要时快速访问，从而降低计算的时间复杂度。

举例来说，在大数据处理中，经常会出现对同一数据集进行多次查询或分析的情况。为了减少每次查询或分析的计算时间，可以选择将一些计算结果或中间数据存储起来，以便下次查询时可以直接访问，而不必重新计算。这种做法会消耗更多的存储空间，但可以显著减少整体的计算时间，提高数据处理的效率。

另外，有时候为了减少存储空间的使用，可能会选择不存储所有的中间结果，而是在需要时进行实时计算。这样做虽然节省了存储空间，但可能会增加每次查询或分析的计算时间，因为需要重新计算结果而不是直接从存储中获取。

因此，以空间换时间的原则可以根据具体情况进行灵活应用。在一些场景下，特别是对于频繁查询的数据集，通过增加存储空间来提高计算效率是非常值得的；而在其他情况下，可能更适合牺牲一些计算时间来节省存储空间。

2. 并行计算与数据分布

大数据处理常需要采用并行计算的方法，将数据分成多个部分同时处理。并行计算与数据分布在大数据处理中扮演着至关重要的角色。并行计算通过同时处理数据的多个部分来提高计算速度，充分利用了多核处理器、分布式系统等技术的优势，从而加速了数据处理过程。

在并行计算中，数据分布是一个关键的考虑因素。将数据分割成适当大小的块，并将这些数据块分发到不同的计算节点或处理单元中进行并行处理，是实现高效并行计算的基础。数据的良好分布可以确保各个计算节点之间的负载均衡，避免出现计算瓶颈，从而最大限度地提高整体的计算效率。

然而，并行计算也带来了数据分布的管理和同步的挑战。在数据分布过程中，需要考虑数据的均匀性和划分的合理性，以避免某些节点负载过重或者数据划分不均匀导致的性能下降。此外，在并行计算完成后，还需要将各个节点计算得到的结果进行合并，这涉及数据的聚合和同步操作。有效地管理数据分布和结果合并是实现高效并行计算的关键。

因此，并行计算与数据分布是密不可分的。合理地管理数据的分布，同时充分利用并行计算的优势，可以显著提高大数据处理的效率和性能，从而更好地满足日益增长的数据处理需求。

3. 数据压缩与解压缩

由于数据量大，数据的存储成本往往很高，因此数据压缩是常用的策略之一。通过压缩数据，可以减少存储空间，并且在传输数据时可以降低带宽的需求。数据压缩技术通常分为无损压缩和有损压缩两种类型。无损压缩保证了压缩后的数据可以完全还原为原始数据，适用于对数据精确性要求较高的场景，如数据库和文本文件。而有损压缩则通过在一定程度上牺牲数据的精确性来获得更高的压缩率，适用于对数据精确性要求较低的场景，如音频和图像等媒体数据。

然而，数据压缩并非没有代价。压缩和解压缩数据需要额外的计算资源，特别是在大规模数据的处理中，这些计算成本可能会变得非常显著。因此，在选择数据压缩方案时，需要权衡压缩率和计算成本之间的关系。有时候，高效的压缩算法可以在几乎不增加太多计算成本的情况下，达到很高的压缩率，从而实现存储空间和带宽的双重节约。

总之，数据压缩与解压缩技术为大数据处理提供了重要的支持，通过降低存储成本和传输带宽需求，为大数据应用的高效运行提供了保障。然而，需要在压缩率和计算成本之间寻找平衡点，以最大限度地发挥数据压缩的优势。

以上关系都在大数据存储与计算的实践中起着重要作用，了解并合理应用它们可以帮助提高数据处理的效率和性能。

2.1.4   计算需求驱动的存储架构设计

当面对百亿级数据计算时，设计数据存储架构是一个复杂而关键的过程。本节对存储架构的设计过程进行介绍，包括需求分析、数据存储设计、数据采集与清洗、数据计算设计、数据压缩与优化、监控与调优。

1. 需求分析

在需求分析阶段，需要深入理解业务需求和数据计算任务的特点。这涉及与业务团队的沟通，以了解他们的数据需求和目标。同时，需要与数据科学家、工程师和分析师等合作，确定所需的数据类型、数据格式、数据量以及计算的频率和复杂度。例如，可能需要分析用户行为数据以优化产品推荐算法，或者对传感器数据进行实时监测和预测。

2. 数据存储设计

在数据存储设计阶段，需要选择合适的数据存储技术和架构。考虑到数据量巨大，通常需要采用分布式存储系统来存储数据。分布式文件系统(如 HDFS)适用于存储大文件和批量处理任务，而分布式数据库(如 HBase、Cassandra 等)则适用于实时查询和分析。在设计数据存储架构时，需要考虑数据的访问模式、读写比例、一致性要求以及容错性和可扩展性等因素。

3. 数据采集与清洗

在数据采集与清洗阶段，需要收集来自各种来源的原始数据，并对数据进行清洗、过滤、转换等预处理操作。这包括解析和标准化数据格式、处理缺失值和异常值、去重和去噪等操作，以确保数据质量和一致性。同时，需要考虑如何处理实时数据和批处理数据，并选择合适的数据采集工具和技术(如 Flume、Logstash、Kafka 等)来实现数据的实时和批量处理。

4. 数据计算设计

在数据计算设计阶段，需要根据具体的计算需求选择合适的计算框架和算法。如果需要进行复杂的数据分析或机器学习模型训练，可以考虑使用分布式计算框架（如 Apache Spark、Apache Flink）来实现并行计算。在设计计算任务时，需要考虑任务的并行度、数据分片和分发策略、任务调度和资源管理等因素，以确保计算的效率和性能。

5. 数据压缩与优化

在数据压缩与优化阶段，需要考虑如何降低数据存储和传输的成本。选择合适的数据压缩算法和压缩率，以及优化数据存储格式和索引结构，可以有效地减少数据存储和传输的成本。同时，需要注意在压缩和解压缩数据时可能会增加额外的计算成本，需要权衡压缩率和计算成本之间的关系。

6. 监控与调优

在监控与调优阶段，需要建立相应的监控系统，实时监控数据存储和计算的状态和性能。通过监控系统收集和分析关键指标，可以及时发现和解决系统的性能瓶颈和故障，优化系统的性能和稳定性。这包括监控数据存储的可用性和容量、计算任务的运行状态和资源利用率、数据处理的延迟和吞吐量等指标。

通过以上详细的设计过程，可以建立一个高效、稳定的数据存储架构，以满足百亿级数据计算的需求。这个过程需要多方面的专业知识和经验，包括数据管理、分布式系统、计算机网络、算法和数据结构等领域，可以帮助读者更好地理解和应用大数据计算技术。

2.2　分布式文件系统

大数据时代必须解决海量数据的高效存储问题，为此谷歌开发了分布式文件系统 GFS（Google file system），通过网络实现文件在多台机器上的分布式存储，较好地满足了大规模数据存储的需求。Hadoop 分布式文件系统 HDFS 是针对 GFS 的开源实现，它是 Hadoop 两大核心组成部分之一，提供了在廉价服务器集群中进行大规模分布式文件存储的能力。HDFS 具有很好的容错能力，并且兼容廉价的硬件设备，因此能以较低的成本利用现有机器实现大流量和大数据量的读写。

本节主要介绍分布式文件系统的概念和结构。

2.2.1　分布式文件系统的概念

分布式文件系统与传统的本地文件系统相比，是一种能够通过网络将文件存储在多台主机上的系统。这种系统通过分布式的方式实现文件存储，从而扩展存储空间并增强数据的可访问性和冗余性。它采用"客户端/服务器"模式，客户端通过特定的通信协议与服务器建立连接，并提出文件访问请求。通过设置访问权限，客户端和服务器可以限制请求方对底层数据存储块的访问。目前，广泛应用的分布式文件系统包括 GFS 和 HDFS 等。

2.2.2　分布式文件系统的结构

在 Windows、Linux 等操作系统中，磁盘空间一般被划分为以 512 字节为单位的"磁盘块"，这是文件系统读写操作的最小单位。文件系统的块大小通常是磁盘块的整数倍，即每次读写的数据量必须是磁盘块大小的整数倍。

分布式文件系统也采用了块的概念，文件被分成若干块进行存储，块是数据读写的基本单元。但是，分布式文件系统的块要比操作系统的块大得多，比如，HDFS 默认一个块的大小是 64MB。不同于普通文件，如果一个文件小于一个数据块的大小，在分布式文件系统中，它并不占用整个数据块的存储空间。

分布式文件系统的物理结构由计算机集群中的多个节点构成，节点分为两类：主节点和从节点。主节点负责文件和目录的管理，同时管理着数据节点和文件块的映射关系。数据节点负责数据的存储和读取，根据主节点的命令创建、删除数据块和副本。

为了保证数据的完整性，分布式文件系统通常采用多副本存储。文件块会被复制为多个副本，存储在不同的节点上，而且存储同一文件块的不同副本的各个节点会分布在不同的机架上。这样，在单个节点或整个机架出现故障时，也不会丢失所有文件块。文件块的大小和副本个数通常可以由用户指定。

2.3　分布式数据库

分布式数据库系统(distributed database system, DDBS)是建立在集中式数据库系统基础之上的一种新型数据库系统。它融合了数据库技术和网络技术，能够在多个地点分散存储和管理数据。HBase 是一种面向列的分布式数据库，特点是具有高可靠性、高性能和可扩展性，适用于存储非结构化和半结构化数据。它能够支持超大规模的数据存储，利用水平扩展技术，通过廉价的计算机集群来处理拥有超过十亿行和数百万列的大型数据表。本节对 HBase 进行概述。

2.3.1　HBase 简介

HBase 是谷歌 BigTable 的一个开源实现，主要用于处理大规模的数据存储和快速随机读写，同时也是 Apache Hadoop 生态系统的一部分。HBase 与 Hadoop 生态系统中其他组件的关系在图 2-1 中有详细描述。HBase 利用 Hadoop MapReduce 来处理大数据量，使用 Zookeeper 实现稳定服务和失败恢复，而 HDFS 作为底层存储系统提供高数据可靠性。此外，Sqoop 提供了高效的关系数据库管理系统(relational database management system, RDBMS)数据导入功能，而 Pig 和 Hive 则提供了

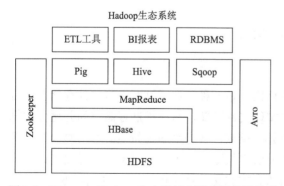

图 2-1　HBase 与 Hadoop 生态系统中其他组件的关系

HBase 的高层语言支持。

2.3.2　HBase 与传统关系数据库的对比分析

关系数据库自 20 世纪 70 年代发展至今，已成为一种成熟且稳定的数据库管理系统。它通常具备多种功能，包括面向磁盘的存储和索引结构、多线程访问支持、基于锁的同步访问机制、基于日志的恢复机制以及事务处理机制等。然而，传统关系数据库虽然功能丰富，但在应对 Web2.0 的高并发、可扩展性和可用性方面表现不佳。非关系数据库如 HBase 弥补了这些缺陷，满足了现代应用的需求，与关系数据库的区别如下。

(1)数据类型：关系数据库支持多种数据类型和存储方式，提供丰富的数据结构选项。相比之下，HBase 将所有数据存储为未经解释的字节字符串。这种存储方式简化了 HBase 的数据处理流程，但也减少了数据类型的多样性。

(2)数据操作：关系数据库提供插入、删除、更新、查询等丰富的操作，涉及复杂的多表连接，通常通过主外键关联实现。相比之下，HBase 操作较简单，只支持插入、查询、删除等操作，因为它避免了复杂的表与表之间的关系，通常只进行单表的主键查询，无法实现表与表之间的连接操作。

(3)存储模式：关系数据库采用行存储，需要顺序扫描每个元组以筛选出所需属性，可能浪费大量磁盘空间和内存带宽。而 HBase 采用列存储，每个列簇由多个文件保存，降低了 I/O 开销，支持大量并发查询，并获得较高的数据压缩比。

(4)数据索引：关系数据库通常会构建多个索引以提升数据访问性能，这允许快速检索多种字段。而 HBase 的索引机制相对简单，只针对行键建立单一索引。通过这种设计，HBase 确保所有数据访问都是通过行键直接访问或行键扫描，从而维持系统的高效运作。但是，相对于关系数据库，HBase 不支持事务，无法实现跨行的原子性。

2.3.3　访问接口

HBase 提供了多种访问方式，包括 Native Java API、HBase Shell、Thrift Gateway、REST Gateway、Pig、Hive 等。表 2-1 列出了 HBase 访问接口的类型、特点和使用场景。

表 2-1　HBase 访问接口

类型	特点	使用场景
Native Java API	常规高效的访问	Hadoop MapReduce 作业的并行批处理
HBase Shell	简单的命令行指令操作	HBase 数据库的管理
Thrift Gateway	Thrift 序列化技术，提供多种面向对象语言的支撑	多种异构系统交叉访问
REST Gateway	不具备语言牢笼，其他编程语言也可以通过 API 访问	支持 REST 风格的 API 访问
Pig	使用流式编程语言处理数据	数据统计应用场景
Hive	简单高效	SQL 访问 HBase 的场景

2.4 NoSQL 数据库

NoSQL 是一种与传统关系数据库不同的数据库管理系统设计,统称为非关系数据库。不同于关系数据库的表结构模型,这类数据库采用的数据模型包括键值对、列值、文档等。NoSQL 数据库通常没有固定的表结构,不执行连接操作,并且对事务约束的遵循程度不像关系数据库那样严格。相较于关系数据库,NoSQL 显示出更高的灵活性和水平扩展能力,非常适合处理大规模数据集。NoSQL 数据库支持 MapReduce 风格的编程,使其在大数据应用中尤为有效。随着其发展,NoSQL 不仅补充了关系数据库在现代商业应用中的不足,也挑战了关系数据库长期以来的主导地位。

根据存储架构设计的不同,NoSQL 通常可划分为键值数据库、列值数据库、文档数据库和图数据库四大类。键值数据库有 Redis、Amazon DynamoDB、Aerospike 等,列值数据库(又称列存储数据库)有 HBase、Cassandra、Hypertable 等,文档数据库包括 MongoDB、Couchbase、MarkLogic 等。同时,本节中还将介绍时序数据库、空间数据库和向量数据库。

2.4.1 键值数据库

1. 概述

键值数据库(key-value database)使用哈希表,通过特定的 Key 定位 Value。Value 对数据库透明,只能通过 Key 查询,可存储各种类型的数据。在写操作频繁的情况下,键值数据库性能通常优于关系数据库,因为后者需要频繁更新索引。关系数据库通常面临水平扩展的困难,而键值数据库则显示出卓越的可伸缩性,几乎可以无限制地进行扩展。键值数据库可以根据数据存储位置的不同,分为内存键值数据库和持久化键值数据库。内存键值数据库将数据保存在内存中,提供快速的读写能力;而持久化键值数据库则将数据存储在磁盘上,确保数据的持久保存。这两种类型各有优势,可根据具体需求和应用场景选择使用。

2. 类型和示例

键值数据库可以使用的一致性模型范围包括从结果一致性到可序列化,有的支持有序的键,有的在内存内维持数据,而有的采用固态硬盘或旋转硬盘。依据数据库引擎排名,Redis 是最流行的键值数据库。

另一个键值数据库的例子是 Oracle NoSQL 数据库。Oracle NoSQL 数据库向应用开发者提供了键值范式。每个实体(记录)都是键值对的一个集合。键有多个成员,并指定为有序列表。主键标识了实体,并构成了此键的前导成员。后续成员称为次键。这种组织类似于在文件系统中的目录路径规定(如/Major/minor1/minor2/)。键值对中"值"的部分为不加解释的任意长度字符串。UNIX 系统提供了 DBM(数据库管理器),它是最初由 Ken Thompson 写的一个库。它的 Windows 操作系统平台移植是通过编程语言如 Perl for Win32 提供的。DBM 通过单一的键(主键)来管理任意数据的关联数组,现代实现包括 SDBM 和 GNU DBM。

2.4.2　列值数据库

列值数据库一般采用列值数据模型，数据库由多个行构成，每行数据包含多个列值，不同的行可以具有不同数量的列值，属于同一列值的数据会被存放在一起。每行数据通过行键进行定位，与这个行键对应的是一个列值，从这个角度来说，列值数据库也可以视为一个键值数据库。列值可以配置以支持多种访问模式，甚至可以设置将某些列值存储在内存中，以牺牲内存资源为代价提升响应速度。关于列值数据库的相关产品、数据模型、典型应用、优缺点以及使用者，请参见表 2-2。

表 2-2　列值数据库

项目	描述
相关产品	BigTable、HBase、Cassandra、HadoopDB、GreenPlum、PNUTS
数据模型	列值
典型应用	分布式数据存储与管理
优点	查找速度快、可扩展性强、容易进行分布式扩展、复杂性低
缺点	功能较少，大都不支持强事务一致性
使用者	Meta（HBase）、Yahoo（HBase）、eBay（Cassandra）、Instagram（Cassandra）、NASA（Cassandra）、X（Cassandra 和 HBase）

2.4.3　文档数据库

文档数据库将文档作为最小单位，通常以标准格式封装并加密数据，如可扩展标记语文（XML）、另一种标记语言（YAML）、JavaScript 对象表示法（JSON）和二进制 JSON（BSON），也可使用二进制格式。它通过键来定位文档，可看作键值数据库的衍生品，但查询效率更高，适用于将输入数据表示为文档的应用，文档可包含复杂的嵌套对象，无须特定数据模式，每个文档结构可完全不同。文档数据库可基于键或文档内容构建索引，与键值数据库不同，它允许基于内容进行索引和查询，主要用于存储和检索文档数据，传统关系数据库更适合考虑多关系、标准化约束和事务支持的场景。文档数据库的相关产品、数据模型、典型应用、优缺点和使用者见表 2-3。

表 2-3　文档数据库

项目	描述
相关产品	CouchDB、MongoDB、Terrastore、ThruDB、RavenDB、SisoDB、RaptorDB、CloudKitPerservere、Jackrabbit
数据模型	版本化文档
典型应用	存储、索引并管理面向文档的数据或者类似的半结构化数据
优点	性能好、灵活性高、复杂性低、易于扩展
缺点	缺乏统一的查询语法
使用者	百度云数据库（MongoDB）、SAP（MongoDB）、Codecademy（MongoDB）、Foursquare（MongoDB）、NBC News（RavenDB）

2.4.4 图数据库

图数据库的初衷是通过深度挖掘不同数据源，以网络分析的方式揭示数据关联的巨大价值。与关系数据库不同，它以图的形式存储数据，实现实体之间的关联，而不需要进行烦琐的表连接操作。关系数据库在进行表连接操作时可能出现指数级的性能下降，特别是在多表关联时，可能导致系统崩溃或无法返回结果。本节首先定义了图，接着对图数据库进行概述，然后介绍了图数据库存储的原理，并对主流图数据库优缺点进行概述。

1. 图的定义

图由一组有限的非空顶点集合 $V(G)$ 和这些顶点之间的边集合 $E(G)$ 构成，通常表示为 $G = (V, E)$。在这里，G 代表图本身，V 是图 G 中所有顶点的集合，而 E 则是图中所有边的集合。这种表示法便于描述和分析图中顶点之间的关系。若 $V = \{v_1, v_2, \cdots, v_n\}$，则用 $|V|$ 表示图 G 中顶点的个数，也称为图 G 的阶，$E = \{(u, v) | u \in V, v \in V\}$，用 $|E|$ 表示图 G 中边的条数。

图数据无处不在，如计算机网络、社交网络、交通网络、蛋白质结构网络等含有大量的图数据。例如，现代网络安全事件中攻击者在非授权情况下访问数据库服务器，而网络安全团队时刻在维护着该数据库服务器，那么，网络安全团队便可检测到攻击者及其危险行为。如果把各主体之间的关系进行抽象，以攻击者、网络安全团队和数据库服务器为点，三者之间的关系为边，就可以用图 2-2 表示上述关系。

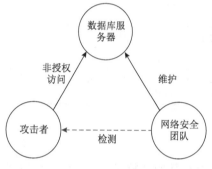

图 2-2　网络安全事件关系图示例

2. 图数据库概述

在信息时代，数据已成为各领域发展的关键驱动力之一。然而，传统的关系数据库在处理复杂关联数据时面临性能瓶颈和低效查询等问题。图数据库因此而兴起，以图为模型，更灵活高效地管理各类数据。相比传统数据库，图数据库具有多个优势：高效处理复杂关联关系，加快查询和响应速度；支持灵活数据模型，适应不同数据结构；具备良好的可扩展性和可视化性，直观展示数据关系。

3. 图数据库存储

图数据库的存储原理是其设计和实现的核心之一。与传统的关系数据库采用表格形式存储数据不同，图数据库采用图结构来存储数据，因此其存储原理也具有独特之处，主要涉及节点和边的存储、索引结构、存储优化和分布式存储等多个方面。

(1) 节点和边的存储：节点和边是图数据库的基本组成单位，通常独立存储。节点包含标识符和节点属性信息，边包含源节点、目标节点和边属性信息，存储方式可采用邻接表或邻接矩阵等。

(2) 索引结构：为提高查询效率，图数据库常使用哈希表或 B+树等索引结构加速节点和边的查找，以减少查询时间。

(3) 存储优化：为节省存储空间和提高读取效率，图数据库采用压缩算法、分区存储策略和缓存机制等优化策略。

(4)分布式存储:为支持海量数据,图数据库采用分布式存储架构,多节点负责数据存储和处理,通过数据分片和复制实现负载均衡和容错性。

4. 图数据库优缺点

在选择图数据库时,了解各数据库的特点至关重要。Neo4j 是领先的图数据库,具有稳定的架构和丰富的功能,但在大规模数据处理和分布式方面略显薄弱。Amazon Neptune 是全托管的服务,具备高可扩展性和可靠性,但使用成本较高。TigerGraph 专注于大规模图数据处理,性能出色,但学习曲线陡峭。ArangoDB 支持多种数据模型和丰富的查询语言,具备强大的事务支持,但在大规模数据处理性能上略有欠缺。

总之,不同的图数据库具有各自的优缺点,用户应根据自身需求和实际情况进行评估和选择。

2.4.5　时序数据库

在许多现代应用中,从工业物联网的传感器到网络安全领域,处理和分析随时间变化的数据变得至关重要。时序数据库(time series database, TSDB)专为高效处理这种带有时间戳的数据而设计,不仅支持快速数据摄取和查询,还能有效地执行数据的压缩和聚合。由于这些特性,时序数据库成为理解数据随时间变化趋势的强大工具,广泛应用于需要实时数据分析的领域,如金融分析、网络监控、工业自动化以及资源管理等。本节将深入探讨时序数据库的定义、相关概念以及如何在各种场景下发挥其独特优势。

1. 时序数据库的定义

时序数据即一连串随时间推移而产生的数据,具体表现为带有时间戳的数据记录。时序数据库则专门针对处理和存储这种时序数据进行了优化。这类数据通常包括服务器和应用程序的性能指标、物联网设备的传感器读数、网站用户的交互行为,以及金融市场的交易数据等。

时序数据的关键属性如下。

(1)每条数据都带有时间戳,这不仅用于数据的索引和聚合,还用于数据采样,同时,数据可能具有多维性和相关性。

(2)时序数据的写入频率远高于读取频率,系统需支持从秒级到毫秒级乃至纳秒级的高频写入。

(3)查询操作主要是多维的聚合查询,对查询响应时间的要求很高。

(4)数据的聚合或下采样视图(如趋势线)通常能提供比单个数据点更丰富的信息。例如,在网络不稳定或传感器异常的情况下,可能基于一段时间内的平均值超过阈值来触发警报,而非单一数据点。

分析这类数据时,通常需要访问一定时间段内的数据记录(如过去一周的点击率数据)。虽然其他类型的数据库在数据量不大时也能处理时序数据,但时序数据库在数据摄取、压缩和聚合等方面更为高效。

2. 时序数据库相关概念

时序数据库专注于处理时序数据，其核心概念与时序数据紧密相关。以下是几个基本术语的概述。

1）度量

在时序数据库中，度量（metric）功能类似于关系数据库的表格（table），它代表一个同类时序数据的集合。例如，可以为空气质量监测传感器创建一个表格，用以存储所有相关的监测数据。

2）标签

标签（tag）用于描述数据源的特定特征，这些特征通常是静态的，如传感器设备的标识（deviceId）和设备所处的区域（region）。系统会为这些标签自动建立索引，从而支持基于多维标签的数据检索。标签由键和值组成，均为字符串类型。

3）时间戳

时间戳（timestamp）是标记数据记录时刻的元素，准确记录了数据产生的具体时间。时间戳可以是数据录入时由用户指定的，也可以是数据被系统捕获时自动生成的。时间戳通常以日期和时间的形式表现，可能精确到秒级、毫秒级甚至更细的纳秒级。

4）量测值

量测值（field）指的是数据源的具体测量指标，如温度、湿度、压力等。在时序数据库中，量测值通常随时间变化而变化，并与时间戳一起存储。量测值可以是数字（如温度读数），也可以是文本或其他类型数据（如状态指示符）。

5）数据点

数据点（data point）是时序数据库中的一个基本单位，它由时间戳、一个或多个量测值以及与之关联的标签组成。每个数据点都是对某一时刻数据源状态的完整描述。在操作时序数据库时，数据点作为查询和存储的对象，是性能指标和系统分析的核心。

6）时间线

一个数据源的特定测量指标随时间的变化轨迹形成时间线（time series）。时间线是通过metric、tag 和 field 的组合确定的。对时序数据的处理，如降采样、聚合（如求和、计数、最大值、最小值等）以及插值，都是基于时间线进行的。

3. 常见时序数据库及应用场景

时序数据库在大数据计算和网络安全领域的应用愈发显著，因为这些场景通常涉及处理和分析大量时间敏感的数据。以下将介绍具体的时序数据库例子以及它们在这些领域的应用。

1）InfluxDB

InfluxDB 是一个专门设计用来处理高速写入和查询的时序数据库。它能够快速处理、存储和检索与时间相关的数据点，非常适用于实时大数据分析。

针对大数据计算，其应用包括实时数据分析和预测维护两个方面。具体来说，实时数据分析方面，InfluxDB 能够快速处理金融交易、电信数据流和物联网传感器数据，帮助企业即时了解数据趋势并做出决策。而对于预测维护，InfluxDB 通过利用机器学习模型分析设备数据，预测故障和维护需求，优化生产线的运行效率。

2）TimescaleDB

TimescaleDB 结合了传统的 SQL 数据库的便利性以及时序数据库的性能优势，特别适用于需要进行复杂查询和分析的大数据计算应用，如交通流量分析和能源数据管理。具体来说，其可以处理来自城市交通监控系统的大量数据，分析交通流量模式，优化交通管理和规划，还可以分析能源消耗数据，优化能源分配和消费，支持智能电网的运营。而在安全信息和事件管理方面，TimescaleDB 可以存储和分析来自整个企业的安全事件日志，支持安全分析师检测、调查和响应安全威胁。

3）Prometheus

Prometheus 常用于系统监控，它的时序数据库功能使其在网络安全监控中非常有效。比如，针对系统和网络监控，通过监控关键基础设施的性能指标，实时发现异常指标，表明安全威胁或系统故障。而对于警报和响应，通过设置复杂的触发条件，当系统或网络出现异常行为时自动触发警报，快速响应潜在安全事件。

2.4.6　空间数据库

空间数据库是专为存储、管理和分析地理空间数据而设计的数据库系统，它支持地理对象如点、线、面的存储和多种空间运算。空间数据库的关键优势在于其对空间数据类型的原生支持、高效的空间索引技术，以及强大的空间查询和分析功能。在本节中，将深入探讨空间数据库的定义、关键特征、主要应用场景以及技术实现。

1. 定义和关键特征

空间数据库存储各种形式的空间数据，包括点、线、多边形和复杂的多维形状。这些数据类型用于表示现实世界的地理对象和空间关系，如路网、建筑物位置、行政区域等。空间数据库的主要特征包括支持空间数据类型、空间索引、空间查询操作。具体来说，空间数据库支持多种空间数据类型，如面域数据、网络数据、样本数据、曲面数据、文本数据和符号数据等，这些类型反映了地理实体的多样性。而为了提高查询效率，空间数据库使用空间索引（如 R 树、四叉树、空间哈希等）来优化大规模空间数据的存储和检索。同时，空间数据库支持复杂的空间查询操作，如空间连接、空间关系检测（如相交、包含、相邻）和空间分析。

2. 主要应用场景

空间数据库的应用场景广泛，涉及多个领域，在大数据计算和网络安全领域，空间数据库也发挥着重要作用。这些领域的数据通常具有高速、大量和多样化的特点，需要高效的存储、管理和分析技术来处理空间属性。以下是空间数据库在大数据计算和网络安全中的具体应用场景。

1）大数据计算应用

针对物联网管理、物联网设备（如传感器和移动设备）所产生大量空间和时间数据，空间数据库可以进行管理，同时支持对设备位置和环境条件进行实时监控和分析，例如，在智慧城市项目中监测交通流量和环境污染水平。

对于地理大数据分析，大数据技术结合空间分析，可以处理来自社交媒体、移动设备和其他数据源的大规模地理信息数据。这些分析帮助企业和政府了解人口迁移模式、消费者行为和公共安全问题。而在灾害响应和管理方面，当自然灾害发生时，空间数据库能够整合来自不同来源的大量数据，包括卫星图像、地理标记的社交媒体帖子和紧急响应队伍的输入。这些数据的分析对于快速响应、资源分配和灾后恢复至关重要。

2）网络安全应用

针对网络安全分析，网络攻击源头所处位置和攻击路径往往至关重要。空间数据库能够存储和分析攻击事件的地理位置数据，帮助安全分析师追踪攻击来源，以及分析攻击模式和路径。

在基础设施安全管理方面，对于关键基础设施，如电网和水系统，空间数据库可以用于监控设施的物理安全和网络安全状态。通过地理标记的安全事件和实时数据分析，可以及时发现潜在威胁并部署相应的安全措施。

而针对网络监控和事件响应，空间数据库可以整合来自全球的网络流量和安全事件数据，支持复杂的空间查询和分析，例如，识别特定地区的异常流量和行为模式，从而启动有针对性的响应措施。

3. 技术实现

空间数据库领域的技术实现存在多种解决方案，这些方案可以分为两大类：一类是在传统数据库管理系统基础上通过扩展支持空间数据处理的产品，如 PostgreSQL 的 PostGIS 扩展和 Microsoft SQL Server；另一类是专门为空间数据设计的专用空间数据库系统，如 Oracle Spatial 和 ArcSDE。

1）PostgreSQL 的 PostGIS 扩展

PostGIS 是一个开源的空间数据库扩展，它为 PostgreSQL 数据库增加了支持空间数据的能力。PostGIS 实现了几乎所有的 OpenGIS Simple Features for SQL 规范，使 PostgreSQL 成为一个功能全面的空间数据库，能够执行空间数据的存储、查询、处理和分析。

PostGIS 的主要特点包括支持广泛的空间数据类型和空间索引，如点、线、多边形以及对应的 R 树索引，同时提供超过 300 个空间相关函数和运算符，用于处理空间关系、空间分析和几何转换等，并且集成在 PostgreSQL 中，享有 PostgreSQL 的稳定性、可扩展性和强大的 SQL 支持。

2）Microsoft SQL Server

Microsoft SQL Server 的空间功能通过内建的空间支持，为用户提供了处理地理空间数据的能力。SQL Server 支持两种类型的空间数据：地理和几何。

Microsoft SQL Server 支持地理信息类型（用于存储地球表面数据）和几何类型（用于存储欧几里得（平面）空间数据），同时包括空间索引和空间函数，如空间关系检测、空间分析和距离计算等，并且集成了强大的查询优化器，优化空间查询的性能。

3）Oracle Spatial

Oracle Spatial 是 Oracle 数据库的一个高级选项，提供了全面的空间数据管理功能，支持所有标准的空间数据类型和操作。Oracle Spatial 支持高级空间特性，如网络数据模型、拓扑数据模型和三维空间数据处理,同时提供高效的空间索引技术和空间分析工具,而且具有强大的数据管理能力,适用于企业级的大规模空间数据应用。

4) ArcSDE

ArcSDE(spatial database engine, 空间数据库引擎)是 Esri 提供的中间件,在关系数据库中存储和管理空间数据。ArcSDE 作为 ArcGIS 平台的一部分,支持多用户编辑和大量空间数据的管理。ArcSDE 支持大型多用户环境下的空间数据管理,同时与 Esri 的 ArcGIS 软件紧密集成,为地理信息系统提供强大的可视化和分析工具,并支持各种数据库后端,如 Oracle、SQL Server、PostgreSQL。

2.4.7　向量数据库

大语言模型(LLM)展示了生成式人工智能具有与人类语言相当的表达能力,将企业知识库文档和数据通过向量特征提取,存储到向量数据库(vector database),应用 LLM 与向量化的知识库检索和比对知识,构建智能服务。然而,在上述过程中,向量的存储对于下游任务至关重要。向量数据库的核心思想是将文本转换成向量,然后将向量存储在数据库中,当用户输入问题时,将问题转换成向量,然后在数据库中搜索最相似的向量和上下文,最后将文本返回给用户。本节将介绍向量嵌入、向量数据库的概念、向量数据库的特点和作用、相似性搜索,以及向量数据库的核心技术、优势和不足。

1. 向量嵌入

向量嵌入是一种将非数值的词语或符号编码成数值向量的技术,常用于自然语言以及图像处理等领域。它通过神经网络学习,接收文本中的词语并输出对应的词向量,每个数值代表词语或像素的特征。为了更好地对图像进行分析处理,要对图像进行向量嵌入表示,图 2-3 展示了图像嵌入的一般流程。

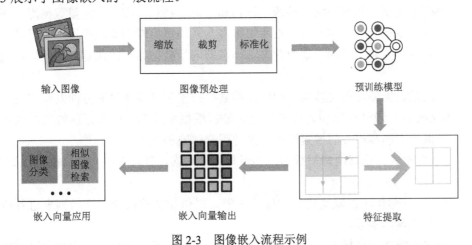

图 2-3　图像嵌入流程示例

2. 向量数据库的概念

向量数据库存储的数据为高维向量,表示特征或属性。每个向量具有数十到数千个维度,具体取决于数据复杂性。它支持增删改查操作、元数据过滤和水平扩展。同时,向量数据库还支持向量检索、向量聚类、向量降维和向量计算等操作，如图 2-4 所示，把图像或文本输入到神经网络得到它们的向量表示，通过计算向量之间的相似度来完成目标识别、搜索、问题回答等任务。向量通常是通过对原始数据应用变换或嵌入函数生成的，如机器学习模型或特征提取算法。

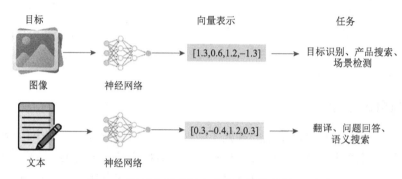

图 2-4　通过向量表示完成特定任务示例

向量数据库的主要优点是能快速准确地进行相似性搜索和检索，根据向量距离或相似性查找相关数据，而不是传统方法的精确匹配。向量数据库整合了向量嵌入，可比较任何向量之间的相似度。此外，将数据库的高效存储功能与先进的向量搜索技术相结合，打造出一个在相似性搜索领域表现出色的强大工具，即向量搜索工具。

总之，通过向量搜索，用户可以描述自己想要找到什么，而不必知道存储对象所归属的关键字或元数据分类。同时，向量搜索还可以返回类似或近邻匹配的结果，提供了更全面的结果列表，否则这些结果可能会被隐藏起来。

3. 向量数据库的特点和作用

首先，向量数据库具有高维、稀疏、异构和动态的特点。高维即向量数据库中通常有很多元素，维度很高。稀疏即向量数据库中很多元素的值可能为零或接近零。异构即向量数据库中的元素可能有不同的类型或含义。动态即向量数据库可能随着时间或环境变化而变化。

其次，向量数据库在语义搜索、相似性搜索、搜索和推荐排序等方面发挥作用。

(1) 语义搜索：通过存储和索引自然语言处理模型中的向量嵌入，理解文本的含义和上下文，提供更准确和相关的搜索结果，提升用户体验和效率。

(2) 相似性搜索：更好地理解数据，实现相似性搜索，处理非结构化数据集，如图像、音频、视频等。

(3) 搜索和推荐排序：驱动排名和推荐引擎，提供相关建议和对商品列表进行排序，如电商领域和流媒体服务。

主流的向量数据库包括 Pinecone、Weaviate、Chroma 和 Kinetica，均集成了高效的快速检索与相似性搜索功能，各自在特定领域展现出卓越性能。Pinecone 专注于 AI 与机器学习应用，提供高性能向量索引。Weaviate 结合 NLP 技术，实现智能语义搜索。Chroma 以分布式架构支持大规模高维向量数据处理。而 Kinetica 则结合 HPC 技术，确保实时分析与精确搜索。这些数据库为推荐系统、搜索引擎、数据分析等领域提供了强大的技术支持。

4. 相似性搜索

如果想要在海量的数据中找到和某个向量最相似的向量，需要对数据库中的每个向量进行一次比较计算，但这样计算量是非常大的，所以需要一种高效的算法来解决这个问题。高效的搜索算法有很多，其主要思想是通过两种方式提高搜索效率：一种是减小向量大小——可以通过降维或缩短向量值的长度来实现；另一种是缩小搜索范围——可以通过聚类或将向量组织成树、图结构来实现，并限制搜索仅在最接近的簇中进行，或者通过最相似的分支进行过滤。

聚类是大部分相似性搜索算法共有的核心概念。聚类的核心思想是在保存向量数据后，先对向量数据进行聚类。例如，在二维坐标系中，划定了 4 个聚类中心，然后将每个向量分配到最近的聚类中心，经过聚类算法不断调整聚类中心位置，就可以将向量数据分成 4 个簇。每次搜索时，只需要先判断搜索向量属于哪个簇，然后在这一个簇中进行搜索，这样就从 4 个簇的搜索范围减少到了 1 个簇，大大减小了搜索的范围。

但是这种搜索方式也有一些缺点，例如，在搜索的时候，如果搜索的内容正好处于两个分类区域的中间，就很有可能遗漏掉最相似的向量。现实情况中，向量的分布也不会区分得那么明显，往往区域的边界是相邻的。

5. 向量数据库的核心技术

1) 嵌入技术

嵌入(embedding)技术主要针对的是文本、图像、音频等非结构化数据的存储。通常利用嵌入技术将高维数据(如文字、图片音频)映射到低维空间，即把图片、声音和文字转化为向量，将这些向量存储起来就构成向量数据库。实现嵌入过程的方法包括神经网络、局部敏感哈希算法等。

2) 向量索引技术

向量索引技术主要针对的是向量数据维度高时，直接进行全量扫描或者基于树结构的索引会导致效率低下或者内存爆炸。通常采用近似搜索算法来加速向量的检索，利用向量之间的距离或者相似度来检索出与查询向量相近的 K 个向量，距离度量包括欧几里得距离、余弦、内积、汉明距离，向量索引技术包括 k-维树(k-dimensional tree)、乘积量化(product quantization, PQ)、分层可导航小世界网络(hierarchical navigable small world graphs, HNSW)等。

3) 分布式系统架构

分布式系统架构针对的问题主要是向量数据规模庞大，单机无法满足存储、计算需求。主要解决方法是使用分布式系统。分布式系统是计算机程序的集合，这些程序利用多个节点的计算资源来实现共同的目标，节点通常代表独立的物理硬件设备，但也可代表单独的软件进程或其他递归封装的系统。

4) 硬件加速技术

硬件加速技术主要针对的是向量数据计算密集，单纯依靠 CPU 的计算能力难以满足实时性和并发性的要求。而通常的解决方法是利用专用硬件来加速向量运算，这些硬件包括 GPU、FPGA、专用 AI 芯片等，用于提供更高的浮点运算能力和并行处理能力。

6. 向量数据库的优势和不足

1) 向量数据库的优势

向量数据库的优势包括能处理大规模数据、支持高维数据、能执行复杂查询、易于扩展、具有高兼容性。具体来说，向量数据库是处理大规模数据的理想选择，其基本数据类型为向量，利用向量化计算能够比关系数据库更快地处理复杂数据。它不仅支持高维数据，如图像、音频和视频等，这些是关系数据库难以处理的，还能够执行复杂查询操作，如相似性搜索、聚类分析和降维，速度快、准确度高，这些操作是关系数据库难以实现的。另外，向量数据库还具备良好的可扩展性，可以利用分布式、云计算和边缘计算等技术轻松扩展到多个节点，从而提高数据处理规模，并增强向量数据的存储、管理和查询的稳定性。此外，向量数据库还具备高兼容性，支持多种类型和格式的向量数据，以及多种语言和平台的接口和工具。

2) 向量数据库的不足

首先，向量数据库是一种相对较新的技术，目前市场上的产品和应用还比较少。其次，向量数据库需要掌握向量化计算的相关知识，学习成本较高。此外，由于向量数据库采用特殊的数据结构和算法来存储高维向量数据，可能导致其存储空间需求较高，进而增加存储成本。尤其是在处理大规模数据集时，这一问题可能更为突出。

总之，向量数据库是人工智能时代的核心组件，也是方兴未艾的领域，值得深入研究和发展。随着大模型技术的飞速发展，向量数据库会成为数据库领域的一类重要数据存储管理技术。

2.5　本章小结

本章深入探讨了大数据存储在大数据计算领域中的关键作用。随着数据量的急剧增长和存储成本的不断降低，分布式存储逐渐成为取代集中式存储的首选方案。为了满足结构化、半结构化、非结构化、文档和图形等多样化的数据结构需求，研究者不断研发新型数据库系统。本章重点介绍了分布式文件系统、分布式数据库以及 NoSQL 数据库等关键内容。这些技术的综合应用为大数据存储提供了全面而有效的解决方案，有助于满足数字生态系统日益增长的存储处理需求。

第3章 大数据分析与可视化

在大数据时代，数据不仅是一种资源，更蕴含了巨大的潜力。大数据分析成为解锁这一潜力的关键，它不仅能够揭示数据中隐藏的价值，还能为决策提供有力支持。从数据的海洋中提炼出洞察力，探索数据背后的故事，正是大数据分析的魅力所在。数据可视化作为一种强大的沟通工具，其重要性同样不言而喻。数据可视化不仅可以帮助以直观的方式展现复杂的数据，还能有效地揭示数据中的趋势和异常。通过对数据生动形象地进行呈现，从业者能够更快地理解信息并做出数据驱动的决策。本节首先介绍大数据分析的核心概念、常用算法以及其在各个领域的应用，然后从大数据可视化概述、文本大数据可视化、图大数据可视化和大数据可视化常用工具几个方面分别介绍大数据可视化相关知识。

3.1 大数据分析概述

大数据分析是将高级数据挖掘分析技术应用于大规模数据集，通常包括预测分析、数据挖掘、统计分析、时间序列分析、数据可视化、自然语言处理和分析等。近年来，随着数据量的激增，企业和组织需要从大数据中发现新的商业洞见，以适应业务环境的变化。大数据分析可以帮助企业发现客户行为变化、识别销售机会、进行风险管理等。

大数据分析的目的是从数据深海中探寻并发掘有实际价值的信息，从而赋予企业及个人以数据为基石的、更加明智的决策力量。尤其是在工业 4.0 时代，大数据分析正成为工业制造和生产流程中不可或缺的重要一环。通过运用这些技术，企业可以挖掘出潜藏的工作模式、关联性、市场走向，以及消费者的喜好。大数据分析的强大之处就在于它具备高效地处理和分析来自不同渠道的巨量数据的能力，而这些数据往往以多样和复杂的形态呈现。借助大数据分析，企业不仅能洞察消费者需求、行为以及情感反应，还能获得对市场营销策略极有价值的深度洞见，为新产品的开发和现有产品的改进提供关键信息，并最终将这些洞见转化为推动企业增长和创新的实际行动。

3.1.1 第四范式——数据密集型科学发现

图灵奖获得者、关系数据库鼻祖吉姆·格雷(Jim Gray)提出的科学发现的第四范式，也称为数据密集型科学发现，是科学研究方法的一种范式转变。

在传统的科学研究中，实验科学、理论科学和计算科学分别占据了科学研究的三个主要阶段。实验科学侧重于通过观察和实验来获取知识；理论科学则侧重于使用数学和逻辑推理来构建和验证理论；计算科学利用计算机模拟和仿真来探索复杂系统的行为。而第四范式代表了一种新的科学研究方法，它强调发掘利用大量数据中蕴含的关系和规律来推动科学发现。这一范式的出现得益于信息技术的快速发展，尤其是大数据技术的进步。

数据密集型科学发现的核心在于科学家首先收集大量的数据，然后通过高级的计算技术来揭示数据中的模式、规律或理论。这种方法与传统的科学研究方法相反，传统方法通常是先有理论假设，然后通过实验或观察来验证这些假设。在第四范式中，数据本身成为科学研究的起点和基础，科学家通过对数据的分析来提出新的假设和理论。

此外，数据密集型科学发现还涉及如何有效地管理和分析海量数据。这包括数据的建模、描述、组织、保存、访问、分析、复用等方面。随着大数据技术的发展，科学家不仅关注如何利用数据来解决具体的科学问题，还在探索如何基于数据来思考、设计和实施科学研究。这种研究范式促进了开放协同的研究与创新模式的出现，使得科学研究更加依赖于数据基础设施和信息技术的支持。

总的来说，数据密集型科学发现作为科学研究的第四范式，标志着科学研究方法的一次重大变革。它不仅改变了科学家进行研究的方式，也为科学知识的产生和传播提供了新的可能性。随着技术的不断进步，可以预见这一范式将在未来的科学研究中扮演越来越重要的角色。

3.1.2　大数据分析类型

大数据分析的类型主要包括统计分析、诊断性分析、预测性分析和规范性分析四个部分，这四个部分相互链接，共同构建成完整的大数据分析。

1) 统计分析

统计分析是一种重要的大数据分析方法，涵盖了推理性统计分析和描述性统计分析两个方面。它主要通过对数据的归纳和总结，帮助研究者理解数据的特征和规律。推理性统计分析用于从样本数据中推断总体的特征，而描述性统计分析则旨在描述和概括数据的基本特征。这种方法不仅可以帮助研究者发现数据中的趋势和规律，还可以为决策者提供可靠的依据，促进更有效的业务管理和决策制定。

2) 诊断性分析

诊断性分析是一种关键的大数据分析方法，不仅关注于描述过去发生了什么，还深入地探究为什么会发生。通过引入更多的数据源和技术手段，诊断性分析能够挖掘数据背后的因果关系和根本原因。这种方法的应用可以帮助企业更好地理解业务运作中的挑战和机遇，从而制定更具针对性的决策和策略，为业务的持续改进提供强有力的支持。

3) 预测性分析

预测性分析也是一种重要的大数据分析方法，通过利用统计模型和预测算法，基于历史数据来预测未来可能发生的情况。这种方法不仅能够帮助企业预知可能的趋势和变化，还能够为未来做出准确的预测和规划，从而优化资源分配、降低风险，并提高业务的效率和竞争力。通过预测性分析，企业可以更加灵活地应对市场变化，做出更加明智的决策，实现可持续发展。

4) 规范性分析

规范性分析是一种基于描述性统计分析和预测性分析的大数据分析方法，旨在提出应采取的行动建议，以实现期望的结果。通过深入分析过去的数据进行未来趋势预测，规范性分析能够为企业制定出针对性的策略和行动计划，以最大限度地影响所期望的业务结果。这种方法不仅能够帮助企业做出明智的决策，还能够指导其在竞争激烈的市场环境中取得成功。

3.1.3 大数据分析的应用领域

大数据分析在现代社会中扮演着至关重要的角色。通过处理和分析大量复杂的数据，企业和组织能够获得深刻的洞见，推动决策制定，优化运营，提升效率，并实现创新。以下是大数据分析在一些关键领域中的应用。

1) 在商业和营销中的应用

在商业和营销领域，大数据分析的应用已成为企业获取竞争优势的重要工具。它不仅使企业能够深入挖掘和理解消费者行为的复杂性，还揭示了市场趋势的多维面貌。通过对社交媒体动态、消费者的购物习惯以及他们的在线互动模式进行细致分析，企业得以洞察消费者的真实偏好。这些宝贵的信息使得企业能够设计出极具吸引力的个性化营销策略，精确地针对目标客户群。

此外，大数据分析技术的运用还远远超出了营销策略的优化。它在产品定价策略的制定、促销活动的效果评估以及供应链管理的精细化操作中发挥着至关重要的作用。通过对海量数据的分析，企业可以更精确地预测市场需求，从而调整产品供给，优化库存水平，减少浪费，提高资源利用效率。同时，大数据分析还能帮助企业识别和解决供应链中的瓶颈问题，通过流程优化，实现成本节约和运营效率提升。

在这个数据驱动的时代，利用大数据分析来深化对消费者的理解和优化商业运作已经成为企业赢得市场的关键。随着大数据分析技术的不断进步及其应用范围的日益扩大，预计大数据分析将继续在商业和营销领域发挥越来越重要的作用，引领企业向更高效、更智能、更个性化的营销和管理模式转型。

2) 在医疗和公共卫生中的应用

大数据分析在医疗和公共卫生领域的应用正在成为一个革命性的力量，其价值在于能够深化人们对健康和疾病的理解。通过综合分析患者的医疗记录、详尽的临床试验结果以及高精度的医疗影像数据，医生和科研人员可以前所未有的精确度诊断疾病，并针对个体患者的独特情况量身定制治疗计划。这种个性化医疗的兴起不仅提高了治疗效果，也极大增强了患者的治疗体验。更进一步，强大的大数据分析能力还能预测和追踪传染病的暴发和流行趋势。这对于公共卫生管理至关重要，因为通过这些分析，卫生部门能够及时地调配资源，制定和实施有效的预防措施和干预策略，从而在全社会范围内提升健康水平并减少疾病传播。

结合尖端的基因技术与大数据分析技术，科学家可以研发出创新性的抗癌药物。至今，科学家已在人类和动物身上发现了大约 5000 种可能导致肿瘤的基因错误，而癌症的种类有百余种。这意味着即使考虑到基因复制错误与各种癌症类型的全部组合，其数量也总计不过数百万种。在 IT (information technology, 信息技术) 领域，上百万的数量级可能微不足道，但在医学领域，这几乎是一个无穷大的挑战。借助大数据分析技术，科学家有望从这数百万种组合中精准识别出真正导致癌症发生的基因组合，并且利用人工智能技术为每一种组合找到相应的治疗药物。这意味着对于每个人可能出现的病变，医生都能找到相应的治疗方法。科学家正利用大数据分析技术为癌症治疗开发新的方法，根据个体的病变情况，从药品库中选择合适的药物。例如，医生可以根据患者的具体情况，为其开出第 64 号抗癌药品；若病情发生变化，经过检查确认后，可以改用第 128 号药品。这样的治疗方式无须每次都重新研发新药，使癌症治疗变得更为高效和便捷。随着科学技术的持续飞跃，有望看到癌症治疗领域取得革命性的进展，使得许多癌症类型变得更容易管理，其对患者生命质量的威胁也将显著减轻。尽管开发成千上万种药物的总成本可能相当高昂，但分摊到全球每个癌症患者身上，人均费用可能仅为数千美元左右。这一切都得益于大数据分析技术在抗癌药物研发和个性化医疗领域的广泛应用和支撑。

在这个数据密集的时代，大数据分析技术的应用已经开始改变医疗保健行业的运作模式，使之变得更加智能、高效和个性化。随着技术的不断发展和医疗数据量的持续增长，可以期待大数据分析将在未来的医疗和公共卫生领域扮演更加重要的角色，为提升全人类的健康水平开辟新的途径。

3）在科学研究中的应用

大数据分析的应用正在彻底改变科学研究的面貌，使得基因组学、环境科学、物理学等众多领域的研究步伐加快，开启了寻找新知识的大门。这种技术的进步不仅仅是量变，更是质变，它使得研究人员能够处理和分析前所未有的规模的数据集，从中挖掘出隐藏的模式、趋势和关联，这对于推动科学发现和理论创新至关重要。

在基因组学领域，大数据分析技术使得科学家能够分析成千上万个基因序列，深入理解基因如何影响健康和疾病，以及它们如何相互作用。这一进展对于个性化医疗和精准治疗的发展具有革命性意义。

环境科学中，通过分析来自卫星、地面监测站和其他传感器的大量数据，研究人员能够更准确地监测气候变化，预测自然灾害，并评估人类活动对环境的影响。这有助于制定更有效的环境保护政策和应对措施。

物理学领域也不例外，大数据分析的运用极大地加速了新粒子的发现和宇宙起源等根本性问题的研究。高能物理实验，如大型强子对撞机（large hadron collider, LHC），产生了海量的数据，大数据分析技术是分析这些数据、寻找新粒子、验证物理理论的关键。

随着技术的不断进步和计算能力的增强，大数据分析在科学研究中的应用将继续扩大，为解决复杂科学问题提供更强大的工具，推动人类知识的边界不断扩展。这标志着人类进入了一个新的科学探索时代，其中数据的价值被充分挖掘，以揭示自然界的深层次秘密。

4）在数字社会治理中的应用

大数据分析在政府和公共政策领域中的应用已经成为现代数字社会治理的助推器。政府部门利用大数据分析技术，对海量数据进行深度挖掘和分析，以科学化、精确化的方式制定和评估公共政策，这不仅提升了政策制定的针对性和有效性，也实现了城市规划和管理的高效优化。

具体来看，政府通过分析人口统计数据，可以掌握人口结构变化、人口流动性等信息，从而更好地规划教育资源、公共卫生服务和社会福利。在经济领域，大数据分析帮助政府监测经济运行态势、预测经济趋势，为制定财政政策、产业政策和就业政策提供依据。同时，公民反馈为政策制定过程中不可或缺的一环，通过大数据分析，政府可以迅速把握公众需求和意见，及时调整政策方向和力度。

此外，大数据分析还在公共安全、环境保护、交通运输等多个领域发挥重要作用。例如，在公共安全方面，通过对犯罪数据的分析，政府能够制定更为有效的治安措施；在环境保护方面，大数据分析有助于监测和预测自然灾害，提升应急管理能力；在交通运输方面，大数据分析优化了交通流量控制和公共交通规划，提高了城市运行效率。

综上所述，大数据分析的应用正在深刻改变政府治理的方式和水平，使得政策制定更加科学、决策过程更加透明、公共服务更加精准高效。大数据分析在数字社会治理中的应用正日益彰显其巨大潜力。它不仅有助于政府更准确地识别和解决社会问题，还有力地推动了政策制定和执行的智能化、精准化。在未来，研究者将继续深化大数据分析在政府治理中的应用，建设智慧数字政府，构建更加智慧、高效的数字社会治理体系，为人民群众提供更加优质、便捷的服务。

3.2　大数据分析常用算法

大数据分析是指对海量数据进行处理和分析，以提取有价值的信息和洞见。大数据分析常用算法主要包括分类、聚类、集成学习、关联规则挖掘、回归等，下面将围绕这些大数据分析常用算法进行介绍。

3.2.1　分类

分类是机器学习中的一种监督学习算法，用于将数据集中的实例分配到一个或多个类别中。这些算法通过学习数据集中的模式和规律，构建能够对新数据进行分类的模型。本节主要介绍 K-最近邻、朴素贝叶斯、支持向量机、C4.5 等常见的分类算法。

1. K-最近邻

K-最近邻（K-nearest neighbors, KNN）是一种基于实例的监督学习算法，用于模式分类和回归。在分类问题中，KNN 通过将新数据点与训练集中的最近邻居进行比较，将其分配到最常见的类别中。该方法的核心思想是相似的数据在空间中更有可能属于相同的类别。

1）K-最近邻算法的工作原理

K-最近邻算法的核心思想是通过定义距离度量（如欧几里得距离、曼哈顿距离或闵可夫斯基距离），找到最近的 K 个邻居。对于新的样本点，计算其与训练集中所有样本点的距离，选择距离最短的 K 个点作为最近的邻居。在分类问题中，通过多数表决的方式，即选择类别最多的邻居，来确定新样本点的分类。这一过程简单直观，使 KNN 成为一种易于理解和实现的分类算法。

2）算法描述

首先，对于给定的测试样本，计算它与训练集中每个样本之间的距离；然后，根据这些距离选择最近的 K 个训练样本；接着，对于分类任务，通过多数投票法确定这 K 个样本中最常见的类别作为测试样本的预测类别；对于回归任务，则计算这 K 个样本的目标值的平均值作为预测结果。

3）K-最近邻算法的特点

K-最近邻（KNN）算法以其具有简单而成熟的理论基础、适用于多分类问题以及对数据没有特定假设的特点脱颖而出。KNN 直观的思想和对复杂数据分布的灵活适应性使得其成为实际应用中常用的分类算法，尤其是在初步数据分析和多分类问题中发挥着重要作用。然而，需要注意在处理大规模数据时可能带来的计算成本。

2. 朴素贝叶斯

朴素贝叶斯(naive Bayes)是一种基于贝叶斯定理的简单概率分类器。它的核心思想是利用特征之间的条件独立性假设来简化计算，从而实现高效的分类。朴素贝叶斯分类器在处理大量特征时尤其有效，因为它不需要计算特征之间的联合概率分布，而是单独计算每个特征的条件概率。

1)朴素贝叶斯算法的工作原理

贝叶斯定理是朴素贝叶斯算法的核心基础，其数学表达式为 $P(A|B) = P(B|A) \times P(A)/P(B)$，其中条件概率 $P(A|B)$ 表示在 B 的条件下 A 的概率。朴素贝叶斯算法基于特征独立性假设，即每个特征的出现相互独立。在模型训练阶段，通过训练数据计算每个类别的先验概率 $P(C)$ 以及每个特征在各个类别下的条件概率 $P(X_i|C)$。在对新样本的预测阶段，算法计算其属于各个类别的后验概率 $P(C|X)$，其中 X 是特征集合，最终选取概率最高的类别作为预测结果。这一过程使得朴素贝叶斯算法在文本分类、垃圾邮件过滤等领域得到了广泛应用。

2)算法描述

首先，朴素贝叶斯分类器通过计算先验概率，确定每个类别的概率分布，这是基于训练集的统计特性。其次，为每个特征计算条件概率，即在特定类别下每个特征出现的概率。接着，对于一个新的实例，通过将先验概率与条件概率相乘并归一化，计算其属于每个类别的后验概率。最后，选择具有最高后验概率的类别作为新实例的预测结果，从而完成分类任务。

3)朴素贝叶斯算法的特点

朴素贝叶斯算法的特点包括简单快速、易实现、适用于高维数据、对缺失数据不敏感。其适用场景包括文本分类、垃圾邮件过滤、小数据集和实时预测，可通过拉普拉斯平滑处理零概率问题。尽管朴素贝叶斯在文本分类等应用中表现出色，但需注意特征独立性和概率稀疏问题。

3. 支持向量机

支持向量机(support vector machines, SVM)由 Vapnik 和 Cortes 在 1995 年提出，它的核心思想是在特征空间中寻找一个最优的超平面，使得两个类别之间的边界(即间隔)最大化。这个超平面由支持向量定义，这些支持向量是距离超平面最近的样本点。SVM 在处理线性可分和非线性可分问题时都表现出了很好的性能，尤其是在数据不是线性可分的时，可以通过核函数将数据映射到更高维的空间，使得数据变得线性可分。

1)SVM 算法的工作原理

SVM 的基本原理包括类间隔最大化，通过找到一个超平面来最大化两个类别之间的间隔，其中支持向量是决定这个间隔的最近样本点。为了处理现实世界数据中的噪声和异常点，SVM 引入了软间隔概念，允许一些数据点超出间隔，并通过引入松弛变量来调整它们的影响。对于非线性可分的数据，SVM 利用核技巧，通过核函数将数据映射到更高维的空间，以便在新的空间中实现线性可分。SVM 的训练过程通过将问题转化为凸二次规划问题，并利用拉格朗日乘子法来求解最优解。

2）算法描述

首先，对数据进行预处理，包括归一化等操作，以确保算法高效且准确。接着，根据数据的特点选择适当的核函数，用于处理非线性可分问题。随后，通过解决一个凸二次规划问题来训练模型，找出最优的超平面和支持向量。在此过程中，还需要通过交叉验证等方法选取最佳的模型参数，如正则化参数 C 和核函数参数。最后，使用训练好的模型对新数据进行预测。这一系列步骤确保了 SVM 模型在分类或回归任务中的有效性和准确性。

3）SVM 算法的特点

SVM 具有多个显著特点。首先，通过最大化类间隔，SVM 具备强大的泛化能力，能够在未知数据上稳定表现。其次，SVM 能够有效处理高维数据，即使在特征数量超过样本数量的情况下仍能保持性能。此外，SVM 利用核技巧处理非线性可分问题，无须在高维空间中计算点积，这大大提高了其在复杂数据集上的处理能力。SVM 模型还具有稀疏性，因为决策函数仅依赖于支持向量，这使得模型更加简洁且计算效率高。最后，SVM 的性能在很大程度上受核函数选择和正则化参数设置的影响，可能需要通过实验来确定最佳参数。

4. C4.5

C4.5 算法是一种流行的决策树学习算法，由 Ross Quinlan 在 1993 年提出，作为其早期工作 ID3 算法的改进。C4.5 算法主要用于分类任务，它能够从数据集中生成决策树，这些决策树可以用来预测新实例的类别。

1）C4.5 算法的工作原理

C4.5 算法的核心是构建决策树，它通过递归地选择最佳特征来分割数据集。算法的每一步都旨在找到一个特征，该特征能够最大化类间信息增益（或最小化信息损失）。信息增益是基于熵的概念，它衡量了特征对于减小不确定性的能力。C4.5 算法在选择特征时，还考虑了特征的分裂信息，以避免过拟合。

2）算法描述

首先，进行初始化，将数据集的熵设置为所有类别的熵，表示初始不确定性。然后，针对每个特征计算信息增益，通过对特征值进行分割，计算分裂后子集的熵。选择信息增益最高的特征作为当前节点的分裂特征，并使用信息增益比来平衡分裂能力和节点数量。接下来，根据选定的特征及其值，将数据集分割成子集，并递归地对每个子集重复构建子树的过程，直到满足停止条件。为避免过拟合，C4.5 在树构建完成后进行后剪枝，通过删除对分类贡献不大的分支来简化树结构。

3）C4.5 算法的特点

C4.5 算法具有多种特点。首先，它适用于处理多类别分类问题，同时能够处理既包含连续特征又包含离散特征的数据集。通过引入剪枝技术，C4.5 能够有效减少过拟合，提升模型在未见数据上的泛化性能。生成的决策树结构简明直观，易于理解和解释，使其在实际应用中更具可操作性。另外，C4.5 还具备处理缺失值和不平衡数据集的能力，增强了算法的鲁棒性和适用性。这些特性使 C4.5 成为一个广泛应用于机器学习和数据挖掘领域的经典决策树学习算法。

3.2.2 聚类

聚类是机器学习中的一种无监督学习算法，用于将一组数据点分组，使得同一组内的数据点相似度更高，而不同组间的数据点相似度更低。本节主要介绍常用的 K-means 和 DBSCAN 聚类算法。

1. K-means

K 均值 (K-means) 聚类算法是一种迭代型聚类算法，它将一个给定的数据集分为用户指定的 K 个簇。实现和运行该算法都很简单，它的速度也比较快，同时又易于修改，所以它在实际中使用非常广，是数据挖掘领域发展史中最为重要的算法之一。

1) K-means 算法的工作原理

K 均值聚类的步骤包括随机初始化 K 个簇中心，通过分配步骤计算每个点到中心的距离，将点分配到最近的簇，接着通过更新步骤重新计算每个簇的中心。整个过程是迭代的，反复执行分配和更新步骤，直到满足停止条件，如簇中心不再变化或达到预定的迭代轮数。这一过程能够有效地将数据点划分为 K 个簇，形成紧凑而明确的聚类簇。

2) 算法描述

首先，随机选择 K 个样本点作为初始的簇中心进行初始化。随后，对每个样本点，计算其与所有簇中心的距离，并将其分配到距离最短的簇。然后，对于每个簇，重新计算簇内所有点的均值，将其作为新的簇中心。这一过程不断迭代，重复进行样本点的分配和簇中心的更新，直到满足停止条件，如簇中心稳定、达到最大迭代轮数或簇分配不再变化。最终，得到 K 个簇和每个簇的中心点，形成了 K-means 算法的聚类结果。

3) K-means 算法的特点

K-means 的特点包括易于实现和理解、计算复杂度低，处理大数据集时非常有效。由于这些特点，K-means 在市场细分、社交网络分析、搜索结果聚类等多个领域得到广泛应用。其简单性和高效性使得 K-means 成为一种常用的聚类算法。

2. DBSCAN

基于密度的带噪声应用空间聚类 (density-based spatial clustering of applications with noise, DBSCAN) 是一种基于密度的聚类算法，由 Martin Ester、Hans-Peter Kriegel、Jörg Sander 和 Xiaowei Xu 在 1996 年提出，旨在发现数据中的密集区域，并将数据点分为不同的聚类簇，同时能够有效处理噪声数据。该算法的核心思想是基于数据点周围的密度来确定聚类簇的形成，而不是依赖于事先指定的簇的数量或形状。

1) DBSCAN 算法的工作原理

DBSCAN 算法通过计算数据点的局部密度来识别聚类，递归地将所有密度可达的点归入同一簇，从而形成一个由密度相连的点组成的簇，同时将不属于任何簇的点视为噪声。

2) 算法描述

首先设定两个关键参数：邻域半径 ε (Eps) 和形成核心点所需的最小邻居数 MinPts。

对于数据集中的每个点，算法计算其 ε-邻域内的点数，即所有与该点的距离小于或等于 ε 的点的数量。如果一个点的 ε-邻域内至少包含 MinPts 个点（包括点本身），则该点被定义为核心点。核心点是潜在的簇的种子，它们周围可能存在一个或多个簇。边界点则是自身不是核心点，但其 ε-邻域内至少包含一个核心点的点。通过这种方式，DBSCAN 能够发现任意形状的簇，并且能够识别并处理噪声。算法的执行过程包括遍历数据集中的所有点，对于每个未被访问的点，如果它是核心点，则递归地找到所有密度可达的点并将它们归入同一个簇；如果它是边界点或噪声，算法将继续检查下一个点。最终，数据集中的每个点都会被分配到一个簇中或者被标记为噪声。

3）DBSCAN 算法的特点

DBSCAN 算法作为一种基于密度的聚类方法，其显著特点在于其能识别和处理具有复杂分布和任意形状的数据簇。该算法不需要事先指定簇的数量，这使得它在进行未知或探索性数据分析时特别有用。DBSCAN 算法对噪声和异常值具有很强的鲁棒性，能够将非簇形成点识别并分离出来，从而提高了聚类结果的质量。此外，算法的参数设置相对简单，通常只需要调整两个参数——邻域半径 ε 和最小点数 MinPts，且这些参数可以通过数据驱动的方法来确定，这大大简化了聚类过程并减少了人为干预。DBSCAN 还能够有效地发现紧密相邻的簇，即使在簇的密度不均匀的情况下，也能保持聚类结果的一致性。由于其高效的计算过程，DBSCAN 特别适用于大规模数据集的聚类分析，能够在合理的时间内处理大量数据点。最后，DBSCAN 算法的递归性质使得它能够优雅地处理边界情况，如两个接近的簇可能被合并为一个簇，这在实际应用中是非常有用的特性。总的来说，DBSCAN 算法的灵活性、鲁棒性和效率使其成为聚类分析领域内的一个强大工具，尤其适用于空间数据挖掘和异常检测等应用场景。

3.2.3 集成学习

集成学习是机器学习中的一种方法，通过结合多个基本学习器的预测结果，提升整体模型的性能和泛化能力。其核心思想是利用多样化和组合，将多个弱分类器或回归器集成为一个强大的模型，从而在处理复杂问题和改善预测效果方面表现出色。本节主要介绍常用的 AdaBoost、XGBoost 等算法。

1. AdaBoost

AdaBoost（自适应增强）算法是一种集成学习方法，由 Freund 和 Schapire 在 1997 年提出。它的目标是解决在机器学习中如何有效地结合多个弱学习器的问题。在许多实际应用中，很难找到一个单一的模型能够完美地解决所有问题，但通过组合多个模型，可以提高整体的预测性能。AdaBoost 算法特别适用于弱学习器的性能仅略优于随机猜测的情况。

1）AdaBoost 算法的工作原理

AdaBoost 算法基于动态调整的训练样本的权重。在每一轮迭代中，该算法通过增加之前被弱学习器错误分类的样本的权重，减少正确分类样本的权重，使得模型更关注难以分类的样本。每轮迭代后，根据弱学习器在加权训练集上的表现计算权重，最终将所有弱学习器的预测结果按照其贡献度进行加权组合，形成强学习器。

2) 算法描述

AdaBoost 算法首先初始化样本权重,对于训练集中的每一个样本,初始时都赋予相同的权重。然后进行 T(弱分类器的数量)轮迭代:使用当前样本权重分布,从训练集中训练出一个弱分类器;计算弱分类器的权重,弱分类器的权重与其错误率成反比,错误率越低,权重越大;更新样本权重,对于被当前弱分类器正确分类的样本,降低其权重,对于被当前弱分类器错误分类的样本,增加其权重。最后组合弱分类器:将所有弱分类器通过其权重线性组合起来,形成一个强分类器。AdaBoost 算法通过迭代地增加对错误分类样本的关注,并调整样本权重,使得每个弱分类器都能专注于之前被错误分类的样本,从而提高整个分类器的性能。

3) AdaBoost 算法的特点

AdaBoost 算法的特点包括提高性能、自适应调整样本关注度、良好的泛化能力和灵活性。它能有效提升弱学习器性能,自动关注难分类的样本,在不同数据集上表现出色,并与各种类型的弱学习器结合使用。算法还具有坚实的理论基础,提供了关于模型性能的保证。

2. XGBoost

XGBoost(extreme gradient boosting, 极限梯度提升)是一种高效的集成学习方法,由华盛顿大学的 Tianqi Chen 和 Carlos Guestrin 提出。它旨在解决大规模机器学习问题,特别是在处理大量数据和特征时的效率和可扩展性问题。XGBoost 的主要目标是提供一个端到端的、可扩展的树提升系统,以在各种机器学习挑战中取得较好的结果,并且消耗更少的资源。

1) XGBoost 算法的工作原理

XGBoost 算法通过迭代地构建一系列决策树来提升模型性能,每轮迭代中新树的构建旨在预测并纠正前一轮模型的残差,同时通过加入正则化项和缩减因子来控制模型复杂度和防止过拟合,将所有树的预测结果累加得到最终模型,从而在提高预测准确性的同时保持模型的泛化能力。

2) 算法描述

首先,XGBoost 算法启动时会初始化一个基准模型,这通常是基于目标变量的简单预测,如回归问题中的目标均值或分类问题中的概率。这个基准模型为后续的提升过程提供了出发点。其次,算法进入迭代过程,每轮迭代都会构建一个新的决策树模型。这个新模型的目标是学习并预测上一轮模型留下的残差,即真实值与当前模型预测值之间的差异。为了高效地找到最佳的分裂点,XGBoost 使用了一种基于直方图的近似贪心算法,该算法通过维护特征值的分位数信息来快速评估分裂点的质量。接下来,在构建每一棵新树的同时,XGBoost 会引入正则化项来控制模型的复杂度,这有助于防止过拟合。正则化项通常包括树的权重(L2 正则化)和数量(L1 正则化),这样可以促使模型学习到更加简单和平滑的决策树。此外,XGBoost 还采用了缩减策略,通过一个缩减因子(shrinkage rate)来降低每棵树对最终模型的影响,这类似于学习率的概念,有助于模型更好地泛化到新的数据上。最后,当达到预设的迭代轮数或模型性能提升不再显著时,迭代过程停止。此时,所有决策树的预测结果会按照各自的权重相加,形成最终的集成模型。

3）XGBoost 算法的特点

XGBoost 算法的主要特点在于其出色的性能和可扩展性,它通过高度优化的树构建过程和有效的正则化技术,能够高效地处理大规模数据集并控制模型复杂度,从而在提高预测准确性的同时防止过拟合。算法的灵活性和并行计算能力进一步增强了其在实际应用中的实用性,使其成为解决各种机器学习问题的有力工具。

3.2.4　关联规则挖掘

关联规则挖掘是数据挖掘领域的重要技术,旨在发现数据集中频繁出现的项集之间的关联关系。这些关联规则能够揭示数据中的隐藏模式和有趣的关联现象,对于市场分析、产品推荐和交叉销售等决策支持具有重要意义。本节主要介绍常用的 Apriori 和 FP-Growth 算法。

1. Apriori

Apriori 算法是由 Agrawal 和 Srikant 在 1994 年提出的,用于在大型数据库中发现项集之间的关联规则。这些规则可以帮助零售商了解顾客的购买习惯,从而进行交叉销售和市场细分。在数据库挖掘领域,Apriori 算法是最早提出的算法之一,它解决了在大规模交易数据库中寻找频繁项集的问题。

1）Apriori 算法的工作原理

Apriori 算法是一种用于挖掘频繁项集和关联规则的经典算法,其主要概念包括频繁项集、最小支持度、最小置信度。算法采用迭代方法逐层搜索频繁项集结构,每一步都计算项集的支持度并剔除低于最小支持度的项集,然后基于当前频繁项集生成更大的候选项集。关联规则生成阶段通过计算置信度,生成满足最小置信度的规则,用于分析变量之间的关联性。这一过程使得 Apriori 算法在挖掘关联规则方面表现出色,特别适用于市场篮分析等领域。

2）算法描述

首先,在初始化阶段,扫描数据库,计算所有单个项集的支持度,并找出所有频繁的 1 项集。然后,通过迭代的方式,从 $k=2$ 逐步增加到最大项集大小。在每一轮迭代中,算法通过使用上一轮找到的频繁 $k-1$ 项集生成候选 k 项集,扫描数据库,计算每个候选 k 项集的支持度,并移除支持度低于最小支持度阈值的候选项集,满足支持度条件的候选项集被添加到频繁项集中。最终,输出所有频繁项集,这些项集表示在数据中频繁出现的组合模式。这一过程允许 Apriori 算法高效地挖掘出数据库中的频繁项集,用于关联规则挖掘和其他数据挖掘任务。

3）Apriori 算法的特点

Apriori 算法具有概念简单、易于编程实现的特点,这使得它在实际应用中受到广泛欢迎。其应用领域涵盖零售分析、欺诈检测、生物信息学等,展现了良好的适用性。另外,Apriori 算法能够处理大量数据,这使得它在大规模数据库中的频繁项集挖掘任务中表现出色。综合这些特点,Apriori 算法在实际应用中具备简便性、广泛适用性以及高效处理大数据的特性。

2. FP-Growth

FP-Growth 算法是一种用于数据挖掘中频繁模式挖掘的有效方法。它由 Jiawei Han、Jian Pei 和 Yiwen Yin 在 2000 年提出，旨在解决传统 Apriori 算法在处理大型数据库时面临的性能瓶颈问题。FP-Growth 算法的核心思想是构建一个名为 FP-tree（frequent pattern tree，频繁模式树）的紧凑数据结构，用于存储数据库中频繁项集的信息，并通过模式片段增长的方法来挖掘频繁模式。

1）FP-Growth 算法的工作原理

FP-Growth 算法通过两次扫描数据库来构建一个压缩的 FP-tree（频繁模式树），该树存储了所有频繁项集的紧凑表示。然后，算法利用树结构的特性，从底部的频繁 1 项集开始，通过递归地构建条件模式基和条件 FP-tree，逐步增长频繁项集。在此过程中，算法避免了生成大量的候选项集，通过直接从 FP-tree 中提取频繁模式来提高效率，从而在大型数据库中高效地挖掘出所有满足最小支持度阈值的频繁项集。

2）算法描述

FP-Growth 算法通过两次扫描原始数据库来构建 FP-tree。在第一次扫描中，算法识别出满足最小支持度阈值的频繁项集，并按照支持度从高到低进行排序，同时统计它们在数据库中的出现次数。在第二次扫描中，根据排序后的频繁项集列表构建 FP-tree，合并相同的频繁项序列以减少树的分支数量，从而提高内存利用效率。接着，算法利用 FP-tree 递归地挖掘频繁模式，从树的叶子节点开始创建条件模式基，并在此基础上构建新的 FP-tree，逐步"增长"出更长的频繁项集。通过维护项头表，算法能够高效地记录每个频繁项集在 FP-tree 中的位置，从而在递归过程中输出所有频繁模式，无须生成和测试大量的候选项集。

3）FP-Growth 算法的特点

FP-Growth 算法的特点在于其具有高效的数据压缩和递归挖掘机制，这使得它在处理大型数据库时具有更好的性能和可扩展性。FP-tree 的结构使得算法能够有效地减小数据库的搜索空间，并且通过避免昂贵的候选项集生成和测试过程，显著降低了挖掘频繁模式的计算成本。此外，FP-Growth 算法还可以通过进一步的优化，如在分布式系统中的关联规则挖掘应用、处理数据流，以及与其他数据挖掘任务的结合等，来适应不同的应用场景和需求。

3.2.5　回归

回归是机器学习中的一个重要分支，主要是基于一个或多个输入变量（即自变量）关注预测一个连续的数值型输出（即因变量）。本节主要介绍常用的线性回归和 CART 算法。

1. 线性回归

线性回归（linear regression）是一种用于建立变量之间线性关系的统计模型。它用于预测一个或多个自变量对因变量的影响。在简单线性回归中，只有一个自变量和一个因变量，而在多元线性回归中，有多个自变量和一个因变量。

1）线性回归算法的工作原理

线性回归算法的工作原理是建立自变量与因变量之间的线性关系模型，通过拟合最佳的直线来预测因变量的值。它通过最小化观测值与模型预测值之间的残差平方和来确定回归系数，即通过找到能够最好地拟合观测数据的直线，使得实际观测值与模型预测值之间的误差最小化，从而实现对因变量的预测。

2）算法描述

首先，通过观测数据计算自变量和因变量的均值，并进行标准化处理；然后，使用最小二乘法拟合线性模型，计算回归系数（斜率）和截距，以建立自变量与因变量之间的线性关系模型；最后，利用拟合的模型对新的自变量数据进行预测，得到相应的因变量预测值。

3）线性回归算法的特点

线性回归算法以其简单易懂、可预测性强、可解释性好、计算效率高等特点，在实证研究、商业决策和机器学习中得到了广泛的应用。这些特点使得线性回归算法成为一种非常基础和重要的大数据分析工具。

2. CART

CART（classification and regression tree，分类与回归树）算法是在 20 世纪 80 年代由 Breiman 等统计学家提出的一种决策树学习算法。其背景源于早期决策树学习算法存在的问题，如过拟合和对噪声的敏感性。通过引入基尼系数（Gini index）作为新的划分准则，CART 算法在每个节点上选择最佳特征以最小化不纯度，从而显著提高了决策树的性能和鲁棒性。CART 算法在决策树领域成为经典代表，对统计学、机器学习和数据挖掘领域的发展产生了深远影响，为后续树模型和集成学习算法的发展奠定了基础。

1）CART 算法的工作原理

CART 算法的核心工作原理在于选择分裂点时使用基尼系数来衡量数据的不纯度。算法从根节点开始，不断地在各节点选择能够最大限度减小数据不纯度的特征和分裂点，将数据集划分为更纯的子集，直至满足停止条件，从而形成一棵用于分类或回归的树。CART 算法以其简单且高效的特性，广泛应用于数据分类和预测任务。

2）算法描述

首先，从包含所有训练数据的根节点开始，构建决策树。然后，在每个节点计算所有可能的分裂变量和分裂点，使用基尼系数或其他纯度度量标准评估每个分裂的效果，选择能最大化纯度增益的分裂变量和分裂点，递归地创建新的子节点。接着，算法在每个子节点上重复分裂过程，直到满足停止条件，如节点中的数据点数量少于预设阈值或数据点在所有预测变量上的分布完全一致。此外，为避免过拟合，CART 算法使用成本复杂度剪枝方法，逐步增加复杂度参数，移除对预测性能贡献较小的节点。然后，通过交叉验证来评估不同复杂度的树在独立数据集上的性能，并选择一个在训练数据上拟合良好且在独立数据集上泛化性能良好的最优树。最后，得到的决策树可以用于新数据的分类或回归预测。

3）CART 算法的特点

CART 算法以其易于理解和解释的决策树模型而著称，这种模型直观且能够清晰展示数据的决策过程。它能够处理包括数值型和类别型在内的多种数据类型，这使其在不同类型的数据集上具有广泛的应用性。在构建决策树的过程中，CART 自动进行特征选择，挑选出对预测结果最有影响的特征，无须进行数据预处理，包括归一化或标准化，这简化了数据准备步骤。CART 算法还能处理数据中的缺失值，对于实际应用非常有效。此外，CART 提供了灵活性，可以通过剪枝等技术调整模型复杂度，防止过拟合。它不仅适用于分类问题，也适用于回归问题，展现出很高的预测分析灵活性。作为一种非参数方法，CART 不对数据分布做出假设，这在很多情况下都是一个重要的优势。

3.3　大数据可视化概述

大数据可视化是将庞大且复杂的数据集以图形化的方式呈现出来。以流行病学可视化为例，19 世纪中叶伦敦霍乱疫情肆虐，病毒主要通过饮用被污染的水源或食物传播。在当时，人们对霍乱的传播机理并不清楚，因此难以有效控制疫情。John Snow 是一位英国医生和流行病学家，他通过对伦敦苏活区不同街区的死亡人数进行可视化分析发现了在苏活区 Broad Street 街区周围的水泵是霍乱的主要传播源头。基于这一发现，John Snow 成功说服当局关闭了这口水泵，从而有效控制了霍乱的传播。John Snow 的这项工作为后来的公共卫生实践奠定了基础，强调了通过数据分析和可视化来理解疾病传播模式的重要性。在这一节中将介绍大数据可视化的定义、重要性以及挑战。

1. 大数据可视化的定义

大数据可视化指的是使用图表、图形和地图等视觉元素来表现大型数据集中的信息。这种方法使得复杂的数据关系和模式变得直观易懂。其主要目的是将数据转化为更加易于理解和吸收的形式，进而支持数据驱动的决策过程。

2. 大数据可视化的重要性

1）增强数据理解

通过可视化，复杂的数据结构和模式可以被快速识别和理解。面对大规模数据集，传统的数据分析方法往往难以挖掘大量数据中蕴含的丰富信息。然而通过先进的大数据可视化技术，研究者可以直观地展现数据之间的关系，以及数据在时间和空间上的分布。

2）促进数据洞察发现

可视化有助于揭露数据中隐藏的趋势和关联，促进洞察发现。这一过程不仅仅是用图形做简单的展示，更关键的是如何通过各种视觉元素将复杂数据的内在逻辑以直观、易懂的方式进行呈现。在大数据时代，人们面对的数据庞大且多样化，涵盖了从社交媒体、交易记录到传感器等各种形式。在这种背景下，如何采用有效的大数据可视化手段来挖掘数据中隐含的价值成为关键。

3）改善沟通效率

通过可视化形式可以更加直观地描述数据，使得沟通更加高效，特别是对非专业受众。在商业、政策制定、教育和健康保健等领域，决策者和公众往往不具有深入的数据分析背景。在这种情况下，有效的数据可视化不仅搭建起了一座沟通桥梁，而且还能够加速决策过程，帮助他们快速把握数据中的关键信息。

3. 大数据可视化的挑战

1）处理庞大数据集

数据的体量要求可视化工具能高效处理和展示大量信息。面对大量数据，有效的可视化工具需要具备强大的数据处理能力，以确保在展示大规模数据集时具备较高的性能和准确性。

2）保持实时性

随着数据实时更新，可视化也需要能够快速反映这些变化。例如，在金融市场分析、网络安全监控和社交媒体趋势跟踪等领域，数据的实时性至关重要。在这些领域的应用中，对实时性不高的数据进行展示可能会导致失去重要的决策时机或无法及时响应紧急情况。

3）多维度展示

数据往往包含多个维度，有效的可视化需要能够展示这些复杂的多维关系。通过多个维度对数据进行可视化能够揭示数据之间的相互关系、模式和趋势，但容易存在信息过量或理解偏差等问题。为此，需要采用创新的设计和技术手段，以提高数据呈现的可理解性和洞察力。

3.4　文本大数据可视化

在当今信息爆炸的时代，文本数据正以前所未有的速度增长。从社交媒体、新闻报道到学术论文，人们每天都在生产和消费大量的文本信息。在这种背景下，如何有效地从海量文本数据中提取有价值的信息逐渐成为一大挑战。文本大数据可视化技术，尤其是词云（word clouds），因其直观和易于理解的特性而成为一个重要工具。在生成词云前，通常使用 Word2Vec 对文本进行深入的语义分析和理解，然后通过词云将分析结果以直观的方式进行展示。如图 3-1 所示，使用 Word2Vec 将一万个单词嵌入到向量空间，并采用主成分分析进行降维以更容易地可视化单词分布。图 3-2 以本书关键词为数据，将其导入模板进行词云可视化。

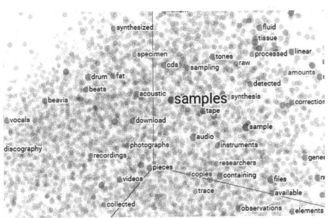

图 3-1　利用 Word2Vec 进行词嵌入

图 3-2　通过词云进行可视化（词汇主要来自本书关键词）

3.4.1　基本流程

对于文本大数据可视化，基本流程如下。

1. 文本预处理

文本预处理是生成词云的第一步，包括去除停用词（如"的""是"等常见但无实际意义的词）、标点符号、数字以及进行词干提取或词形还原。在完成文本预处理后，需要对文本进行分析并提取关键词。这一步骤的目标是识别文本中的关键词，将这些关键词在词云中突出显示。为了实现这一目标，可以采用如 TF-IDF（term frequency-inverse document frequency, 词频-逆文档频率）等算法来评估每个词在文本中的重要性。

2. 词频统计

对预处理后的文本进行词频统计，确定每个单词出现的次数。这一步是构建词云的核心，因为词云中每个词的大小将根据其出现的频率来决定。高频词会以较大的字体显示，而低频词则以较小的字体显示。这样一来，观察者可以一眼看出哪些词是文本中的关键词。

3. 统计和布局

根据词频选择合适的字体大小。这一步涉及如何在可视化中安排这些关键词。有多种布局策略，包括随机布局、螺旋形布局或者指定形状的布局。在这一步中，还可以调整词云的颜色方案、字体样式和背景色，以使词云的外观更加吸引人且能够有效地传达文本的主题和情感。

4. 可视化展示

利用专门的可视化工具或库（如 Python 中的 Matplotlib、WordCloud 等）生成词云图像。这个过程中，每个关键词的字体大小将根据其词频自动调整，而词的位置和旋转角度则根据所选的布局策略决定。

3.4.2　文本生成视频

文本生成视频也是文本可视化的一个新趋势。2024 年初，OpenAI 发布了 Sora，该模型是一个强大的文本生成视频模型。Sora 的基本原理是利用大规模预训练的多模态模型，将输入的文本描述转化为相应的视频输出。模型通过文本编码器理解输入的文本描述，并结合生成网络逐帧生成视频画面，确保视频内容与文本描述高度一致。Sora 在生成过程中通常会融合语义理解、时间序列建模和图像生成技术，能够生成连续、流畅且视觉上逼真的视频，广泛应用于内容创作和动画生成等领域。目前文本生成视频领域处于起步阶段，仍缺乏大量的研究与应用。Sora 的出现无疑为文本生成视频领域提供了新的有力支撑，该领域将可能成为下一个研究热点。

3.4.3　应用场景

1. 社交媒体分析

通过分析社交媒体上的帖子生成词云，可以快速了解公众对某个事件或主题的关注点和情感倾向。此外，在新闻媒体和内容分析中，词云能够帮助记者和分析师快速梳理大量文本信息，识别新闻报道或文章中的主题和关键词。这对于追踪热点事件、分析舆论动向以及制定内容策略都具有重要意义。

2. 市场研究

词云可以帮助市场研究人员识别消费者评论或产品评价中的常用词汇，从而洞察消费者需求和产品反馈。企业可以通过分析消费者评论和产品评价生成的词云，迅速识别消费者的需求、偏好以及对产品特性的评价。这种直观的展示方式使得企业能够轻松捕捉到关键词汇，进而对产品或服务进行改进，以更好地满足市场需求。

3. 学术研究

在文献综述过程中，词云能够帮助研究人员快速识别研究领域的热点主题和关键词。研究人员可以利用词云可视化研究领域的主要研究主题和趋势，从而发现研究空白和未来的研究方向。通过分析相关文献生成的词云，研究人员能够快速把握该领域的核心概念和关键讨论点。

3.5　图大数据可视化

图大数据可视化是指采用视觉表现形式来展示图数据结构中的节点和边之间的关系。在数据科学、社会网络分析、生物信息学以及许多其他领域中，图数据结构广泛应用于表示复杂的关系和网络。随着大数据时代的到来，如何有效地可视化和分析庞大的图数据集成为一个重要的研究课题。

图数据结构由节点(表示实体)和边(表示实体间的关系)组成。图可以是有向的或无向的，也可以是加权的或未加权的。与传统的表格数据相比，图数据更强调实体之间的关系。在生物医学领域中往往需要预测蛋白质侧链来更好地理解蛋白质的结构和功能，为药物设计、蛋白质工程等领域提供重要的信息和指导。谷歌 DeepMind 团队开发了 AlphaFold 来对蛋白质侧链进行预测。实验表明，AlphaFold 在解析蛋白质结构的准确度和速度上有了极大飞跃，展现出图神经网络(graph neural network, GNN)用于蛋白质结构学习的强大优势。图 3-3 展示了如何在蛋白原子结构尺度和分子网络尺度上应用图神经网络来进行特征提取和模型训练，以进行多尺度学习。

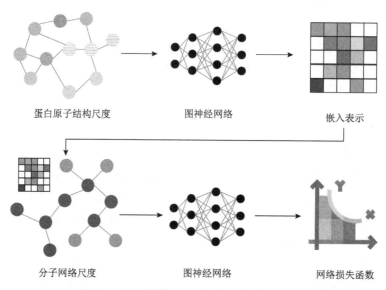

蛋白原子结构尺度　　　　　　图神经网络　　　　　　嵌入表示

分子网络尺度　　　　　　图神经网络　　　　　　网络损失函数

图 3-3　基于图嵌入表示的多尺度学习流程图

3.5.1　图大数据可视化挑战

1. 规模庞大

大规模图包含的节点和边可能达到数百万级别甚至数十亿级别，这对数据处理和可视化提出了巨大挑战。数据的规模直接影响了图的渲染和展示效率。在大规模图中，简单地绘制所有节点和边将导致严重的视觉拥堵，使得整个图变得难以阅读和理解。因此，开发高效的图渲染技术成为一个重要任务。这包括采用图简化和层次化技术，如节点聚合和边缩减，以减少视觉元素的数量，同时保留图的结构和关键信息。

2. 复杂性

图中的复杂关系(如多重关系、群组结构等)难以用简单的视觉元素直接表达。面对这一挑战，研究人员和开发者必须探索更为高级的可视化技术和策略，以便有效地传达图中的复杂信息。一种方法是采用层次化或聚类的方式来组织图中的节点，这样可以将具有相似属性或关系的节点聚集在一起，通过代表性节点或聚类的概览来降低图的复杂度。例如，可以使用社区检测算法来识别并突出显示图中的群组结构，从而使用户能够快速理解图中的主要社区和它们之间的关系。

3. 动态性

许多图数据是动态变化的，如社交网络中的朋友关系，这要求可视化工具能够表现出时间维度上的变化。面对动态图数据的可视化挑战，开发者必须设计出能够捕捉并展示时间维度变化的可视化工具。这不仅要求可视化能够反映出节点和边随时间的增减，还要求其能够展现出图结构的动态演变过程，如社交网络中朋友关系的形成和消散，或网络流量中路径的变化。

3.5.2　应用实例

1. 交通动态规划

通过可视化交通网络图可以识别车流量的运行，进而对拥堵路段及时做出反应。随着城市化进程不断加快，交通拥堵成为一个不可避免的问题。通过可视化交通网络图，人们可以清晰地观察车流量的运行情况，进而及时发现和应对拥堵路段。除了实时监测交通拥堵情况外，交通网络图的可视化还可以帮助交通规划者进行交通规划和优化。通过对历史交通数据的分析以及交通网络图的可视化，人们可以发现交通瓶颈、热点区域和交通流动规律，为交通基础设施的建设和交通管理决策提供科学依据。

2. 互联网基础设施

通过图大数据可视化可以展示互联网的结构，包括路由器、交换机和连接它们的链路。互联网作为一个庞大而复杂的网络体系，其结构的可视化不仅有助于理解其构成要素，还能帮助发现潜在的网络瓶颈、安全漏洞等问题。通过图的方式展示互联网结构，人们可以清晰地看到不同网络设备之间的连接关系，了解数据流向以及流量状况。这种可视化手段有助于网络管理者更好地监控和优化网络性能，确保网络的稳定运行。

3. 生物信息学

在蛋白质互作网络和基因调控网络的研究中，图大数据可视化可以帮助研究人员理解生物分子间的复杂关系。蛋白质互作网络描述了不同蛋白质之间的相互作用关系，这些相互作用对于细胞内的信号传导、代谢调控等生物学过程至关重要。通过图大数据可视化，研究人员可以将这些复杂的相互作用关系以直观的方式呈现出来，从而帮助他们理解蛋白质网络的整体结构、发现关键的功能模块以及预测新的蛋白质相互作用。

3.6　大数据可视化常用工具

大数据可视化是将复杂的数据集转换为图形或视觉格式的过程，使数据更易于理解和分析。以下是一些常用的大数据可视化工具，它们各具特色，广泛应用于数据分析、商业智能、科学研究等领域。

3.6.1　Tableau

Tableau 是一款领先的数据可视化软件，它允许用户以交互式和可视化的方式探索、分析和分享数据。Tableau 可以连接多种不同的数据源，包括数据库、数据仓库、Excel 文件等，用户能够轻松地将数据导入到 Tableau 中进行分析，同时可以通过拖放字段、过滤数据、添加计算字段等方式进行交互式分析，快速探索数据中的模式、趋势和关系。图 3-4

展示了用 Tableau 中的条形图和堆叠面积图来进行时间序列分析。

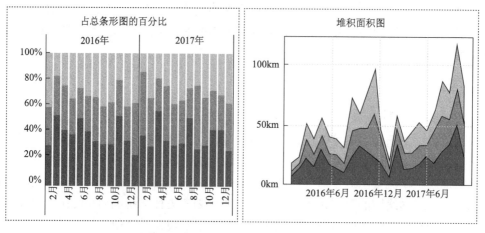

图 3-4　使用 Tableau 进行时间序列分析

3.6.2　Qlik View

Qlik View 是一款商业智能(business intelligence, BI)软件,旨在帮助用户以直观、交互式的方式分析、探索和可视化数据。

Qlik View 采用了关联型数据模型,允许用户在数据之间建立动态关系,无须预先定义严格的数据模式,使数据的分析更加灵活和直观。用户还可以利用 Qlik View 进行关联分析,发现数据之间的隐藏关系和模式,从而获得更深入的发现。图 3-5 通过仪表板的形式从多维度展示了电影相关数据。

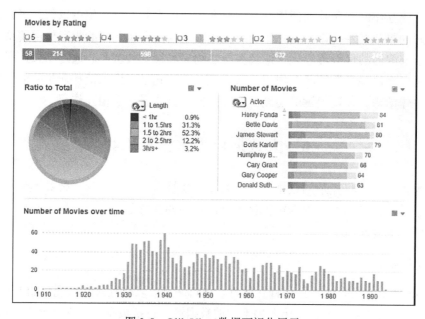

图 3-5　Qlik View 数据可视化展示

3.6.3　Cosmograph

Cosmograph 是一个基于网页的应用程序，专为分析大型图数据集和机器学习嵌入而设计。它在浏览器中直接利用 GPU 进行所有计算，确保数据隐私。其主要功能包括可视化网络图、探索数据随时间的变化、识别社区和异常，以及共享或嵌入图形。Cosmograph 还支持加载预先计算的嵌入坐标，提供更深入的见解。另外，还可以通过其 React 和 JavaScript 库将 Cosmograph 集成到网络项目中，提供快速且可交互的可视化。图 3-6 展示了对论文进行聚类分析后的可视化效果。

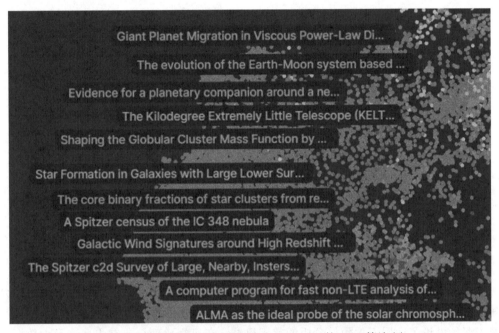

图 3-6　论文聚类可视化（数据来自 arXiv.org 的 10 万篇论文）

3.6.4　基于大语言模型的可视化

大语言模型的出现为大数据可视化带来了新的方式，从数据分析到决策制定再到教育和研究，都有一系列的应用场景。

大语言模型可以作为一个智能数据分析助手，帮助用户在海量数据中进行探索和发现。通过与大语言模型进行对话，用户可以提出数据分析的问题，大语言模型可以理解用户的需求并从大数据集中提取相关信息，以对话的形式向用户呈现数据的可视化结果，帮助用户更快地理解数据、发现趋势和模式。大语言模型的另一大特点是支持多模态数据可视化，即结合文本、图像、音频等多种数据形式进行可视化展示。用户可以通过与大语言模型进行对话，向大语言模型提供多模态数据，大语言模型可以将这些数据整合并以多种形式进行可视化展示，使得用户可以更全面地理解和分析数据。图 3-7 展示了用大语言模型进行可视化的一般流程与对应实例。

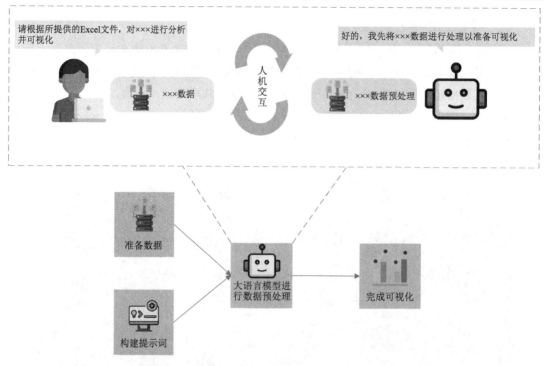

图 3-7　使用大语言模型进行数据分析并可视化

3.7　本章小结

本章全面探讨了大数据分析与可视化两个方面。从大数据分析的基本概念入手，介绍了其在现代业务和科研中的核心作用，展示了大数据分析在商业、医疗等多个行业的应用。接着，深入讨论了适用于大数据分析的常用算法。在可视化部分，首先概述了大数据可视化，随后专注于文本和图大数据可视化技术，这些技术对于揭示数据中的深层模式和关系至关重要。最后，介绍了一些常用的大数据可视化工具，这些工具对于数据科学家和分析师来说是非常宝贵的资源。通过本章的学习，读者应能获得大数据分析与可视化的基础知识，为以后在大数据领域进行更深入的探索和研究奠定基础。

第4章 大数据计算框架及软件架构

在数字化时代的浪潮中，大数据计算框架及软件架构成为支撑现代科技发展的基石。随着数据量的爆炸性增长，如何高效地处理和分析这些数据成为科技界面临的一大挑战。大数据计算框架应运而生，它提供了一种高效、可扩展的数据处理方式，为数据处理提供了强大的支持。然而，仅有强大的计算框架是远远不够的。在大数据处理过程中，软件架构的设计与优化同样至关重要。软件架构需要解决如何高效地分配计算任务、管理资源、保证数据安全等一系列问题。对于分布式计算系统而言，良好的软件架构可以确保系统的稳定性、可扩展性和易维护性，因此本章主要阐述大数据计算框架及软件架构。

4.1 大数据计算的方式

大数据计算需要从各种数据源获取数据，数据源包括社交媒体、传感器、日志文件等，数据量通常非常庞大，以至于传统的数据处理软件难以处理。大数据的概念不仅仅包括数据本身，还包括处理这些数据的技术和策略。

4.1.1 大数据计算的特点

随着信息技术的快速发展，数据的产生和积累速度远远超过了以往任何时期。这种前所未有的数据增长给数据处理带来了新的挑战，使得传统的数据处理方法越来越难以满足当前的需求。

1. 数据量的激增

在数字化时代，从社交媒体、智能设备到企业交易系统，每一刻都在产生海量的数据。这些数据的总量远远超出了传统数据库管理系统能够有效处理的范围。传统数据库如关系数据库对于结构化数据管理效果良好，但在面对 PB 级别甚至 EB 级别的大数据时，它们在存储、查询和分析上显得力不从心。

2. 数据处理速度的要求

在许多业务场景中，如金融交易分析、网络安全防护、实时导航等，需要快速处理流入的大量数据。然而，传统的数据处理系统往往无法实现高速的数据流处理和即时分析，导致决策延迟或错失关键信息。

3. 数据多样性的挑战

现代数据不仅包括结构化数据，还包括半结构化和非结构化数据，如文本、图片、视频等。传统数据处理工具通常只针对特定类型的数据设计，缺乏处理多样化数据的能力。因此，需要一个能够处理各种类型数据的解决方案。

4. 数据真实性和价值的问题

大量的数据并不等同于有价值的数据。在海量数据中提取准确、有用的信息是一个挑战。传统方法在数据质量管理和清洗方面的能力有限，难以满足数据质量和可信度的要求。

4.1.2　大数据计算的目标

由于数据量的爆炸性增长、处理速度的迫切需求、数据类型的多样化以及高质量数据分析的复杂性，传统的数据处理方法已不再适用于现代大数据环境，需要采用更先进的大数据技术，如分布式计算、云存储和大数据分析工具，以高效、可扩展且灵活的方式处理当今日益增长的数据。

在大数据环境下，计算能力面临着前所未有的挑战和需求。随着数据量的爆炸性增长，传统的计算资源已不足以完成规模如此庞大的数据处理任务。这就要求新的计算平台必须具备高性能计算(high performance computing, HPC)的能力，以便快速处理高维和复杂的数据集。此外，分布式计算成为标配，它允许数据被分散在多个计算节点上并行处理，从而大幅提升了运算效率和速度。实时处理也变得至关重要，尤其是在需要快速决策的场景中，要求计算平台能够以低延迟处理数据流并即时生成分析结果。同时，随着数据持续积累，计算资源的可伸缩性显得尤为重要，系统需要灵活地扩展存储和计算能力以适应数据增长。在硬件故障或软件错误频发的大数据处理过程中，强大的容错能力和可靠性也是必需的，以保证即使部分组件出现问题，整个计算任务也能继续进行。多样化的数据类型对计算平台提出了更高的要求，不仅要管理结构化数据，还要有效地处理非结构化和半结构化数据。此外，为了深入挖掘数据的潜在价值，计算平台必须集成高级分析工具和机器学习算法，这不但要求有高效的数学运算能力，还要求有足够的资源来支持复杂模型的训练。最后，尽管追求高性能，但成本控制依然是一个核心考虑因素，优化计算资源以实现最佳性价比成为企业在大数据环境下不得不面对的现实挑战。

大数据计算是利用先进的计算技术和算法，对大规模、多样化且快速增长的数据集进行高效处理、分析和挖掘的过程。通过数据采集、存储、管理到分析和可视化的各个环节，从复杂的数据中提取有用的信息和洞见，支持决策制定和预测未来趋势。大数据计算不仅包括批量处理大量历史数据，还涵盖实时分析连续产生的数据流。这一过程要求计算系统具备高性能、分布式处理能力、容错性、可伸缩性和灵活适应性，以应对数据量不断增长和计算需求日益复杂的挑战。

大数据计算与传统计算的主要区别在于所处理数据的规模、多样性，处理速度以及计算的复杂性。传统计算通常关注于处理规模相对较小、结构化的数据，并侧重于准确性和事务性操作。而大数据计算则面临 PB 级别甚至 EB 级别的数据量，这些数据既包括结构化数据，也包含大量非结构化和半结构化数据，如文本、图片、视频等。

大数据计算的目标主要是从庞大且复杂的数据集中提取有价值的信息，以便为决策提供支持、优化业务流程、发现新的商机和提升用户体验。它旨在通过分析和挖掘数据揭示隐藏的模式、趋势和关联，进而帮助企业和组织获得竞争优势和增长动力。此外，大数据计算还用于预测未来事件，实现个性化服务，促进科学研究和创新。

4.1.3　数据处理方式

数据处理的发展历程始于早期的批处理系统，当时数据以打孔卡片或磁带形式提交，并成批地进行处理。随着计算机技术的进步，出现了能够进行实时交易处理的在线系统，这些系统允许即时的数据收集和处理，显著提高了效率。20 世纪 90 年代至 21 世纪初，互联网的兴起带来了海量数据的生成，推动了数据库管理系统的发展和分布式计算概念的诞生。大数据时代的到来使得传统的数据处理方式不再适用，需要更为高效、可伸缩的解决方案，Hadoop 和 Spark 等分布式计算框架应运而生。云计算的普及进一步改变了数据处理的面貌，提供了按需扩展资源的能力和更加灵活的数据存储选项。

围绕数据处理方式的发展演变，可以看到从批处理方式，到流处理方式，再到分布式处理方式，每种方式都是为了适应不同计算需求和数据特性而演化的。批处理是最早的数据处理方式，适合处理大量积累的数据，但它通常需要较长的处理时间，并且不支持与用户进行交互；随着业务对实时洞察的需求的增加，流处理应运而生，它能够提供快速的数据响应和处理能力，但可能在处理巨大数据量时遇到瓶颈；现代的数据处理往往采用分布式处理方式，结合了批处理和实时处理的优点，以满足多样化的数据处理需求，这种方式对技术的要求更高，需要强大的计算平台支持。随着大数据技术的发展，新的数据处理方式也在不断涌现，如基于事件驱动的处理方法、图计算等，这些新兴方式旨在进一步提高数据处理的效率、灵活性和智能化水平。

大数据计算中的数据处理方式是多样化的，每种方式都有特定的应用场景和技术要求。了解这些不同的处理方式可以帮助更好地组织、管理、分析和应用数据，从而为决策提供支持。

1. 批处理

批处理通常也称为离线处理，是一种在数据被收集并积累成批量后进行一次性处理的数据处理方式。与实时处理不同，离线处理不需要即时响应数据，而是在一定时间后对积累的数据进行集中处理，如图 4-1 所示。这种方式的特点在于其对时间的要求较为宽松，通常可以在非高峰时段或系统闲置时进行处理，不会对日常业务操作造成干扰。离线处理能够处理大量积累的历史数据，适用于需要深入分析和挖掘数据以获取宏观洞见的场景。然而，由于它依赖于预先积累的数据批次，因此无法提供即时的数据见解和决策支持。此外，离线处理可能涉及复杂的数据处理流程，包括数据清洗、转换和加载等步骤，这些都需要相对较充分的前期准备工作和较长的后期处理时间。尽管如此，离线处理因其在处理大批量数据时的高效性和成本效益，在数据仓库更新、报告生成和长期趋势分析等领域仍然发挥着重要作用。

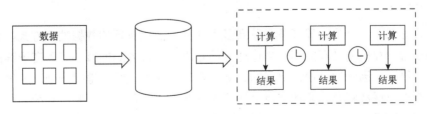

图 4-1　批处理方式

离线处理曾在计算历史的早期占据重要地位，因为它提供了一种高效处理大量数据的方法，特别是在计算机资源昂贵且有限的年代。它使得组织能够在非高峰时段集中处理一天或一周积累的数据，而不会干扰到正常的业务操作。然而，随着计算需求的增长和实时信息处理的兴起，批处理的局限性逐渐显现，主要体现在其无法提供即时的数据访问和分析能力，这对于需要快速决策支持的现代企业来说是一个显著缺陷。此外，批处理通常要求大量的前期准备和后期数据处理工作，这增加了处理延迟并降低了效率。在处理大规模数据集时，它还可能遇到性能瓶颈，因为所有数据都需要在同一时间段内处理。因此，尽管批处理在过去几十年中发挥了关键作用，但它已不再是满足当今快速变化和高度动态的业务环境需求的理想选择。

2. 流处理

流处理也称为实时处理或连续处理，是一种数据处理方式，允许数据在生成的瞬间被连续地捕获和分析。与批处理不同，流处理可以即时处理数据记录，不必等待数据积累成大批量，如图 4-2 所示。这种处理方式的特点在于其高度的灵活性和低延迟性，能够提供几乎实时的数据分析结果，这对于需要快速响应的应用场景至关重要。流处理系统通常设计为事件驱动，能够持续地接收和处理数据流，适用于处理来自各种来源如传感器、社交媒体、交易系统等的实时数据。此外，流处理还能够支持对数据流进行复杂转换和实时决策的逻辑，使得系统能够在数据到达立即做出反应。尽管流处理提供了快速处理数据的能力，但它也面临着资源管理、数据波动适应性和长期状态维护等挑战。

图 4-2　流处理方式

实时处理要求技术平台能够以极短的延迟接收、分析和响应数据流。它依赖于高速的数据捕获系统和复杂的事件处理逻辑，以及能够在毫秒级做出反应的处理能力。这种处理方式面临的挑战包括确保系统的高可用性和可靠性，因为任何停机或延迟都可能导致关键数据的丢失或处理失败。此外，实时处理还需要高效的资源管理和优化算法，以便在有限的计算资源下处理可能无限流入的数据。数据流的不确定性和波动性也给系统设计带来了挑战，系统必须能够适应流量的急剧变化而不影响性能。此外，为了保持实时分析的准确性，还必须实施有效的数据质量控制和清洗机制。安全地处理和存储大量实时数据，同时保护隐私和遵守法规，也是实时处理在实践中必须解决的关键问题。

3. 分布式处理

分布式处理是一种将计算任务分散到多个计算节点上执行的数据处理方式，允许系统同时利用多台计算机的处理能力来加速任务的完成。这种方式的核心特点在于其高度的可伸缩性和容错性，因为通过增加更多的计算节点，系统可以线性地提升处理速度和容量，而当某个节点出现故障时，其他节点仍然可以继续工作，从而保证整个系统的稳定运行。分布式处理特别适用于处理大规模数据集，它可以将大型任务划分为小块，由不同的节点并行处理，从而显著减少处理时间。此外，分布式系统通常设计有冗余机制，能够确保数据的安全和完整性。然而，分布式处理也面临着复杂的系统管理和维护挑战，包括数据同步、节点间通信、资源分配和负载均衡等问题。尽管如此，随着技术的发展，分布式处理也已成为大数据分析、云计算服务和高性能计算等领域的关键技术。

4.2　大数据计算的方法

4.2.1　批处理计算

批处理计算是一种数据计算方式，它指的是将一系列计算任务集中在一起，然后一次性执行。批处理计算通常用于不需要实时反馈的场合，它可以处理大量的数据，并且适用于复杂的业务逻辑和数据分析。在批处理计算中，用户提交一批任务，系统将这些任务放入队列中，然后依次进行处理。这种方式的特点是吞吐量高，因为可以同时处理多个任务，但是响应时间可能较长，因为需要等待前面的任务完成才能开始下一个任务。

批处理计算的一个典型应用是 Apache Hadoop，其生态框架如图 4-3 所示。

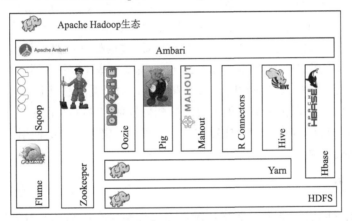

图 4-3　Apache Hadoop 生态框架

Apache Hadoop 是一个开源的分布式处理框架，它允许使用简单的编程模型对大数据集进行分布式处理。Hadoop 的编程模型是 MapReduce。其核心思想是将复杂的数据处理任务分解为两个主要阶段：映射（Map）和归约（Reduce）。如图 4-4 所示，在映射阶段，输入数据被分割成多个独立的块，然后由不同的处理器并行处理，每个处理器对分配给它的数据块应用映射函数，并产生中间结果。归约阶段则涉及对所有中间结果进行处理，使用归约函数将它们合并成一个最终的输出数据集。MapReduce 的特点在于其降低了分布式计算的设计难度，使得开发人员可以不必深入了解底层的分布式系统细节就能编写出高效的并行程序。此外，MapReduce 框架自动处理任务调度、数据划分、机器通信等复杂问题，提供了良好的容错性和可伸缩性。

Hadoop 能够处理海量数据并在多个计算节点上并行执行任务，还得益于 HDFS 提供的高度可靠的数据存储服务。它将数据分散存储在多个服务器上，确保了数据的冗余性和高可用性。此外，Hadoop 生态系统还包括其他工具，如 Yarn（用于资源管理）、Hive（用于数据仓库）、Pig（用于高级数据处理）等,这些工具进一步增强了 Hadoop 的处理能力和灵活性。Hadoop 的设计旨在保证系统的稳定性和可伸缩性，使其成为处理大数据问题的事实标准。然而，Hadoop 也有其限制，如对于实时处理的支持较弱，以及对技术栈有一定的依赖性。尽管如此，Hadoop 的广泛应用也已经证明了它在大数据处理领域的重要价值。

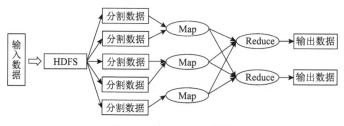

图 4-4 MapReduce 流程

Apache Hadoop 自诞生以来，在大数据处理领域占据了举足轻重的历史地位。作为最早提供分布式存储和计算能力的开源框架之一,Hadoop 极大地推动了大数据技术和产业的发展。它的设计哲学和强大的功能集合为处理海量数据提供了一个经济有效的解决方案，使得众多企业和研究机构能够轻松地搭建起自己的大数据平台。Hadoop 的普及也催生了丰富的生态系统，包括数据仓库、机器学习库和各种数据处理工具，这些都极大地扩展了 Hadoop 的应用范围和影响力。然而，Hadoop 也面临着一些局限性。例如，它的 MapReduce 编程模型在表达复杂数据处理流程时显得不够灵活，对于需要快速迭代的数据分析任务效率较低。此外，Hadoop 在实时数据处理方面的能力较弱，难以满足现代业务对即时洞察的需求。尽管如此，Hadoop 作为一个成熟的大数据平台，仍然被广泛使用，并且在持续进化以适应新的数据处理需求。

4.2.2 流式计算

流式计算技术的出现是为了解决传统数据处理架构在应对实时性要求较高的场景时存在的问题。传统的数据处理通常采用批处理方式，这意味着数据首先被存储，然后在某个时间点一次性进行处理。这种方式适用于实时性要求不高的场景，在需要快速响应和处理的场景下就显得不够高效。随着技术的发展和业务需求的变化，尤其是对于时效性较强的数据分析，如实时推荐、业务监控等，传统的数据处理方式无法满足其需求。因此，流式计算应运而生，它能够提供低延迟的数据处理能力。流式计算是一种实时计算方式。流式计算的核心特点是对数据流进行实时处理,这意味着数据在生成的同时就被处理和分析，而不是存储起来等待批量处理。这种方式特别适用于需要快速响应和决策的场景，如金融市场的实时交易分析、网络流量监控、实时广告投放等。流式计算为大数据时代提供了一种高效的数据处理方式，它能够满足对实时性要求较高的业务需求，并且随着技术的发展，流式计算的能力也在不断提升。

随着大数据技术的发展，流式计算框架和平台也得到了快速发展，从最初的商业级流式计算平台，到后来的开源流式计算框架，如 Apache Storm、Apache Kafka、Spark Streaming

和 Apache Flink 等，流式计算已经成为大数据处理的重要手段之一。

　　Apache Storm 是一个免费且开源的分布式实时计算系统，它使得处理大规模数据流变得简单而高效。Storm 的核心特点在于其具有实时性，能够无缝地在分布式环境中处理流入的数据，几乎不延迟地提供结果。Storm 的设计允许无限的数据流处理能力，因为它能够在处理过程中持续地分配任务。此外，Storm 具有高度的容错性，即使在节点失败的情况下也能保证数据处理的完整性。它的另一个显著特点是灵活性，用户可以根据需要自定义处理逻辑，并在必要时对正在运行的拓扑(topology)进行调整。Storm 适用于各种实时数据处理场景，如实时分析、在线机器学习、连续计算等。然而，Storm 的复杂性较高，对于初学者来说，可能有一定的学习曲线，且需要对分布式系统有一定的理解才能有效地设计和运维。尽管如此，Storm 仍提供了一个强大的平台，用于构建能应对高速数据流的实时应用程序。

　　Twitter Storm 自从被 Twitter(现改名 X)公司开发并开源以来，在实时大数据处理领域占据了显著的历史地位。作为一个实时分布式计算系统，Storm 推动了流式数据处理技术的普及，为需要快速数据洞察和即时响应的应用场景提供了强有力的支持。Storm 的灵活性和高容错性也使其成为构建可靠系统的首选工具之一。Storm 的局限性主要表现在对资源的分配和管理上。由于其实时处理的特性，不当的资源管理可能导致资源浪费或影响性能。随着微批处理和其他实时数据处理技术的兴起，Storm 面临着更多的竞争和挑战。

　　Apache Kafka 是一个高性能的分布式流处理平台和消息队列系统，它主要用于构建实时的数据流管道和应用。Kafka 的核心特点包括高吞吐量、可扩展性、持久性和低延迟。它允许用户在分布式系统中发布和订阅数据流(Kafka Cluster)，支持存储和处理大量实时数据。如图 4-5 所示，Kafka 的设计以话题(topics)为中心，通过将数据分为多个分区(partitions)，实现了数据的并行处理和负载均衡。Kafka 提供了数据复制和备份机制，确保了数据的可靠性和容错性。Kafka 常用于实现系统的解耦、缓存刷新、流式数据处理和异步通信等。它的灵活性和可靠性使得 Kafka 成为大数据应用中不可或缺的组件。

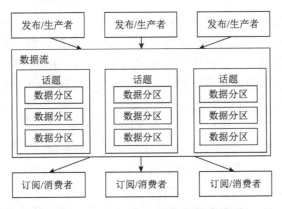

图 4-5　Apache Kafka 的生产/消费模型

　　Kafka 的设计理念和实现极大地促进了事件驱动架构的发展，为构建响应式系统奠定了强有力的基础。尽管 Kafka 支持数据的持久化，但对于需要严格保证消息顺序的场景，它可能需要额外的配置。随着技术的发展，一些新的流处理平台也在挑战 Kafka 的市场地位，提出了更简单或更高效的解决方案。

　　Spark Streaming 是 Apache Spark 的一个扩展，它允许实时处理数据流。这个模块建立在 Spark 核心之上，继承了其对大规模数据的处理能力和丰富的高级操作。Spark Streaming 的特点是将数据流视为一系列连续的数据进行批处理。这些批处理以一定的时间间隔（如 1s）进行划分和处理数据，如图 4-6 所示。这种微批处理模式使得 Spark Streaming 能够以接近实时的方式处理数据流，同时保持了与批处理相同的容错性和一致性。Spark Streaming 的另一个显著特点是易用性，由于它与 Spark 生态系统的紧密集成，开发者可以利用熟悉的 API（application program interface，应用程序接口）和相同的编程模型来处理实时数据，这极大地简化了开发过程。此外，Spark Streaming 还支持多种数据源，包括 Kafka、Flume、Kinesis 等，以及能够与复杂的算法和机器学习库无缝集成。

图 4-6　Spark Streaming 处理流程

　　Spark Streaming 通过提供一个高效、容错且易于使用的平台，极大地简化了数据流的处理工作，允许开发者以接近实时的方式分析和处理数据流。这种能力对于需要快速洞察和决策的现代业务至关重要，因此 Spark Streaming 在金融服务、物联网、实时广告投放等多个行业中得到了广泛应用。Spark Streaming 的历史地位也得益于其与 Spark 生态系统的紧密集成，这意味着可以利用 Spark 的所有数据处理和机器学习功能来处理数据流。Spark Streaming 的局限性在于微批处理模式，这意味着它可能不适合对单条消息毫秒级延迟敏感的应用。此外，随着数据量的增加，状态管理和应用的复杂度提高，Spark Streaming 的性能可能会受到影响，尤其是在需要频繁更新状态的场合。对于这些情况，更专门的流处理系统可能会具有更好的性能和更低的延迟。

　　Apache Flink 是一个开源的流处理框架，专门用于处理大规模数据流和进行批处理。如图 4-7 所示，Flink 使用作业管理器和任务管理器的主/从架构。作业管理器负责调度和管理提交到 Flink 的作业，并通过为任务分配资源来编排执行计划。任务管理器负责在集群中的多个节点上对分配的资源执行用户定义的功能。Flink 的核心特点在于其真正的流处理能力，它可以在数据生成的瞬间进行处理，而不像 Spark Streaming 那样依赖微批处理。这种实时性使得 Flink 特别适合对低延迟有严格要求的应用场景。Flink 还提供了精确的一次处理语义，确保无论发生什么情况，每个事件只会被处理一次，这对于金融交易等对准确性要求极高的应用至关重要。此外，Flink 支持高度灵活的窗口操作和复杂的事件驱动逻辑，使得开发者能够实现复杂的数据分析和处理。Flink 的设计还包括了对事件时间处理的支持，这意味着即使数据延迟到达，系统也能准确地处理事件并产生正确的结果。它还具有良好的容错性和可伸缩性，能够在出现故障时自动恢复，同时根据需要扩展到大规模集群。Flink 的另一个特点是其内置的 SQL 引擎和机器学习库，这使得它不仅能够处理复杂的数据流，还能够执行传统的数据分析任务。

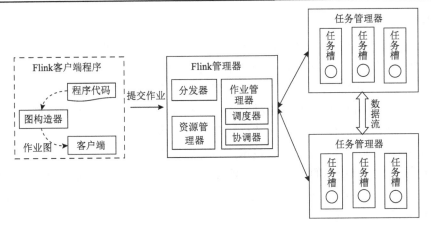

图 4-7　Flink 技术框架

Apache Flink 以其真正的流处理能力和对事件驱动应用的优化而著称。得益于其与 Hadoop 生态系统的良好兼容性，以及对 SQL 和机器学习算法的原生支持，Flink 能够服务于更广泛的数据分析需求。

4.2.3　其他计算

1. 图并行计算

图并行计算是一种分布式计算方法，用于高效处理和分析大规模的图数据。图并行计算的核心思想是将大型图的计算任务分布到多个计算节点上，以便同时处理图中的不同部分。这种计算方法可以显著提高图处理任务的速度和可扩展性，特别是在处理大规模图数据时。

图并行计算是大数据时代下对图数据进行分析和处理的重要技术，它通过并行化手段提高了计算效率，使得能够在合理的时间内处理和分析复杂的图结构。这种计算方法在社交网络分析、网络科学、生物信息学等领域有着广泛的应用。

图并行计算技术的历史背景可以追溯到图论的起源和并行计算的发展。图论作为数学的一个分支，起源于 18 世纪欧拉对哥尼斯堡七桥问题的研究。随着时间的推移，图论被广泛应用于多个领域，包括互联网、社交网络分析、网页排序、社区发现以及自然科学领域的天体物理学、计算化学、生物信息学等。图论的这些应用推动了对大规模图数据处理方法的需求，特别是在数据规模不断扩大的情况下，高效的图计算变得尤为重要。并行计算作为提高计算效率的重要手段，其发展也是推动图并行计算技术出现的关键因素。并行计算涉及多个处理单元同时执行任务，这一概念自计算机科学诞生之初就已经存在，并从 20 世纪 70 年代开始得到广泛应用。随着硬件技术的进步，如多核处理器和 GPU 的出现，并行计算的能力得到了显著提升，这为处理大规模图数据提供了新的可能。

图并行计算技术的出现是图论和并行计算两个领域发展的自然结果。随着图数据在各个领域的应用越来越广泛，以及对高效计算需求的增加，图并行计算技术应运而生，以满足这些需求。

2. 内存计算

内存计算是一种将存储和计算合二为一的技术，旨在减小处理器访问存储器的频率。内存计算的核心思想在于模仿生物大脑的工作方式，即存储和计算并不是完全分离的过程，而是存在一定程度的融合。在传统的计算机架构中，数据通常存储在内存中，而计算则在处理器(如 CPU 或 GPU)中进行。这种分离的架构导致了在计算过程中频繁地从内存中读取数据和写入数据，从而产生了较大的延迟和能耗。内存计算的实现方式可以分为几类。

存储上移。通过采用先进的封装技术，将存储器物理位置靠近处理器，增加计算和存储之间的连接数，提供更高的访存带宽。例如，高带宽内存(high bandwidth memory, HBM)就是通过硅通孔(through-silicon vias, TSV)技术实现多层堆叠的内存颗粒，以提高存储单元和与计算单元的互连速度。

计算下移。将一部分计算任务下放到内存中执行，这样可以减少数据在内存和处理器之间的传输次数，从而提高效率。这种方法通常涉及对内存控制器的改动，使其能够在数据读写过程中完成一定的计算任务。

实现内存计算的关键技术有近存计算(processing near memory, PNM)、存内计算(processing in memory, PIM)。近存计算是将处理器放置在内存附近，以减少数据传输距离和时间。存内处理是将计算单元集成到内存模块中，使得计算可以在存储数据的地方直接进行。存内计算是一种更为激进的方法，它直接在内存中进行计算。

内存计算的目标是通过更紧密的集成和智能的数据处理，提高系统的整体性能和能效，这对于处理大量数据的应用场景，如人工智能、大数据分析等领域，尤其重要。随着技术的发展，内存计算有望在未来的计算机架构中扮演更加重要的角色。

4.3　传统大数据软件架构

4.3.1　Hadoop 架构

Hadoop 的历史背景可以追溯到数据存储和处理需求急剧增长的时代。在这个数据大爆炸的年代，全球数据总量呈指数级增长，传统的数据存储和处理技术已经无法满足这种规模的数据需求。例如，国际数据公司(IDC)预测到 2030 年，全球每年产生的数据总量将达 1YB，相比 2020 年增长 23 倍，人类将迎来 YB 数据时代。

在这种背景下，Hadoop 作为一个分布式系统基础架构应运而生。它由 Apache 基金会开发，旨在允许用户在不了解分布式系统底层细节的情况下开发分布式程序，从而充分利用集群的计算和存储能力。

Hadoop 的核心设计包括两个主要组件：HDFS 是高可靠、高吞吐量的分布式文件系统，能够处理大规模数据集；MapReduce 是编程模型，用于处理大量数据，它支持对数据集进行并行处理。Hadoop 生态系统还包括一系列与 Hadoop 紧密集成的其他组件，如 Hive、Pig、HBase 等，这些组件扩展了 Hadoop 的功能，使其能够更好地适应各种数据处理需求。Hadoop 框架通过其核心组件和生态系统中的其他工具，为大数据的存储、处理和分析提供了一个强大而灵活的平台。Hadoop 的设计目标是处理大规模数据集，并且能够在廉价硬件上运行，这些特性使得它在大数据时代成为一个受欢迎的选择。

4.3.2 Spark 架构

Spark 的起源可以追溯到加利福尼亚大学伯克利分校 AMP 实验室于 2009 年开始的一个研究项目,该项目的成果最终在 2010 年形成了一篇论文。这篇论文提出了弹性分布式数据集(resilient distributed datasets, RDD)的概念,这是 Spark 的核心数据结构,它允许用户在集群中进行高效的数据存储、传输和处理。

Spark 的设计目标是提供一个快速、通用的计算引擎,其特别适用于大规模数据处理。与传统的 MapReduce 相比,Spark 能够显著减少数据处理时间,这得益于其内存计算的能力,可以在内存中快速进行数据的读写操作,而 MapReduce 则依赖于磁盘 I/O,这在数据量大时会导致较大的延迟。

Spark 架构的主要组成内容包括 Cluster Manager、Worker 节点、Driver 和 Executor。Cluster Manager 是 Spark 架构中的主节点,在 Standalone 模式下,它负责控制整个集群并监控 Worker 节点。而在 Yarn 模式下,Cluster Manager 充当资源管理器的角色。Worker 节点作为从节点,负责控制计算节点,并启动 Driver 或 Executor。它们是执行任务的基本单位。Driver 是运行应用程序的主函数,它负责将应用程序转换为一系列任务,并在 Executor 上调度这些任务的执行。Executor 是执行器,为某个应用程序运行在 Worker 节点上的一个进程,它负责执行任务并将结果返回给 Driver。

Spark 架构的计算特点有以下几点。

(1)高效性:Spark 通过在内存中存储中间计算结果,显著减少了迭代运算时的磁盘 I/O,从而提高了处理速度。这种内存计算的能力使得 Spark 特别适用于需要多轮迭代的算法和复杂的数据处理任务。

(2)易用性:Spark 支持多种编程语言,包括 Scala、Java、Python 和 R,为开发者提供了丰富的选择。它的 API 设计简洁直观,易于理解和使用,这降低了开发门槛,使得用户可以快速上手并进行数据分析和处理。

(3)复杂分析能力:Spark 提供了一系列的高级工具,如机器学习库(MLlib)、图形处理库(GraphX)和流处理库(Spark Streaming),这些工具使得 Spark 能够执行更为复杂的数据分析任务,如机器学习、图计算和实时数据处理。

(4)容错性:Spark 通过弹性分布式数据集(RDD)的概念,提供了容错机制。RDD 是一组不可变的分布式对象集合,即使某个节点失败,也能够通过已有的数据重新计算丢失的部分,保证了计算的稳定性。

(5)可扩展性:Spark 可以在各种规模的集群上运行,从几个节点到数千个节点,都能有效地扩展,适应不同规模的数据处理需求。

4.3.3 流处理框架

流处理的出现是为了解决批处理无法满足实时数据分析需求的问题。随着互联网的快速发展,数据的产生速度和量级都有了显著的增长,对数据处理的时效性要求也越来越高。

流处理技术的研究始于 20 世纪 90 年代末期,但直到近年来,随着开源技术的成熟和普及，流处理技术才得到了广泛的应用和发展。随着移动互联网和物联网的兴起，企业需要能够即时分析和响应数据，以快速做出决策或提供服务。这种市场需求推动了流处理技术的发展。现代计算技术的发展，特别是处理器性能的提升、内存成本的降低以及高速网络的普及，为流处理奠定了硬件基础。大数据处理平台的架构从单一的批处理逐步演变为需要同时维护批处理和实时处理的复杂系统。这种变化促使了流处理框架的发展，以便更好地整合和管理不同类型的数据处理任务。业务场景的多样化也推动了流处理技术的发展。例如，金融市场需要实时分析交易数据，社交媒体需要即时处理用户生成的内容，电子商务网站需要实时推荐系统等。

近年来，流批一体的数据处理模式成为趋势，这要求数据处理平台能够同时支持流处理和批处理，以实现端到端全链路的实时化分析能力。流处理框架主要用于处理无界数据流，即没有明确结束时间的数据流。主流的流处理框架有 Flink、Storm、Spark Streaming 等。Flink 是一个分布式处理引擎，能够处理无界和有界数据流。Flink 的特点是低延迟、高吞吐量和一致性（包括结果的准确性和良好的容错性）。它提供了丰富的编程模型，支持多种窗口计算类型，如滚动窗口、滑动窗口和会话窗口。Storm 是一个实时计算系统，它允许用户自定义数据处理流程。Storm 适用于需要低延迟响应和高可靠性的实时数据处理场景。Spark Streaming 使用小批量的方式来处理数据流，这种方式使得 Spark Streaming 能够快速处理数据并生成结果。

这些框架各有特点，适用于不同的业务场景。例如，Flink 适用于需要低延迟和高吞吐量的场景，而 Storm 适用于需要高度定制化数据处理逻辑的场景。在选择流处理框架时，需要考虑数据的特点、处理需求以及系统的可扩展性和容错性。

4.4　本　章　小　结

本章简要对大数据计算的方法进行介绍，对传统的大数据计算框架和大数据软件架构进行分类。大数据计算方法包括批处理计算、流式计算、图并行计算、内存计算等。传统的大数据软件架构包括 Hadoop、Spark 以及流处理等。经过本章学习，读者能够对大数据计算的方式有整体性认识。

第5章　先进大数据计算系统框架

在科技日新月异的今天，大数据已经成为社会发展的重要驱动力。然而大数据虽然看起来很便利，也具有极高的价值，但是其价值密度却远远低于传统关系数据，很多有价值的信息都是分散在海量数据中的。如果用石油行业类比大数据分析，那么最重要的并不是如何炼油（分析数据），而是如何获得优质原油（优质元数据）。体量巨大的、类型多样化的、价值密度低的大数据对处理系统提出了大数据量实时处理、计算结构灵活可变、计算效能要求苛刻以及计算过程智能优化等能力需求，简而言之，处理系统必须同时满足高灵活、高性能、高可靠以及高效能等四位一体的"多、快、好、省"的数据处理需求。

概括来说，计算系统的发展的主要推动力包括两个方面：其一是制程工艺的进步，自1959 年现代集成电路发明以来，芯片晶体管集成密度按照摩尔定律预测每 18 个月翻一番，带来了计算性能的快速提升；其二是体系结构的演进，从冯·诺依曼体系结构开始，根据应用需求的变化以及技术指标的侧重，产生了多种类型的计算机体系结构，在"基因"层面助力计算系统获得计算性能、效能或灵活性等方面的巨大收益。但是随着摩尔定律与登纳德缩放定律逐步逼近物理极限，一方面晶体管集成密度的提升越来越困难，另一方面晶体管集成密度的提升带来了功耗墙问题，依靠制程工艺进步提升计算系统性能与效能的途径已经难以为继。因此，除了一些机构继续在提升芯片制程工艺方面深耕外，不论学术界还是产业界，越来越多的研究人员将目光关注点锁定在计算机体系结构革新这一领域中。

在集成电路制程工艺尚处于高速发展期时，邬江兴院士已经洞察到了未来计算系统对安全、性能、效能与灵活性的综合性需求单纯依靠工艺进步是远远无法满足的，必须从先天构造性基因层面另辟蹊径，变革发展思路，其率先开展了新型体系结构的研究工作，提出了以软件定义变结构方式实现高效能计算的拟态计算概念，开辟了领域专用软硬件协同计算技术方向。在 2018 年计算机体系结构领域顶级会议计算机体系结构国际研讨会（international symposium on computer architecture, ISCA）的图灵讲座中，两位 2017 年图灵奖得主 Hennessy 和 Patterson 提出"未来计算机体系结构将迎来黄金发展的十年"的论断，并明确指出领域专用架构（domain specific architecture, DSA）是计算架构重要发展方向。基于领域专用软硬件协同计算推动大数据计算系统的发展目前已经成为学术界与产业界的共识。

本章主要针对大数据计算系统高灵活、高性能、高可靠与高效能等综合性需求，介绍面向大数据计算系统的领域专用软硬件协同计算架构：首先从不同角度介绍了计算机体系结构的基础；然后介绍了未来智能化时代计算机系统形态发展趋势；最后详细介绍了领域专用共性元素抽象方法、领域专用软件工具链设计技术以及领域专用语言等领域专用软硬件协同计算的关键技术。

5.1　领域专用软硬件协同计算概述

5.1.1　计算机体系结构基础

体系结构是指计算、存储以及互连等一组部件的组织形式与使用方法，是人工复杂系统研究的核心范畴，不仅决定着计算系统的功能与性能，还决定着计算系统的效能与安全。事实上，国内外研究者在自动化计算技术发展之初即注意到体系结构对计算系统的影响，因此人们对体系结构的研究与探索从未停滞。几十年来，围绕高速、高效、灵活、安全等目标，体系结构不断向前发展与演进，特别是近年来随着人工智能、大数据、云计算以及物联网等技术的快速发展与广泛应用，对计算系统提出了越来越高的要求，催生着新颖的计算机体系结构不断涌现，其内涵与外延得到了极大的丰富。

1. 从应用适应性角度看体系结构

应用适应性是在维持原有体系结构完整不变的条件下，以微小的经济与时间代价实现对不同应用需求的适应能力的一种描述。受应用需求变化、设计思想指导以及工艺水平发展等客观条件的限制，计算机体系结构大致经历了从专用计算到通用计算再到通专并行等阶段。

最早的计算机是面向专用功能设计的，例如，ENIAC 专门用于弹道计算，电动制表机专门用于存储计算资料等。1945 年，冯·诺依曼等在著名的"101 页报告"中提出了著名的存储-程序通用电子计算机设计模型——冯·诺依曼体系结构。冯·诺依曼体系结构包括存储器、算术逻辑单元、控制单元、输入设备以及输出设备等基本组成部分，如图 5-1 所示，将处理器与内存分开，通过指令集设计使得计算机可以执行不同的计算功能，具有"能够计算一切可计算问题"的高度灵活性，对后世计算机的发展产生了并且仍在产生着极其深远的影响。

将冯·诺依曼体系结构进行进一步抽象可形成通用计算机体系结构，如图 5-2 所示。通用计算机体系结构的主要特点是系统的运行受到程序的控制，其工作原理与冯·诺依曼体系结构基本一致：控制器内含控制码存储器，一方面受外部输入的应用程序驱动，另一方面实时接收数据通路回写的状态，在外部时钟的控制下，根据程序要求与状态变化依次向数据通路发送相应的控制向量以驱动计算进程；而数据通路包含存储器，通过接收控制向量决定取用什么样的数据(包括外部输入数据与存储数据)完成什么样的计算，并将计算结果与系统状态输出。

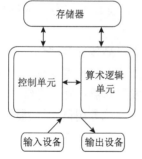

图 5-1　冯·诺依曼体系结构

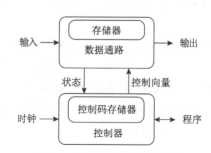

图 5-2　通用计算机体系结构

当前多样化的应用需求、个性化的服务需求以及爆炸性的数据增长对计算系统的性能提出了越来越高的要求，促使人们在冯·诺依曼体系结构及其演进形式的框架内，对通用计算机体系结构采用了多种方式以提升其计算性能。在宏观层面，为了解决在高速、实时处理时的总线拥挤问题，出现了将指令和数据存储在不同空间中并采用指令与数据并行存取方式的哈佛结构；在微结构层面，多级流水线、并行多线程以及多发射与乱序执行等新技术不断应用，提升了通用计算指令执行的并行与流水能力，提高了计算执行效率；在指令集层面，从最早适用于分立元件硬件系统的少量指令集到伴随着现代集成电路发展而形成的复杂指令集、精简指令集以及超长指令字，再到专门针对某类应用需求特别定制的指令集等，指令集的体系化发展不仅带来了计算效率和应用适应性的大幅提升，也在一定程度上缓解了通用计算的功耗问题；在计算核层面，2005 年以后当晶体管尺寸缩小带来的时钟频率提升难以为继时，计算核由单核逐步变为双核、多核乃至众核，依靠多核并行与协同为通用计算的发展注入了新的活力。

1958 年，在德州仪器公司工作的基尔与诺伊斯发明了现代集成电路。得益于现代集成电路的飞速发展，一方面通用处理器的计算性能每隔两年翻一倍，另一方面专用集成电路(application specific integrated circuit, ASIC)在 20 世纪 90 年代迅速崛起。专用集成电路是面向某种特定应用专门定制化设计的集成电路，已经在多个领域广泛应用，在当前与通用处理器共同形成了专用与通用并行的算力格局。专用集成电路体系结构与通用计算机体系结构相比，最大的差别在于系统的行为是确定的，如图 5-3 所示。其控制器中的控制向量根据专门的应用需求定制化且无冗余设计，在计算任务执行过程中，根据数据通路回送的数据或状态，决定下一个时刻向数据通路发送的控制向量的种类。与通用处理器相比，专用集成电路控制向量定制且无冗余，节约了计算资源，计算过程并行且流水化，提高了计算效率，资源使用直接且更接近底层 I/O，因此专用集成电路具有体积小、功耗低、计算性能高、计算效率高等优势。

2. 从系统重心变化看体系结构

组件呈现形式及组件互连关系构成了体系结构的核心部分。虽然概括来说，组件主要包括存储部件、计算核心、互连结构以及外围的输入与输出设备等，但是在计算设备发展的不同历史时期，系统设计与运行的重心是有所变化的，大致可分为以处理器为重心、以存储器为重心以及以总线为重心等三个阶段。

处理器是计算系统的核心部件。在处理器发展初期，由于其计算性能有限，对存储的要求较低，所以计算和存储两者的发展是相对均衡的，而且人们关注的重点也在于怎样提升处理器的效率，因此计算机体系结构的设计是以处理器为重心的。到 20 世纪 80 年代，存储器和处理器之间的发展速度逐步出现了一定的差距，计算系统的瓶颈出现在了数据存取速度上。虽然人们也采取了一系列举措来提升存储器性能，如设计更大的片上缓存、更宽更快的片外存储等，但在这个阶段计算机体系结构仍然以处理器为重心进行设计，如图 5-4 所示。

从 20 世纪 80 年代开始，存储器和处理器之间的发展速度差异不断加剧：对于处理器，每 18 个月芯片集成晶体管数量翻一番；而对于存储器，每年的增长速度仅为 7%。当数据访存速度难以满足处理器计算速度时，计算系统的发展就面临越来越严重的"存储墙"问题。

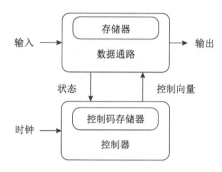

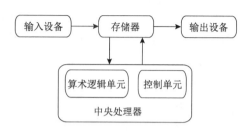

图 5-3　专用集成电路体系结构　　　　　图 5-4　以处理器为重心的体系结构

　　虽然人们采取了多种手段来提升数据访存速度，以求缓解算存比不平衡的问题，但是至今尚无根本的解决办法。因此，为整体提升计算系统的效率，体系结构的设计重心逐渐由处理器转移到存储器，产生了近存计算、存内计算等概念。以存储器为重心的体系结构一般由多个处理器组成，处理器围绕存储器便于就近完成数据访存操作，如图 5-5 所示。

　　随着数据密集程度不断提升，对计算系统的性能需求快速增长，单计算系统已经无法满足大数据量的应用需求，往往需要多套计算设备组合在一起形成庞大的计算系统。特别是随着超级计算机、云计算以及分布式计算等发展，需要借助总线结构将多个处理机与存储系统结合起来，通过控制系统的调度管理来满足不同处理系统与存储系统之间的大规模并发需求，完成大型复杂计算任务的协同计算。因此，在更高的层面上以总线为重心的体系结构应运而生。总线结构是实现计算系统数据与指令汇聚与分发的设计重心，先后经历了共享总线与交换总线两个阶段。以总线为重心的体系结构如图 5-6 所示。

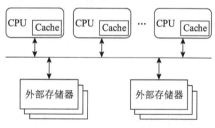

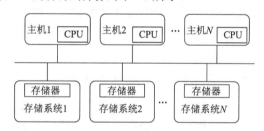

图 5-5　以存储器为重心的体系结构　　　　图 5-6　以总线为重心的体系结构

　　从体系结构重心的变化可以看出，在不同的时期，受应用需求和技术水平的影响，虽然体系结构的设计有不同的着重点，但是其总体目标旨在解决计算系统的短板问题，追求系统的平衡性。而体系结构重心从计算与存储部件变化为部件之间的连接关系也说明了当前体系结构在朝着平面化与去中心化方向发展，即所有计算部件与存储部件地位相同，而如何将这些部件有效连接并充分利用起来是体系结构设计的关键问题。当前，在计算系统朝着多种功能一体化、大众服务个性化、新业务高效部署方向发展，特别是云计算与边缘计算快速崛起的情况下，对计算系统灵活性、高效性、开放性以及可扩展性提出了越来越高的要求。受此影响，计算机体系结构正在由以总线为重心向以软件定义互连结构为重心进一步演进。新一代软件定义体系结构以模块化、标准化的软件定义节点(包括计算节点与存储节点)为基础，以软件定义互连结构实现对软件定义节点之间的层次化组织，能够根据应用需求改变计算结构，最优化匹配应用计算需求，在体系结构层面实现系统性能、效能、灵活性以及可靠性的综合平衡与同步提升，是未来体系结构重要的发展方向。

3. 从计算驱动方式看体系结构

计算驱动方式是指在计算过程中计算操作能够被执行的触发条件类型。从通用计算广泛应用开始，对应于不同的计算机体系结构，计算驱动方式主要包括指令流驱动、数据流驱动、配置流与数据流共同驱动以及事件驱动等。

指令流驱动是指在编译系统支撑下将应用软件转化为有序指令序列，根据系统运行回写的状态下发相应的指令，并在指令控制下完成数据读取、计算与回写的计算驱动方式。本质上说，指令流驱动的计算方式是一种依据指令顺序分时复用计算逻辑的时域串行计算方式。概括来说，指令集的发展是一个由少到多再逐步精简，由简单到复杂再逐步回归简单的过程。在 20 世纪 50 年代到 60 年代指令集发展初期，因为计算机硬件结构相对简单，指令集所包含的指令数量相对较少。到 60 年代中期，随着现代集成电路的快速发展，指令集系统日益复杂化。到 70 年代，为提升软件编程便捷性与程序运行速度，不断增加具备实现复杂功能能力的指令，并匹配以多样化编址/寻址方式，逐步形成了指令集发展历史上具有里程碑意义的复杂指令集。

复杂指令集的主要特点是指令数量多且长度不定、多时钟周期执行时长、不同指令使用频率差别大、支持多种寻址方式以及采用微程序控制技术等。发展至今，复杂指令集已经面临着多重问题。

(1) 虽然能够减小高级语言与机器指令之间的语义差距，但是必须以增加硬件复杂度与多周期执行为代价。

(2) 虽然采用微程序提升了代码密度，但是该策略与超大规模集成电路中更适合采用硬布线控制逻辑的现实相悖。

(3) 为了保持向后兼容性，复杂指令集保留了许多已经过时的定义，导致指令集冗余臃肿，应用开发门槛提高。

针对复杂指令集冗余臃肿、结构复杂等弊端问题，研究者秉承简单设计哲学，在仅保留少量使用频率高的指令与部分支持高级语言与操作系统的必要指令的基础上，配合统一格式指令解码、简单寻址方式等技术，提出了精简指令集。这与通过增加硬件复杂度来适应指令复杂性并提升计算性能的复杂指令集设计思路具有本质的区别，即将设计复杂度从硬件层面上移至编译系统，以软件复杂度提升换取硬件复杂度与计算功耗的下降。到目前为止，RISC (reduced instruction set computer, 精简指令集计算机) 已经迭代发展了五代，而第五代 RISC-V 尤其受到了人们的关注。第五代 RISC-V 是第一个能够根据具体场景选择合适指令集的开放性指令集架构，仅以 40 多条基础指令实现面向不同应用的定制设计，不仅是一种架构比较简单且具有完整工具链的指令集，而且由于其完全开源的特点在各个领域广泛应用，RISC-V 已经受到了学术界与工业界的广泛关注。

数据流驱动是指采用数据流图描述计算任务，以计算所需数据就绪且有效为触发条件，使相应运算操作开始执行的计算驱动方式，最早由麻省理工学院的 Dennis 提出。本质上说，数据流驱动的计算方式是一种计算顺序取决于数据相互依赖关系及操作数有效性的空域并行计算方式。因为计算程序转换成数据流图存在困难、没有数据共享机制导致存储空间浪费以及在执行过程不确定时难以进行程序编写与调试，所以纯粹的数据流驱动计算机没有产业化，但是数据流驱动计算思想在指令流驱动计算优化、流处理器设计、大数据与智能计算应用等各个层面获得了广泛应用。

　　配置流与数据流共同驱动的计算方式是与可重构计算技术相伴相生的，尤其是在 20 世纪 90 年代粗粒度可重构计算技术兴起之后，迅速得到了发展。可重构计算系统的设计出发点是以计算逻辑根据应用而变化的方式实现通用计算架构的灵活性与专用计算架构的性能与效能相结合，在灵活性、性能以及效能之间做出合理的折中，配置流与数据流共同驱动的计算方式与指令流驱动、数据流驱动的计算方式相比，既保留了一定的灵活性，实现了对一定范围内不同应用任务的兼容性，又实现了计算架构随应用任务的计算特点而灵活变化，达到接近专用集成电路的性能与功耗。可重构计算处理器体系结构如图 5-7 所示，其中图 5-7(a)描述了可重构计算处理器硬件架构，主要包括可重构数据通路(reconfigurable datapath, RCD)与基于可编程有限状态机(programmable finite state machines, PFSM)的可重构控制器(reconfigurable controller, RCC)，两者是分离的；图 5-7(b)描述了对应的编译器架构，实现从高级编程语言到配置信息的转化。

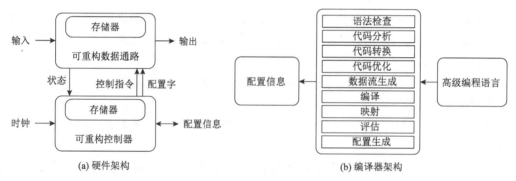

图 5-7　可重构计算处理器体系结构

　　事件驱动与上述驱动方式有本质的不同，它是以脉冲神经网络(spiking neural network, SNN)为代表的神经拟态计算采用的计算驱动方式,也是对人脑信息处理方式更为贴切的模拟。生物神经网络主要通过神经元发放与接收脉冲(包括脉冲时间与脉冲频率等)实现神经元之间的信息交互。每一次脉冲交互都可以看作一个事件，包括内部神经元脉冲发放与外部刺激脉冲输入等。在事件驱动下，相关神经元会迅速并行完成对脉冲的计算与传输，而当没有脉冲发生时，神经元与神经网络会逐步进入并保持休眠状态。因此，在事件驱动下的脉冲神经网络不仅能够模仿生物神经系统的信息编码与处理过程，而且具有强大的并行计算能力，具有低功耗的优势。脉冲神经元将输入累积到膜电压，当达到具体阈值时进行脉冲发射，能够进行事件驱动计算。然而，SNN 因为其训练与推理过程需要模拟微分方程，所以在实现上还存在较大的困难，目前还不是较为实用的工具。

　　4. 从计算逻辑使用方法看体系结构

　　不论是通用计算机体系结构还是专用集成电路体系结构，指令流驱动计算方式还是数据流驱动计算方式,都有一个共同的特点,即底层的硬件逻辑结构都是固定不变的。在计算过程中,要么通过编译系统与操作系统将根据应用算法编写的计算流程分解为相应的指令并在时域按顺序下发至底层逻辑完成计算,要么将数据灌入能完成特定计算的固定逻辑结构并在空域按顺序一次完成计算。在硬件逻辑结构固定的条件下,如果配合指令流驱动计算方式,能够解决一切可计算问题,具有巨大的灵活性收益(如 CPU 与 GPU 等)。但是,因为逻辑结构不可改变,只能以应用适应结构,根据不同的应用做出一定程度的计算过程优化,而且指令流驱动计算需要经历类似取指、译解、访存、执行以及数据回写多个步骤,这种很高的指令执行密度使得真正的计算过程(怎么做)所占的比重偏低,而功能化、数据访问等信息的分析过程或者广义指令解码过程(做什么)占据了大量时间,所以其计算效率与能效比较低。同样,在硬件逻辑结构固定的条件下,如果配合数据流驱动计算方式,可直接根据特定应用任务的计算需求定义做什么、怎么做的优化硬件实现方式,能实现对特定应用任务的计算加速,具有巨大的性能与效能收益,如专用集成电路(application specific integrated circuit, ASIC)等,但因逻辑结构一旦设计定型就无法改变,所以其灵活性极低,且时间成本与经济成本较高。

从计算系统发展的历史经验可以看出,计算性能、计算效能以及计算灵活性之间存在着天然的矛盾。因此,人们一直在思考是否存在一种结构,既可以像通用处理器一样实现各类应用算法的计算,保持一定程度的灵活性,又可以继承专用集成电路展开的数据流驱动计算方式,实现批量操作到电路的转换(包括空间和时间的映射),从而实现计算资源的高利用率,获得高性能、高效能及其他原本通过定制电路所获得的收益。该结构是否存在,理论研究与应用产品均已给出了相应的答案,即近年来快速发展的可重构计算技术。

可重构计算是指能够实现算法到计算引擎的空间映射,并在被制造成集成电路后还具备定制能力的计算组织形式。与专用集成电路相比,可重构计算具有更高的灵活性,在硅后仍然具有计算结构与计算功能定制能力,与指令流驱动计算相比,可重构计算具有更高的能量效率,能够实现算法到空域计算结构的映射。可重构计算技术的理念最早可以追溯到 20 世纪 60 年代,加利福尼亚大学洛杉矶分校的 Estrin 提出:计算机可以由一组结构可以重构的逻辑器件和负责系统控制的主处理器组成,其中可重构逻辑器件根据应用任务的计算流程与计算特点进行裁剪或重构,以合适的计算结构实现对应用任务的计算加速,而主处理器则对可重构逻辑器件的重构与计算过程进行控制。然而,一方面当时现代集成电路刚刚发明,制程工艺水平有限,另一方面基于冯·诺依曼体系结构的通用处理器仍然是人们关注的重点,所以该理念并未受到太多关注。

从 20 世纪 70 年代末开始,在不到十年的时间里,多家公司相继推出可重构计算器件,包括 AMD 的可编程阵列逻辑(programmable array logic, PAL)、Lattice 的通用阵列逻辑(generic array logic, GAL)以及 Xilinx 的现场可编程门阵列(field programmable gate array, FPGA)等。这些可编程逻辑器件是早期可重构计算的主要形式。与 PAL、GAL 等器件相比,FPGA 结构有着明显的不同:基本逻辑单元模块由查找表与 D 触发器等组成,基本逻辑单元之间通过金属线互连,能够实现组合逻辑功能与时序逻辑功能,并通过向内部静态存储单元加载编程数据实现对逻辑单元功能及逻辑单元之间互连方式的更改,以实现不同的功能。FPGA 具有逻辑规模大、晶体管使用效率高、计算速度快、编程灵活且可多次重复编程等优势。虽然目前 FPGA 已经成为极为重要的可重构计算形式，但是在其发明之初，其通常作为计算系统中的从属性计算部件，或单纯作为算法功能验证器件。直到 90 年代，人们才逐渐认识到 FPGA 作为细粒度通用可重构器件的高灵活性与作为基于逻辑门直接定义功能的高效性，开始以 FPGA 为主要计算部件设计面向应用的计算设备。

然而，随着 FPGA 的应用日益广泛，其主要缺点也逐渐显现出来：其通用可重构特性引入了大量冗余布线资源，致使工作时钟频率受限，且资源浪费严重；其细粒度可重构特性需要编程的数据量庞大，开发过程与重构过程时间长，编程难度大，时序规划难；其直接基于逻辑门的计算结构构建方式不适合条件操作，也无法处理多事件等。受限于 FPGA 等细粒度可重构计算技术的缺点，人们开始探索新的可重构计算技术途径，粗粒度可重构计算架构(coarse-grained reconfigurable architecture, CGRA)逐步发展起来.

CGRA 最早出现于 20 世纪 90 年代，并在近年来迅速发展。CGRA 之所以能够持续吸引工业界和学术界关注，是因为它具有接近 ASIC 的能效和性能，以及制造后的软件可编程性。随着 CGRA 技术的流行，产生了一系列 CGRA 产品，如 PACT-XPP、PADDI、PipeRench、KressArray、Morphosys、Matrix、REMARC、REMUS 等。CGRA 的主要特征如下。

(1)特定领域灵活性。CGRA 具有较强的硅后灵活性，它的硬件可在运行时由软件定义。这对于一个甚至多个特定领域来说已经足够灵活，能满足绝大多数应用的需求。与通用灵活性的不同之处在于，特定领域灵活性使硬件满足目标应用需求并将冗余资源最小化，有效提高计算性能与效能。因此，特定领域灵活性被认为是 CGRA 在能效和灵活性之间取得平衡的关键原因所在。

(2)结合时域和空域的计算。时域上，CGRA 利用时分复用资源来执行计算。空域上，CGRA 利用并行计算资源和数据传输通道来执行计算。时空计算的结合为应用提供了一个更加灵活和有力的实现架构。相对于仅实现时域计算的架构，CGRA 可以避免昂贵的深度流水线和集中式通信开销；相对于仅实现空域计算的架构，CGRA 可提高面积效率。因此，结合时域和空域的计算是 CGRA 在不降低灵活性的前提下实现高能量效率和高面积效率的关键原因之一。

(3)配置流和数据流共同驱动执行。CGRA 的操作主要由配置流和数据流来驱动，其中配置流定义 PE 操作及其互连。虽然配置流也主要由控制流驱动，但在每个配置流中的操作是并行或是流水的，发掘了计算并行性，并且配置流驱动的 CGRA 可以通过互连有效地利用显式数据流，这也是 CGRA 能够实现高灵活、高性能与高能效三者有机平衡的关键原因之一。

以不同的标准对 CGRA 进行分类的方法很多：①以编程模型为标准，CGRA 可分为命令式编程模型和命令式语言编程，包括顺序化语句、命令或指令序列以及 C 或 C++等高级语言、并行编程模型，包括声明性编程模型、并行/并发编程模型等、透明编程，即不进行任何静态编译，采用动态编译技术，依赖硬件在程序运行时实时翻译或优化常见的程序表示；②以计算模型为标准，CGRA 可分为单配置单数据(single configuration single data, SCSD)、单配置多数据(single configuration multiple data, SCMD)、多配置多数据(multiple configuration multiple data, MCMD)等；③以执行模型为标准，CGRA 可分为静态调度顺序执行、动态调度顺序执行、动态调度静态数据流执行以及动态调度动态数据流执行。

目前,CGRA 因复杂的底层计算架构、主流顺序风格软件编程模型与大量并行性 CGRA 架构之间的冲突、面积与功耗以及并行性之间的矛盾、CGRA 底层结构多样化的设计与开发环境,以及存储墙等面临着架构编程、有限的并行计算、虚拟化以及内存效率等方面的技术挑战,尚待进行更深入的研究。

我国邬江兴院士于 2009 年提出并开始研究的拟态计算的概念,其本质上是一种结合异构计算技术优势的系统级可重构计算技术,核心理念可以概括为研究和建立最合适的计算模型、使用和构建最合适的处理部件、设计和匹配最合适的体系结构,从而追求和逼近最理想的综合效能,其已经在多个应用领域广泛应用。

5.1.2　计算机系统形态发展趋势

1. 软件定义化

硬件和软件是信息技术的两大核心,早期处理硬件以标准 CPU 为主,软件开发以围绕 CPU 为主,硬件是信息系统的功能和性能核心。伴随信息化场景的拓展以及硬件技术的发展,涌现出了 GPU、DSP(digital signal processor, 数字信号处理器)、FPGA 等处理硬件,于是就诞生了配套上述硬件单元的软件产品,以支持多样化的领域应用,进而软件在信息系统中的比重得到提升。在信息处理系统的网络化阶段,出现了软件虚拟化技术,发展出了云计算、数据中心等网络信息处理平台,异构化的网络资源、计算资源、存储资源通过软件被虚拟池化和标准化,通过对硬件资源的统一动态调度,可在逻辑上虚拟构建出多样化服务实体,基于单一物理信息基础设施,可支持多样化的应用,实现资源高效复用共享和服务弹性快速部署。当前随着硬件可重构、可编程技术的快速发展,信息技术正在进入软硬件协同计算时代,软件不仅可以定义资源,而且可以直接定义硬件的功能,将硬件设备和平台“白盒化”,由应用场景通过软件来定义硬件系统的功能和性能,可实现从应用软件到“硅级”硬件的全栈软件定义,也可实现功能、性能、流程和数据等的全维软件定义,继而彻底打开信息技术的软件定义时代,由于软件定义具备开放性、标准性、模块化等优势,可以为信息技术的智能时代提前做好使能技术准备。

当前,软硬件协同计算正在成为新的计算方向,以面向应用的软件定义为中心,通过软件去定义硬件系统、网络平台乃至基础设施成为新的服务模式。在 2018 年 ISCA 上,图灵奖得主 Hennessy 和 Patterson 指出,领域专用软硬件协同计算成为计算机体系结构发展的新方向。中国科学院梅宏院士也在《软件定义的时代》中指出:我们正在进入一个软件定义的时代。

软件定义所涉及的基础硬件资源不仅限于传统意义上的计算、存储、网络等硬件资源,还涉及覆盖“云网端”的各类资源,包括平台、传感、应用等软硬件,数据以及服务资源等。逐渐“泛化”的软件定义,可实现全网硬件资源互联互通与共享,可支持全栈式、全维式资源可编程,形成面向“人机物”万物智联的融合基础设施。

2. 连接泛在化

梅特卡夫定律揭示了网络价值与互联用户的数量平方成正比,也就是说,N 个连接可创造出 N^2 的效益,共享程度越高,拥有的用户群体越大,其价值越能得到最大限度的体现。

梅特卡夫定律的背后是驱动社会发展的旧经济模式正在向网络经济模式迁移，这意味着一个指数级的非线性经济价值驱动力的产生，抢抓这个战略机遇，已经迅速成为全球共识，越来越多的机器与机器、人与人、物与物被加速互联起来，组成各种各样的复杂信息系统，造就了全球最大的网络信息基础设施，且伴随人类物联网和智能化进程深入，这个网络正在从"人机物"万物互联加速向"人机物"万物智联迈进。

互联网在第一阶段主要实现了 PC(personal computer, 个人计算机)连接，成就了互联网从学术网络到万维网络的崛起，迅速服务于人类的学习、工作与生活，交互形式以文字、图像为主，2008 年据美国信息技术研究分析公司 Gartner Group 估计，全世界正在使用的个人计算机总数已经超过了 10 亿台，诞生了亚马逊、雅虎、eBay、淘宝等互联网巨头企业；第二阶段主要实现了手机连接，移动社交网络的崛起是重要推动力，媒体发布的 Web2.0 实现了内容的极大丰富，交互形式拓展到以流媒体、短视频等为主。全球移动通信系统协会发布的 2023 年度移动互联网连接报告显示，全球移动互联网用户规模达到 46 亿，而根据 IDC 的预测，2024 年全球智能手机出货量将达 12.1 亿部，较 2023 年的 11.6 亿部增长 4%，装机总量远远超过笔记本电脑加上台式机的 14 亿台。对于发展中市场和年轻一代而言，这一数量差距未来将会更加显著，诞生了 Meta、Google、Netflix、阿里巴巴、腾讯等寡头企业；伴随区块链、云计算、物联网、人工智能等技术与互联网的加速融合，人类正在加速进入网络连接第三阶段，即"人机物"万物智联，网络空间与数字空间高度融合，交互形式更加场景化、沉浸化、全息化，能更好地支撑即将到来的元宇宙时代，2020 年 Machine Research 预计，全球物联网的连接数将在未来五年内，以每年超过两位数的速度增长，到 2025 年连接数将达到 270 亿。而工业和信息化部等组织则预计，未来物联网的连接数保守估计在 500 亿台以上，这些物品不仅仅包括手机、笔记本电脑、智能电视、智能空调等，也包括智能汽车等大型的智能物品，必将诞生一批寡头企业。连接不仅是驱动生产力发展的底层原动力，而且也逐渐成为人类基本权利，互联技术与产业具有广阔发展前景，也直接关系下一个风口的制高点竞争，国际巨头公司纷纷在互连方向进行战略布局，Google 公司通过开源安卓平台提出了"连接世界战略"；Facebook 将"网络连接、人工智能和虚拟现实"列为公司的未来战略方向，2021 年将公司更名 Meta，宣示全面进军元宇宙的战略决心；腾讯发展战略从"做消费互联网的连接器"到 2018 年通过成立云与智慧产业事业群等升级为"做产业互联网的连接器"；而华为更是提出了"共建美好的全联接世界"战略。科学研究揭示，人类认知世界的过程就是搭建连接通路的过程，连接的发达程度直接决定了智慧程度和阅历深浅，因此可以将连接的发达程度作为衡量水平的一个重要标志。为了满足信息系统自动化与智能化的发展需求，必须搭建连接丰富、所需触发和动态变化的互联网络。未来的信息系统更加看重人机交互的智能化、控制操作的自动化，未来的网络将是一个智能网络，其需要的互联技术必然是连接发达、动态触发、随需组网、安全低耗的灵活多变的互联网络。因此，随着智能时代的到来，人们将处于一个连接无处不在的智慧世界。

3. 资源云端化

过去十年，各界在云基础设施服务上的支出不断提升，2020 年是重要转折点。受到新冠疫情影响，各行业的数字化转型节奏加快，人们对于云计算、人工智能等新技术的需求也越来越旺盛,导致全球云服务市场增长态势大幅攀升。权威调研机构 Synergy Research 此前发布的数据显示:2020 年,企业在云基础设施服务上的支出同比增长 35%,达到 1300 亿美元,已超过企业在数据中心硬件和软件上的支出。2020 年,企业在数据中心硬件和软件上的支出为 900 亿美元以下,同比下降了 6%,与此同时,过去十年中,数据中心的年均支出增长率仅为 2%,云服务(IaaS、PaaS 和托管私有云)的年均支出增长率为 52%。通过对企业在云和数据中心上的支出对比来看,云构架增长持续十年之久,显示出传统 IT 结构向云构架的转变。IDC 2024 年发布的《中国公有云服务市场(2023 下半年)跟踪》显示:2023 年下半年中国公有云服务整体市场规模(IaaS/PaaS/SaaS)达到 204.8 亿美元。以亚马逊云科技为例,在过去 15 年中,无论是人工智能、机器学习等新技术,还是无服务器等底层技术,亚马逊云科技一直引领全球云计算的发展趋势,云计算基础设施已经成为社会的重要基础设施。目前,亚马逊云科技为企业数字化转型提供了超过 200 多类服务,在数据分析、物联网、人工智能、信息安全等各方面,为企业数字化转型提供了许多实用性工具。

在信息科技以惊人的速度发展的今天,各行业数字化转型步伐加快。以云为核心的智能化、数字化速度正在加快,传统 IT 结构向云构架转变的趋势不可逆转。云服务变得越来越主流,驱动云无处不在,云 IT 设施迎来历史重大机遇。

4. 服务智能化

未来十年是全球发展数字经济、迈入智能社会的黄金发展期。人工智能基础设施(AI 基础设施)是以"高质量网络"为关键支撑,以"数据资源、算法框架、算力资源"为核心能力要素,以"开放平台"为主要赋能载体,能够长期提供公共普惠的智能化服务的基础设施。

人工智能基础设施主要包含两部分内容:一是以数据资源、算法框架、算力资源为核心的 AI 能力要素;二是以服务医疗、交通、制造等各垂直行业智能化应用为核心的 AI 开放平台,包括自动驾驶 AI 平台、城市大脑 AI 平台、医疗影像 AI 平台、智能语音 AI 平台等赋能各行业应用的 AI 开放平台,向下能够引导数据资源、算法框架、算力资源等能力要素的演进路径,向上可以面向各垂直行业提供开放、普惠的智能化服务,具有承上启下的重要作用。

以企业主导推出的 AI 开放平台为例,其规模大、应用领域广、落地场景多,有力支撑 AI 生态体系建设。企业通过自建 AI 开放平台、开源开放底层技术及算法框架等方式,能够迅速聚拢上下游合作伙伴,汇聚广大开发者等人才资源,助力打造具备自主创新实力的生态体系。一方面通过打造自身产品,加速自有先进技术的应用落地,另一方面以广大开发者及开源社区为切入点,挖掘其背后蕴藏的丰富应用场景和商业化价值,推动形成健康可持续的 AI 生态体系。例如,百度大脑 AI 开放平台通过提供"云、边、软硬一体"的多种开放方式以及 228 项核心 AI 能力,降低 AI 应用门槛,帮助合作伙伴快速实现产业链上下游对接。

5. 内生安全性

信息基础设施中的数据处理和交换等核心功能往往交予集成电路完成,集成电路中存在的恶意后门或漏洞可能导致整个信息基础设施的安全大门完全敞开,造成不可估量的后果。2018 年被曝出的 CPU 漏洞 Meltdown(熔断)和 Spectre(幽灵)涉及 2010 年以后的几乎所有 Intel、AMD 和 ARM 结构产品(苹果、高通、三星、华为、英伟达等),英伟达的 GPU(包括 GeForce、Quadro、NVS、Tesla、GRID)也受到一定的影响，造成了巨大的经济损失；另外，集成电路中的漏洞和后门越来越难以被发现和避免。随着集成电路技术的发展、集成度的提高和规模的不断增大，其功能越来越复杂，晶体管数量逐年增加。在具有上亿个晶体管的超大规模集成电路中找出所有恶意代码或植入的后门是几乎不可能完成的任务。与此同时，实现复杂功能需要成千上万行代码，尽管有验证、测试等多种手段用以检查功能是否正确，但难以完全彻底避免漏洞的产生。信息基础设施的信息安全始终是一个重要但没有被很好地解决的问题。

传统附加式防御手段已经难以应对基于未知漏洞、后门等的未知攻击。随着披露的国内外网络安全事件越来越多以及其造成的严重后果，传统网络安全防御理念与技术存在着的基因缺陷也被暴露出来，主要体现在以下几个方面。

(1)无法抵御基于未知软硬件漏洞的攻击。

(2)对潜在的各类后门攻击束手无策。

(3)难以有效应对各类越来越复杂和智能化的渗透式网络入侵等。

随着漏洞挖掘和利用水平的不断提升、后门预置与激活技术的不断发展，以及 APT 等的持续攻击隐蔽性不断增强，上述问题将日趋严重。

内生安全理念是依靠自身因素而不是外部因素获得系统安全增益，是利用系统的结构、机制、场景、规律等内在因素获得安全功能或属性。内生安全机理分为三个方面。

(1)能将任何针对功能个体的不确定性攻击转化为系统可以容忍的攻击性事件。

(2)能将可以容忍的攻击事件变换为概率可控的可靠性事件。

(3)借助策略调度和多维动态重构负反馈机制将攻击成功概率控制在期望的阈值之下。

内生安全效应给非配合条件下的协同攻击带来难以应对的挑战，也给通过网络攻击影响目标对象私密性、完整性、有效性的战术作用带来更多的不确定性，甚至直接瓦解基于软硬件代码缺陷的攻击理论和方法的有效性，并使网络攻击难以成为战役战术层面可规划利用、作战效果可评估评价的打击任务手段。安全正在走出传统附加式防御的被动格局，基于构造技术的内生安全将成为未来信息基础设施的基本属性。

5.1.3　领域专用架构介绍

近年来，信息技术特别是人工智能技术的飞速发展与应用，对现代战争、工业范式以及人们的日常生活产生了深刻的影响。随着信息革命时代的到来，数据量呈爆炸性增长趋势，针对不同应用任务，各类算法层出不穷，嵌入式设备、边缘终端与移动终端广泛应用，对计算系统提出了更高的要求。

从任务需求角度看，虽然人工智能应用在未来计算系统中占据的比重越来越大，但在当前及未来很长时间内，传统科学计算仍然是计算系统任务的重要组成部分：一方面未来计算系统不仅需要具备支撑如信号/信息处理、网络数据包处理等传统科学计算的能力，而且必须能够承担文本处理、语音分析以及图像识别等人工智能处理任务；另一方面从原始数据到人工智能的输入之间需要大量的基于科学计算的预处理操作，如原始图像的滤波与增强、原始语音的预加重与加窗等。因此，未来计算系统中科学计算与人工智能密不可分，不仅有合二为一的应用需求，而且科学计算需要借助人工智能方法向智能化方向发展，而目前主流人工智能算法的发展又与科学计算的进步强相关，两者具有强烈的相互支撑、融合发展的必要性。

从计算需求角度来看，不论是科学计算技术还是人工智能技术，待处理数据量均呈大幅增长趋势，从数据中快速挖掘出感兴趣的信息难度越来越大，因此，海量数据的实时处理是计算系统面临的第一个挑战；数据获取方式与数据形态日趋多样化，如语音、文本、图像等，对不同类型的数据信息进行处理宜采用不同的计算方法，因此，计算方法能够灵活调整，实现多功能一体化是计算系统面临的第二个挑战；嵌入式设备与便携式移动终端的广泛应用对计算系统的功耗提出了苛刻的要求，因此，在高性能前提下大幅降低功耗是计算系统面临的第三个挑战；在人工智能繁荣发展的时代，不论是人工智能本身还是传统的科学计算模式，计算过程与资源分配均需要自适应优化调整，向智能化方向发展，因此，实现计算的智能化管理是计算系统面临的第四个挑战。因此，从计算需求角度，计算系统必须具备大数据量实时处理、计算结构灵活可变、计算效能大幅提升以及计算过程智能优化等能力，简而言之，必须同时满足高灵活、高性能、高可靠以及高效能等四位一体的"多、快、好、省"的信息处理需求，事实上，计算性能、效能、灵活性以及智能化水平已经成为衡量未来计算系统的主要技术指标。

从系统应用角度看，随着信息化革命的不断深入，特别是 5G、物联网以及云计算等技术的快速发展与应用，各类系统均呈现出由分离向融合、由节点向网络、由单装到集群、由有控向自主、由单域向多域发展的趋势。因此，在未来计算系统应用过程中，除了计算节点必须能够以"多、快、好、省"的计算能力同时应对科学计算与人工智能两大类应用外，一方面应当具有开放性体系结构，实现对新器件、新板卡乃至新计算系统的快速兼容，解决当前信息系统"牵一发而动全身"的迭代升级困难问题，另一方面应当具备随时随地按需组网应用的能力，每个系统既可以单独运行，也可按照应用需求作为计算节点承担相应的计算任务。

随着摩尔定律和登纳德缩放定律逐步逼近物理极限，单单依赖制程工艺进步提升计算系统性能和效能已经难以为继，因此越来越多的研究人员将目光关注点锁定在计算机体系结构革新上。2009 年，我国国家数字交换系统工程技术研究中心邬江兴院士及其研究团队率先开展了新概念高效能计算机体系结构的研究，提出了拟态计算的概念，开辟了领域专用软硬件协同计算技术方向，并于 2013 年成功研制世界首台拟态计算机，入选当年的中国十大科技进展，随后拟态计算思想在各个领域广泛应用；2017 年，DARPA（Defense Advanced Research Projects Agency，美国国防高级研究计划局）在电子复兴计划新增新项目中包括了领域专用片上系统（domain specific system on chip, DSSoC）和软件定义硬件（software defined hardware, SDH）两个项目，旨在建立一种软硬件解耦的架构，通过软件定义的方式实现硬件功能甚至芯片功能的重构与扩展；在 2018 年 ISCA 上，图灵奖得主 Hennessy 与 Patterson 发表《计算机体系结构的新黄金时代》演讲，指出在摩尔定律走向终点的同时，体系结构正在闪耀新的活力，领域专用架构将会兴起；2021 年美国半导体研究协会发布未来十年半导体研究规划，更是明确指出，到 2030 年，预计将进入一个领域专用计算时代（每个应用领域开发一套系统）。因此，作为未来重要发展方向，领域专用计算已经引起了学术界与工业界的广泛关注。

领域专用软硬件协同计算完全区别于"面向全领域,软件与硬件解耦"的通用计算与"面向特定任务,软件与硬件一体"的专用集成电路,采用"面向特定领域,软件与硬件协同"的技术思路,不仅能够在特定领域内实现不同应用高效部署的灵活性,而且其电路结构能够随应用任务与计算算法的变化而变化,从而具有接近专用集成电路的性能与效能。因此,领域专用软硬件协同计算架构的设计流程与通用计算架构、专用计算架构的设计流程具有明显的差异性。通用计算器件(包括指令流驱动芯片和传统可重编程器件)设计流程如图 5-8 所示。

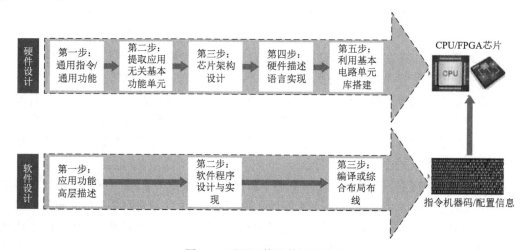

图 5-8　通用计算器件设计流程

为了实现应用通用性,通用计算器件的硬件设计部分是与应用完全无关的,并且软件与硬件也是分离设计的。其中硬件设计部分首先面向全领域通用功能,设计通用指令集,然后基于通用指令集设计应用无关的基本功能单元,并基于基本功能单元完成芯片架构设计,接着基于硬件描述语言将基本功能单元实现为逻辑电路单元模块,最后基于基本逻辑单元模块实现芯片设计。软件设计部分主要包括两个部分:一是面向应用的软件程序设计,实现对应用任务或计算算法的高级语言描述;二是编译器或综合布局布线工具设计,其作用是将高级语言描述转化为指令机器码或配置信息。将指令机器码/配置信息下发到指令驱动流驱动芯片或传统可重编程器件上,实现应用任务的执行。而专用集成电路设计流程如图 5-9 所示。

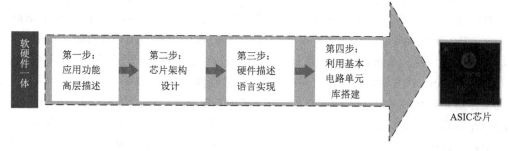

图 5-9　专用集成电路设计流程

领域专用软硬件协同计算则是面向一类领域应用,基于领域应用的计算与存储特点而优化设计的，因此，其软件与硬件既不是完全分离的，也不是紧耦合一体化的，而是以领域内应用任务的需求为基点，开展一系列的迭代与折中设计，使得硬件对领域内的多个应用任务或计算算法具有综合较高的适应性，软件能够根据硬件逻辑单元进行优化设计与高效编译。如图 5-10 所示。领域专用软硬件协同计算器件设计流程主要包括七个步骤：

(1)对领域内多个应用功能进行高层描述，包括其计算模型设计、计算与存储需求分析等；

(2)根据高层描述情况，提取领域内多个应用任务的定制化的基本功能单元，包括公有基本单元与私有基本单元；

(3)根据定制化的基本功能单元完成芯片架构设计，包括任务执行过程中的计算、存储与互联需求分析、模块分解、接口定义以及资源评估等；

(4)基于硬件描述语言对芯片架构及其功能分解模块进行编程实现；

(5)基于电路设计自动化工具将硬件描述语言程序进行综合、布局布线等，完成芯片硬件部分的设计工作；

(6)当应用任务加载时，根据应用任务计算流程，完成领域定制化功能的软件描述；

(7)将应用描述程序输入到基于基本功能单元优化设计的编译器中，将应用描述程序转化为芯片的配置信息，并下发至硬件逻辑中完成配置。配置后的领域专用软硬件协同计算器件与专用集成电路类似，能够以数据流驱动的方式完成对计算任务的执行。

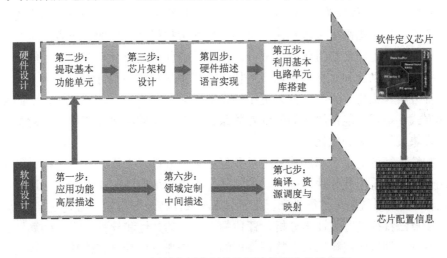

图 5-10　领域专用软硬件协同计算器件设计流程

5.2　领域专用软硬件协同计算关键技术

5.2.1　领域专用共性元素抽象方法

1. 领域应用特征分析方法

领域应用特征分析包括算法特征分析、任务划分分析和算法共性特征分析等。算法特征分析用于支撑算法加速设计，任务划分分析用于指导异构计算结构设计，算法共性特征分析旨在指导可重构计算架构设计。

算法特征分析指对领域算法逻辑进行分析，获取算法的计算、存储、通信等特征，支撑算法本身和算法之间的软硬件协同设计优化。算法特征分析的核心是算法复杂度分析，包括时间复杂度分析和空间复杂度分析。算法的时间复杂度分析是对算法运行所需时间的估计。该分析方法有助于了解算法效率，从而在设计和选择算法时做出更好的决策。时间复杂度分析包括算法的效率、算法的最坏情况和平均情况性能、算法的可扩展性、算法的输入敏感性等方面。算法的时间复杂度分析是评估算法性能的基本工具，它可以帮助选择处理大规模数据集的合适算法。算法的空间复杂度分析主要是指对一个算法在运行过程中临时占用的存储空间大小进行量度。这个存储空间包括算法程序所占的空间、输入的初始数据所占的存储空间以及算法程序执行过程中所需要的额外空间。其中额外空间包括算法程序执行过程的工作单元以及某种数据结构所需要的附加存储空间。通过算法复杂度分析，可以从同一应用的不同算法实现中选择性能相对较优的方案。

任务划分分析根据任务的计算、控制、存储、I/O 密集等典型特征，将任务按照功能模块拆解，在硬件设计中实现针对性优化，指导异构系统架构的组成和设计。任务划分分析依赖实验分析的数据，包括基于功能的分析、基于性能的分析和基于数据的分析等，通过仿真实验对算法进行测试和评估，获得算法在不同执行硬件上的执行结果，综合评估算法的实验性指标。典型的异构硬件包括 CPU、GPU、FPGA 等，其实验性指标主要包括性能、功耗和面积评估(简写为 PPA)等。在系统执行过程中，任务划分分析结果支撑运行时系统进行任务调度，提高了领域算法的可维护性和可扩展性，以便于对算法进行优化和调试，使异构系统的整体性能得到综合提升。最常用的任务划分分析是基于功能的分析，首先明确任务的整体功能和目标，根据任务特征和资源限制，将其分解为若干个子任务；对子任务进行分析和优化，将其划分为更小的功能模块；对于每个功能模块，明确输入、输出和实现方式；根据功能模块之间的依赖关系，整合成完整的算法流程，并对整个算法流程的各个模块进行测试和优化。

算法共性特征分析基于算法特征分析和任务划分分析，支撑设计可重构系统架构。可重构系统架构设计采用软硬件协同设计的方式，根据领域应用的共性特征，进行可重构的模块化设计，提高系统的可扩展性和灵活性。算法共性特征分析的核心是统计学特征分析，通过对领域算法特征进行统计学分析，评估领域算法的共性和异性，为基础算核的融合和提取奠定基础。领域应用算法共性特征分析的主要步骤包括确定算核统计学特征、收集算核相关数据、描述性统计分析、数据可视化、推论性统计分析、数据分布模型拟合以及解释和评估数据等。其具体内容如表 5-1 所示。

表 5-1　算法共性特征分析步骤

序号	分析步骤	具体内容
1	确定算核统计学特征	确定统计对象和统计学特征，如算核次数、比例，以及算核的 PPA 数据等
2	收集算核相关数据	分析算法，提取算核相关数据合并归纳
3	描述性统计分析	计算算核数据的统计学特征，如频率平均值、中位数、方差、标准差等
4	数据可视化	将数据及其统计学特征通过图形、表格、图标等形式呈现

序号	分析步骤	具体内容
5	推论性统计分析	推测算核相关数据的分布模型，如算核频率分布模型等
6	数据分布模型拟合	使用最大似然估计或其他优化技术来拟合模型
7	解释和评估数据	对分析结果进行评估和解释，指导领域应用算核优化设计

2. 领域应用算核生成方法

领域应用算核生成采用图 5-11 所示的基本流程，首先对领域应用的算法特征进行分析，然后确定高阶运算段的边界(对应高阶运算栈)，提取并构建基础算核集。领域应用特征分析方法可以总结为如图 5-11 所示的理论模型。

算核(kernel)可以认为是构成高阶运算段的、完全由硬件实现的基本功能单元。算核集即一系列算核所构成的集合，可以支持完整的应用算法。

在设计领域专用计算架构的过程中，最为关键的是基础算核集的提取。这里简述基础算核集求解算法。

假设目标算法集合记为 $S = \{S_1, S_2, \cdots, S_N\}$，其中 S_i 表示

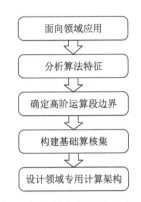

图 5-11　领域应用算核生成流程

某一种算法，则本项目中拟首先自上而下逐层分析和分解每一个 S_i，得到其详细数据流图，然后以不同的粒度对各个数据流图进行分块，得到初步的候选基础构件集合，记为 $\mathrm{BC}_i(i = 1, 2, \cdots, M)$，其中 M 表示基础构件种类数量，则构件集合可以表示为 $\mathrm{BC\_set} = \{b_1 \times \mathrm{BC}_1\} \bigcup \{b_2 \times \mathrm{BC}_2\} \bigcup \cdots \bigcup \{b_M \times \mathrm{BC}_M\}$，其中 b_i 表示构件 BC_i 的个数。不同的分块方式可以得到不同的基础构件集合，假设基于不同的分块方式得到 K 个候选基础构件集合，表示为 $\mathrm{BC\_set}_k(k = 1, 2, \cdots, K)$。从资源利用率与重构代价等方面进行构件集合分析与优化的方法如下。

定义 5-1　资源占有量。其指的是基础构件 BC_i、基础构件集合 $\mathrm{BC\_set}_k$、算法 S_i 以及算法集合 S 所占用的软硬件资源数量，分别用 rb_i、rh_k、rs_i、rs 表示。

定义 5-2　资源利用率。算法 S_i 的资源利用率记为 Pr_i，目标算法集合 S 的平均资源利用率记为 Pr。

定义 5-3　目标算法数量。目标算法集合中算法 S_i 的数量记为 α_i，则 $\sum \alpha_i = 1$ $(i = 1, 2, \cdots, n)$。

定义 5-4　资源利用率阈值。其指的是算法 S_i 的最低资源利用率，记为 Pt。

定义 5-5　重构代价函数。重构代价是指由基础构件重构出算法 S_i 时所需要付出的代价，算法或基础构件集合的重构代价函数记为 F_i，基础构件集合的重构代价函数记为 G_i。

定义 5-6　基础构件集合的资源度量函数。

(1)设算法 S_i 由基础构件集合中的一个子集构成，记为 $S_i = \{c_1 \times \mathrm{BC}_1\} \bigcup \{c_2 \times \mathrm{BC}_2\} \bigcup \cdots \bigcup \{c_l \times \mathrm{BC}_l\}$，其中 $c_i \leqslant b_i (i = 1, 2, \cdots, l)$，则有

$$\mathrm{rs}_i = F_i(c_1 \cdot \mathrm{rb}_1, c_2 \cdot \mathrm{rb}_2, \cdots, c_l \cdot \mathrm{rb}_l) \tag{5-1}$$

(2) 基础构件集合 BC_set_k 占用的资源数量为 $\text{rh}_k = G_i(b_1 \cdot \text{rb}_1, b_2 \cdot \text{rb}_2, \cdots, b_l \cdot \text{rb}_l)$；

(3) 算法集合 S 平均占用的资源数量为 $\text{rs} = \sum_{i=1}^{n} \alpha_i \text{rs}_i$；

(4) 算法 S_i 的资源利用率为 $\text{Pr}_i = \text{rs}_i / \text{rh}$，算法集合 S 的平均资源利用率为 $\text{Pr} = \text{rs}/\text{rh}$。

根据上述定义，从资源利用率与重构代价等方面进行构件集合分析与优化的目标函数为

$$\max \text{Pr} = \frac{(\sum \alpha_i (F_i(c_1 \cdot \text{rb}_1, c_2 \cdot \text{rb}_2, \cdots, c_l \cdot \text{rb}_l)))}{G_i(b_1 \cdot \text{rb}_1, b_2 \cdot \text{rb}_2, \cdots, b_l \cdot \text{rb}_l)} \tag{5-2}$$

其中，约束条件为 $\sum \alpha_i = 1$、$c_i \leqslant b_i$、$\text{Pr}_i \geqslant \text{Pt}$ 等。对目标函数进行求解，可以得到基础构件集合的优化结果。

如果从计算性能、计算效能等方面出发设定多目标优化函数，同样可以完成对基础构件集合的分析与优化。另外，基础构件集合的优化还需要考虑完备性和构件粒度等因素。其中，完备性是指基于提取得到的构件集合的不同方式组合（并行或串行）能够完全地实现算法集合中的每一种算法的信号处理流程；而构件粒度大小对可重构信号处理系统的重构效率以及重构灵活性具有直接的影响，构件粒度大，则在重构过程中所需配置信息少，重构效率高，但是对其他信号处理任务来说重构灵活性低，反之，构件粒度小，则所需配置信息多，重构效率低，但重构灵活性高。

求解基础算核集的算法是一个迭代过程，从各应用所需算核集的简单并集出发，调整算核集，使算核利用率的方差最小。图 5-12 给出了基础算核求解流程。

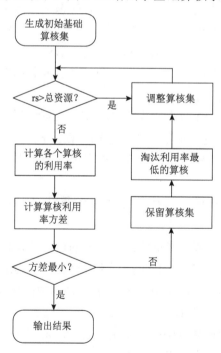

图 5-12　基础算核求解流程

5.2.2　领域专用软件工具链设计技术

1. 软件工具链框架

领域专用软件工具链框架可以概括为 4 个部分：应用部署计算图生成引擎以基于应用框架或领域专用描述语言的应用场景处理流程描述为输入，经过前端优化后，映射为基于基础算核库的应用部署计算图；任务划分引擎将计算图进行静态和动态任务划分，获得计算量平衡的静态任务中间表示 (intermediate representation, IR) 以及控制任务运行的动态信息 (动态任务 IR)；目标结构与代码自动生成引擎根据划分后的静态任务 IR 实现计算节点内部计算结构探索和代码自动生成；系统运行时引擎根据动态任务 IR 生成运行时资源管理和任务调度程序。

谷歌推出的 MLIR (multi-level intermediate representation, 多级中间表示) 是 LLVM (low level virtual machine, 底层虚拟机) 编译器基础设施项目的一部分，旨在简化分层 IR 的开发和 IR 之间逐步转换的管理。具体来说，MLIR 允许开发人员将 IR 定义为方言，并且已经提供了多种标准方言，包含标量、向量和张量的计算以及数据存储和基本的控制流操作等。开发人员可以定义自己的方言和转换，并使用 MLIR 在同一框架中管理多个 IR (方言)。

不同领域的应用场景可采用应用框架或领域专用描述语言描述，经模型导入模块得到标准的 MLIR 方言描述。基于基础算核库的应用部署计算图则针对不同的应用领域扩展多个方言，以实现基础算核对应的操作。静态任务 IR 扩展了物理层方言，包含了对计算节点内的各类功能单元的操作，包括计算、存储和数据交换等。

2. 应用全流程高阶运算图表示

通过利用算法的高层中间表示，得到算法的控制数据流图 (control data flow graph, CDFG)，对一个或多个算法的控制数据流图进行频繁子图挖掘，提取出共性特征，获取算法中出现频率较高的算子，然后利用子图融合合并来自一个或多个应用程序的多个子图，实现加速一个应用程序的多个不同部分或多个不同的应用程序，得到算法的高阶运算图表示。

1) 频繁子图挖掘

得到算法的控制数据流图后，采用子图挖掘方法，提取出一个或多个算法中的频繁子图，利用频繁子图得到的算子可以指导硬件架构设计时处理单元的算子类型，提高资源利用率。参考基于图的子结构模式挖掘 (graph-based substructure pattern mining, gSpan) 算法，gSpan 是一种基于图的频繁子图挖掘算法，用于在大规模图数据库中发现频繁出现的子图。gSpan 使用图表示来表示数据集中的图。每个图由一组节点和边组成，每个节点和边都有唯一的标识符。图中的节点和边可以具有标签，表示节点和边的类型或属性。在实际处理过程中，用 CDFG 的 op 表示节点，数据之间的依赖关系表示边，将 CDFG 格式转换为以制表符为分隔符的文本文件 (tab separated valuesfile, TSV) 格式进行频繁子图挖掘处理，频繁子图挖掘的主要流程如下。

(1) 初始化：将每个节点作为初始候选子图，并将其作为种子模式进行扩展。

(2) 候选子图扩展：对于每个候选子图，gSpan 尝试通过添加一个边来扩展它。扩展的边必须满足两个条件：一是边的两个节点在候选子图中存在；二是扩展后的子图必须保持频繁。

（3）剪枝：在扩展过程中，gSpan 采用剪枝策略来减小搜索空间。它排除了不可能生成频繁子图的候选子图，从而提高算法的效率。

（4）DFS 编码：对于每个扩展后的子图，使用 DFS 编码将其表示为字符串形式，并计算其支持度（在数据集中出现的频率）。DFS 编码是一种基于深度优先搜索的遍历方法，通过遍历图并将遍历路径编码为字符串形式来表示子图。DFS 编码中的一个编码项由三个部分组成：节点标签、边标签和递归深度。

（5）频繁子图保存：如果扩展后的子图的支持度大于或等于预定义的阈值，则将其保存为频繁子图。

（6）递归搜索：对于每个频繁子图，将其作为新的候选子图并递归地进行扩展和搜索，以发现更大的频繁子图。

（7）最小支持度阈值：gSpan 使用最小支持度阈值作为筛选频繁子图的标准。只有支持度（频率）大于或等于最小支持度阈值的子图才会被认为是频繁子图。

通过这些步骤和方法，可以高效地发现单个或多个算法中的频繁子图，采用基于 DFS 编码的子图表示，通过候选子图的扩展和剪枝策略，以及最小支持度阈值的设定，实现对不同算法中的 CDFG 的频繁子图的挖掘和保存。

2）最大独立子集分析

应用 CDFG 中的频繁子图进行处理器元件（processor element, PE）的 op 功能设计能够有效地提高 PE 的利用率，但是重叠的子图无法使用具有加速该子图的架构的充分利用的 PE 进行加速，如果 PE 具有该子图的架构并用于加速该子图，则会导致 PE 未得到充分利用。发现此问题何时发生的一种方法是最大独立集分析，将应用程序中子图的每次出现表示为新图中的节点，将重叠子图表示为节点之间的边。重叠子图是出现共享节点的子图；计算这个新图的最大独立集；该集合的大小是子图在应用程序中存在且不重叠的次数。图的独立集是该图中不共享邻居的一组顶点。最大独立集是无法通过添加更多顶点来增长的独立集，最大独立子集的大小表示充分利用的 PE 的数量，能够提高 PE 的利用率。

3）子图融合

子图融合技术是一种用于优化计算图的方法，通过将多个子图合并为一个更大的子图，来减少计算和通信的开销，并提高计算效率。将具有相关计算和数据依赖关系的子图合并为一个更大的子图，以减少通信和数据传输的次数。融合后的子图可以在同一个计算设备上执行，从而减小设备之间的通信延迟和数据传输带宽。子图融合技术的优势在于减少了通信和数据传输的开销，提高了计算效率和系统性能。子图融合技术的实现可以分为以下几个步骤。

（1）子图划分：将整个计算图分割为多个子图，每个子图包含一组相关的计算操作和数据依赖关系，在这里采用前面步骤中通过子图挖掘得到的结果进行处理。

（2）子图融合策略：定义子图融合的策略，决定哪些子图可以合并为一个更大的子图。融合策略可以基于计算操作的类型、数据依赖关系、设备资源的限制等因素进行选择。

（3）子图融合优化：对选定的子图进行优化，包括计算顺序的优化、数据传输的优化和内存管理的优化等。这些优化措施可以进一步提高融合后子图的执行效率。

（4）子图融合的实现：根据子图融合策略和优化方法，将选定的子图合并为一个更大的子图。这可以通过代码重构、图优化工具或自动化编译器等方式实现。

3. 应用的任务划分与调度

1）基于动态规划的任务划分算法

通过应用场景定义的高层中间表示，得到由算子组成的计算图。计算资源是一个包含 $N \times M$ 个计算节点的二维网格，假定每个节点的计算能力相同。计算图可以划分为多个子图，计算资源也可以划分为多个子网格。任务划分算法的优化目标是获取一个计算图的最优划分以及子网格的分配，使得计算图的总延时最小。

（1）算子聚合优化。

为减少任务划分的计算量，先对计算图进行算子聚合优化，以减小图的规模。将相邻的算子合并为一个层，合并目标包括两类：计算量较小的算子和具有较大通信联系的相邻算子。

聚合算法将计算图的 K 个算子 $(o_1, o_2, \cdots, o_K)$ 聚合成 L 层 $(l_1, l_2, \cdots, l_L)$，其中 $L = K$。定义函数 $G(k, r)$ 为将算子 $(o_1, o_2, \cdots, o_K)$ 聚合成 r 层时单层流入数据最大值集合中的最小值。假设算子 $(o_i, o_{i+1}, \cdots, o_k)$ 聚合为第 r 层，其输入数据流记为 $C(i, k)$，前面 $r-1$ 层的 G 函数为 $G(i-1, r-1)$，可以得到递推计算公式：

$$G(k, 0) = 0 \tag{5-3}$$

$$G(k, r) = \min_{1 \leqslant i \leqslant k} \left\{ \begin{array}{l} \max\left(G(i-1, r-1), \quad C(i, k)\right) \\ \mathrm{FLOP}(o_i, o_{i+1}, \cdots, o_k) \leqslant \dfrac{(1+\delta)\mathrm{FLOP}_{\mathrm{total}}}{L} \end{array} \right\} \tag{5-4}$$

其中，FLOP 的约束条件使得划分得到的各个 layer 计算量基本平衡。优化目标为最小化 $G(K, L)$。

以上面的递推公式为动态规划的最优解结构，可以设计一个动态规划算法来计算 G 函数，并得到最优的聚合方法。

（2）任务划分算法。

对聚合后的计算图做拓扑排序，得到一个包含 K 个算子的一维序列 $(o_1, o_2, \cdots, o_K)$。将该算子序列划分为 S 个段，记为 $(s_1, s_2, \cdots, s_S)$，其中 s_i 包含从 l_i 到 r_i 范围内的算子，即 $(o_{l_i}, \cdots, o_{r_i})$。

s_i 所分配的计算节点个数为 $n_i \times m_i$，记作 $\mathrm{Mesh}(n_i, m_i)$。s_i 在 $\mathrm{Mesh}(n_i, m_i)$ 上的计算延时记为 t_i，可通过延时模型计算：$t_i = t_{\mathrm{intra}}(s_i, \mathrm{Mesh}(n_i, m_i))$。

如图 5-13 所示，划分后的总延时主要由最慢的段决定。在 batchsize $= B$ 的情况下，一个划分的总延时为

$$\sum_{i=1}^{S} t_i + (B-1) \times \max_{1 \leqslant j \leqslant S} t_j \tag{5-5}$$

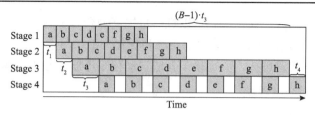

图 5-13　划分总延时示意图

划分算法的优化目标是将该延时最小化，即

$$T^* = \min_{\substack{s_1,\cdots,s_S \\ (n_1,m_1),\cdots,(n_S,m_S)}} \left\{ \sum_{i=1}^{S} t_i + (B-1) \times \max_{1 \leqslant j \leqslant S} t_j \right\} \tag{5-6}$$

任务划分算法先枚举式(5-6)的第二项 $t_{\max} = \max\limits_{1 \leqslant j \leqslant S} t_j$，并对每个不同的 $t_{\max}$ 最小化第一项

$t_{\text{total}}(t_{\max}) = \sum\limits_{i=1}^{S} t_i$。

定义函数 $F(s,k,d;t_{\max})$ 表示将算子序列 $(o_k,\cdots,o_K)$ 划分为 s 个段，在 d 个计算节点上运行时总延时最小，每个段的延时不超过 $t_{\max}$。

假设划分的第一个段是 $(o_k,\cdots,o_i)$，分配在子网格 $\text{Mesh}(n_s,m_s)$ 上，其最小延时可使用 Intra-op 方法计算，记为 $t_{\text{intra}}((o_k,\cdots,o_i),\text{Mesh}(n_s,m_s),s)$，其中最后一个 s 参数用来判断存储分配的约束(段的数量越多，需要保存的中间结果越多)。后续 $s-1$ 个段的最小延时为 $F(s-1,i+1,d-n_s \times m_s;t_{\max})$。这样可以得到递推计算公式：

$$F(0,K+1,0;t_{\max}) = 0 \tag{5-7}$$

$$F(s,k,d;t_{\max}) = \min_{\substack{k \leqslant i \leqslant K \\ n_s \times m_s \leqslant d}} \left\{ \begin{array}{l} t_{\text{intra}}((o_k,\cdots,o_i),\text{Mesh}(n_s,m_s),s) \\ + F(s-1,i+1,d-n_s \times m_s;t_{\max}) \\ t_{\text{intra}}((o_k,\cdots,o_i),\text{Mesh}(n_s,m_s),s) \leqslant t_{\max} \end{array} \right\} \tag{5-8}$$

优化目标 $T^* = \min\limits_{s}\{F(s,1,N \times M;t_{\max})\} + (B-1) \times t_{\max}$。

以上面的递推公式为动态规划的最优解结构，可以设计一个动态规划算法来计算 F 函数，并得到优化目标 T^* 以及对应的划分与分配。

2)面向深度神经网络应用的任务划分与运行时调度

(1)深度神经网络加速器抽象硬件结构。

为支持深度神经网络结构到硬件计算方式的自动化划分及其运行时调度的设计，定义一种较抽象的深度神经网络加速器硬件结构，如图 5-14 所示。该结构主要由计算阵列、输入缓存、参数缓存、偏置缓存、输出缓存组成。计算阵列包括卷积、下采样、激活函数等功能；各缓存存放对应数据。其中输出缓存存放的是一次计算的结果，这个结果可以是中间结果，也可以是完整的结果，即将输出到片外的结果。输入和输出逻辑在功能上分离，可以同时工作，而输入、参数、偏置则占用同一个 I/O，不能同时工作。计算阵列具有一定的可配置性，即其输入、输出通道数可以在运行时改变。与之对应，为了配合计算阵列的功能，输入缓存也具有可配置性。

加速器抽象硬件对应的指令集需要包括以下
指令。

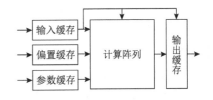

图 5-14 深度神经网络加速器抽象硬件结构

读取指令：将一定数量的连续数据从 DDR 特
定的地址读取到片上缓存。读取指令包括读取输
入数据、参数数据和偏置数据 3 种。

计算指令：给定一次计算需要的数据在各缓
存上的地址和长度，以及该计算在深度神经网络
逻辑上的信息(如计算的通道数、卷积核大小、计算类型等)，执行计算，并将结果直接写
在片上输出缓存中。

存储指令：将片上输出缓存指定地址上一定数量的连续数据传输到片外 DDR 或者
UltraRAM 中。

相对于读取和存储指令，计算指令所做的工作比较复杂。每一个计算指令都能够将其
相关的输入数据全部计算，产生一定输出数据。一条计算指令对应的计算所使用的数据及
产生的结果逻辑上在网络结构上构成块状，如图 5-15 所示。因此将一个计算与其对应的数
据块称作计算块。可以看到，对特定的深度神经网络，若已经知晓所有计算块，则可以较
容易地产生对应的计算指令。对应地，计算指令也需要包含更多的信息，在实际实现上，
可以以多条较短的指令来实现。

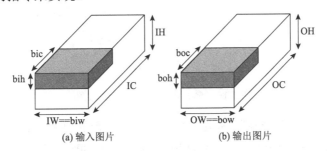

(a) 输入图片　　　　　　　　(b) 输出图片

图 5-15　计算块示意图

(2)深度神经网络的任务划分。

划分过程可视为一个最优化问题，其目标函数是计算一个深度神经网络所消耗的总时
间，因此可将该目标函数称为代价函数。为了方便分析，问题的自由度分为两部分：一部
分是计算方式与顺序的选择，例如，选择是将多个层混合计算，还是逐层计算，或选择在
一层中输入通道和输出通道都较大时，是优先消耗不同输入通道的数据得到一定输出通道
的最终结果，还是优先消耗特定通道的输入数据产生很多不同通道的中间结果；另一部分
用数值直接表示，包括计算块的大小、计算哪些通道的选择、计算模式的选择等。

一般地，单层划分的自由变量拥有 4 个维度，为<Mode; boc; bic; boh>。其中，Mode
代表计算阵列输入输出通道数的配置；boc 和 boh 分别代表输出块的通道数和高度；bic 是
输入块的通道数。bih 被排除在外，是因为它可以由 boh 以及该层的参数确定。在硬件计
算中，结果的存储总是按一定顺序的。根据抽象硬件计算阵列的设计，计算时会将一个数
据点的脉冲量输入(pulse input, PI)通道广播到阵列输入端，同时产生脉冲量输出(pulse

output, PO)通道的输出数据。也就是说，数据存放时，优先将同一个数据点的不同通道连续存放是一种合适的存放方式。此时，每一层的 PO 就是该层的 BOC，BIC 必须等于前一层的 BOC。

划分问题可以抽象成一定维度、取值离散的一个最优化问题。划分维度为划分策略、BOC、BIC、BOH、Mode 五个维度，产生五维离散空间上的所有笛卡儿积的数据点的搜索空间。搜索器通过暴力枚举的搜索方法寻求最优解。划分流程如图 5-16 所示。

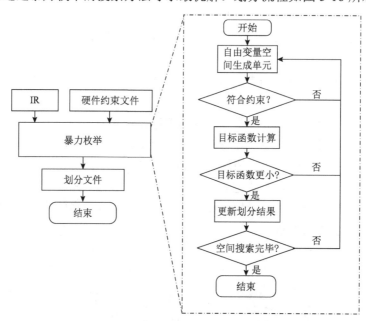

图 5-16　暴力枚举划分流程示意图

实际上，每一层的划分问题不是独立的，而是与之前的层相关的。硬件存放数据形式决定了除第一层外，BIC 必须与上一层的 BOC 相同。这影响了自由变量一个维度的取值，因此软件在数据点产生迭代器中考虑了这一点。同时这个限制导致了划分必须支持某种形式上的回溯或前瞻，因为某一层的划分结果的 BOC 过大时，可能使得下一层因为其 BIC 过大而无法划分。此时本层就应该在降低 BOC 的情况下重新寻找最优划分。

实际划分中，还要考虑分支层的存在。虽然分支层的输入和输出块都受到主干层大小的限制，但如果默认使用主干层的划分来构造分支层的划分，可能发生分支层的划分实际不满足约束的情况。因此软件在约束条件判断时，构造了分支层的划分结果，对其进行专门的约束判断，保证整个划分的合法性。

3) 深度神经网络的运行时调度

在硬件加速器的设计中，为了提高吞吐率，可以采用流水线或双缓存的结构。流水线适用于不同计算步骤所花费的时间近似相同的场合，而双缓存适用于各个计算步骤时长差别较大的场合。对于深度神经网络不同的层，数据传输时间和计算时间的比例会发生很大的变化，因此，深度神经网络的硬件加速宜采用双缓存的结构。

用载入、计算和写回分别表示运算的 3 个阶段，期望的是所有的块的执行时间均可以把加载时间和写回时间掩盖，如图 5-17(a) 所示。但理论上，只有计算密集型的算子才能实现这一点，对于带宽密集型的算子，一般来说，加载时间要大于计算时间，这不可避免，如图 5-17(b) 所示，这导致计算阵列的空闲时间变长。但经常会遇到类似图 5-17(d) 的网络结构，其中 pool1 是带宽密集型，而 conv2 则是计算密集型，且 pool1 和 conv2 之间不存在数据依赖。那么对于这种情况，可以通过调度的方式，将 conv2 和 pool1 的块交叉计算，如图 5-17(c) 所示，通过这种方式，可以有效减少计算阵列的空闲时间。

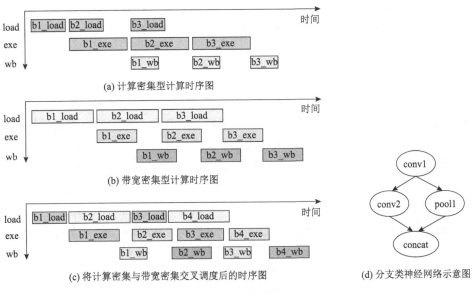

图 5-17　调度示意图

　　调度的过程实现为两部分，第一部分是计算块序列生成，根据划分结果，考虑分支层和下采样等，产生一系列计算块。计算块的概念与数据块不同，它代表最多对硬件配置计算一次。这些计算块不但包含了划分结果的数据块的大小信息，还包括块自身在网络计算中所处的逻辑位置，以及自身的层名等信息。计算块生成的简单逻辑如图 5-18 所示。

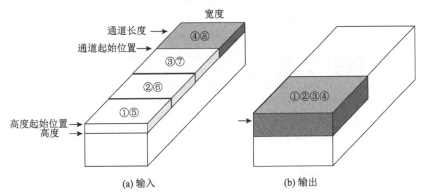

图 5-18　计算块生成的简单逻辑示意图

　　其中的卷积层在输入通道上分成 4 个块，在输出通道上分成若干个块，在高度上也分成若干个块。标记的第 1~8 个块为该层计算块中的前 8 个。前 4 个块在输入通道上移动，产生输出通道上的第 1 个块；后 4 个块重复这个过程，产生输出通道上的第 2 个块，以此类推。

计算块携带的信息见图 5-18（a）中的深色计算块，它包含了输入通道起始位置和长度、高度起始位置和高度、宽度等信息。根据这些信息，结合网络结构、划分结果、硬件信息以及数据存储地址信息，可以计算得到硬件关心的所有信息，如该块数据在 DDR 上的地址以及该块数据在 DDR 上的长度。

计算块序列产生的逻辑较为简单，只需按照计算顺序，计算每个计算块所携带的信息即可。同时根据计算块所处的逻辑位置，决定该计算块是否需要载入输入数据、参数和标志信息等内容。

4. 多目标编译技术

多目标编译技术的研究方法与技术途径如图 5-19 所示，针对应用任务划分后形成的数据流计算图，基于领域专用基础算核库和多种异构构件资源，将领域专用基础算核库、多种异构构件资源、应用功能、性能和效能等相关因素参数化并构建多目标编译的自动化探索空间。初步采用基于非支配排序遗传算法（non-dominated sorting genetic algorithm Ⅲ，NSGA-Ⅲ）的多目标优化方法来构建自动化探索方法。首先，构造自动化探索框架：将各种参量和代价函数进行基因（gene）编码，形成一定数量的个体（individual），并由此构建系统最优架构求解的种群（population），构造用于评价系统架构求解质量的适应度函数（fitness function）和选择函数（selection function），进而形成探索框架模型。然后，在框架模型中，基于 NSGA-Ⅲ实现优化系统架构的帕累托最优解自动化求解过程，并最终形成目标结构的参数集合，支撑后续目标结构与目标代码生成。

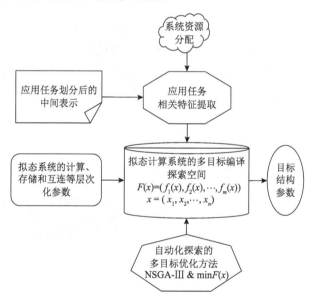

图 5-19　多目标编译技术

多层中间表示方法主要是支撑算法的高层中间表示经多级转换形成最终的目标代码。应用算法的高层中间表示（.mlir）中，通常有不同粒度的计算和访存操作，如位级的条件控制逻辑、标量形式的算术运算或数组形式的操作数等。异构平台如 FPGA 通常拥有数量众多的逻辑、计算和存储资源，为了充分利用这些资源，需要分析控制流和数据流中的依赖关系，对应用算法的高层中间表示进行优化和转换，生成分层的控制数据流图。整个过程中主要包括：高层中间表示的优化和转换；RTL 代码生成；应用算法验证与测试。其中，优化和转换接收来自上层的 MLIR，经过依赖分析和优化转换，生成分层的控制数据流图（CDFG）。在资源库的约束下，CDFG 根据架构模板，生成接口、存储和控制相关的 RTL 代码，各个内核 CDFG 经过资源分配、调度和绑定分别生成内核模块的 RTL 代码。编译器生成的RTL 代码实例化到模板工程中，生成运行在异构平台如FPGA 中的配置位流文件，在主机算法可执行程序的控制下实现应用算法加速，测试与检验异构平台的能效优势。

5. 目标结构与代码自动生成

1）目标结构自动生成方法设计方案

目标结构生成是根据目标结构参数的自动化探索结果从单元模板库中选择合适的单元组成参数化的目标结构模板，在资源和时序约束下对该结构模板进行设计空间探索，寻找满足约束的优化目标结构，并生成目标结构的硬件 RTL 代码用于仿真和评估。设计空间探索使用面向领域的基础算核库作为输入，旨在通过优化结构设计和基础算核变换中的一些参数，提高算核映射到目标结构后整体的性能。

目标结构自动生成方法设计方案如图 5-20 所示。首先，根据算子库和互连方式等信息构造硬件架构，实现在输入设计参数后能够根据参数，自动地从模板库中选择资源，构建一个初始的硬件架构，然后根据对目标结构的描述和优化目标，如性能、功耗、面积等指标，构造出探索空间，接着使用多目标优化算法在结构空间进行探索，最后根据目标结构生成结果方案。

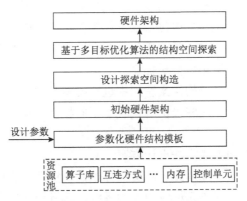

图 5-20　目标结构自动生成方法设计方案

2）基于结构模板库的目标结构探索空间构造方法

基于结构模板库的目标结构探索空间构造方法的目的是在给定的目标结构描述和优化目标下，通过结构模板的选择和组合，构造适合的搜索空间。

定义目标结构的描述和优化目标：首先，需要明确定义目标结构的描述，包括结构的类型、组件的数量和连接方式等。同时，确定优化目标，如性能、功耗、面积等指标。这些描述和优化目标将指导后续的搜索空间构造、评估和优化过程。

　　构造搜索空间：基于目标结构的描述和优化目标，构造合适的搜索空间，该空间包含各种可能的结构组合和参数配置。搜索空间可以使用图论、组合数学等方法进行建模和表示。例如，可以使用图结构来表示不同组件之间的连接方式和依赖关系，使用参数配置来表示各个结构模板的具体配置。

　　使用结构模板库中的结构模板：结构模板库中的结构模板提供了不同类型的组件和构件。从搜索空间中选择适当的结构模板，并根据目标结构的描述进行组合，以生成候选目标结构。可以通过遍历搜索空间，根据一定的规则和策略选择结构模板进行组合，或者使用启发式算法进行搜索和优化。

　　评估和优化：对生成的候选目标结构进行评估，根据优化目标进行性能和效果的量化分析。可以使用仿真、性能估计或实际实验等方法进行评估。根据评估结果，对候选目标结构进行优化，如调整参数配置、更换结构模板等，以进一步改进性能和实现优化目标。

　　通过以上扩展，基于结构模板库的目标结构探索空间构造方法可以帮助系统在给定目标结构描述和优化目标的情况下，通过结构模板的选择和组合，构造适合的搜索空间，从中生成候选目标结构，并通过评估和优化来进一步改进目标结构。这样的方法可以帮助实现自动化的目标结构生成和优化，提高系统设计的效率和性能。

　　3) 基于多目标优化算法的结构探索空间中最优目标结构求解方法

　　基于多目标优化算法的结构探索空间中最优目标结构求解方法的目的是解决目标结构的多个相互关联的优化目标问题，通过使用多目标优化算法来探索和求解最优解。

　　将目标结构的优化问题建模为多目标优化问题。因为优化目标可以为性能、功耗、面积、时延等指标，所以设计时可能存在相互制约和冲突的关系。通过将这些优化目标进行合理的权衡和折中，可以找到最优的目标结构。

　　使用多目标优化算法：选择合适的多目标优化算法来探索结构探索空间并生成一组最优解。常用的多目标优化算法包括遗传算法、粒子群算法、模拟退火算法、多目标蚁群算法等。这些算法通过定义适应度函数、优化策略和搜索算子等，能够在多个优化目标之间进行权衡和搜索，并生成一组帕累托最优解。

　　通过多目标优化算法，在结构探索空间中进行搜索和迭代，探索不同的结构组合和参数配置，以生成一组最优解。这些最优解代表了不同权衡和折中的目标结构，能够满足多个优化目标的要求。

　　4) 异构多目标代码自动生成方法设计方案

　　目标结构是一个由标量计算单元、向量计算单元、空间计算单元、多种层次类型的存储单元、多种层次类型的互联单元组成的异构系统，其目标代码生成主要包括两部分：标量计算单元的控制代码和其他单元的配置代码。其中控制代码驱动标量计算单元生成对目标结构中其他单元的控制信号、执行标量计算等；配置代码配置多种单元的执行模式、数据组织模式和数据传输模式等。

　　在任务的数据流计算图中，一些复杂的高阶算核在目标结构中是按时间维展开的，需要多个阶段完成一次运算。每个阶段需要不同的执行模式和数据传输模式配置。采用时域调度算法协调计算图中各个算核的时序关系，并生成相应的控制代码，与标量计算合并，得到在标量计算单元上执行的指令流代码；其他单元在不同阶段的配置形成配置代码。

　　输入的 CDFG 是分层的，顶层节点表示接口、存储或计算内核，边表示数据的依赖关系。其中接口节点对应资源库中的接口类 IP 核，如 AXI Stream、NoC 等，IP 核的参数由该接口的数据宽度和访问模式决定。存储节点用于缓存输入数据与计算内核的中间结果，对应资源库中的存储类 IP 核。计算内核对应高层算子及其集合连接而成的数据流图，该数据流图中的节点对应资源库中的高层算子和目标架构的基本功能单元，如乘法器、寄存器和查找表(look-up-table, LUT)等，在代码生成阶段，经过资源分配、调度和绑定算法，生成 RTL 模块。运行控制逻辑负责管理各个 IP 核的状态和数据输入输出。

　　最终，通过测试 benchmark 的算法，执行前面两个流程，通过优化和转换得到 CDFG 后，生成代码来验证软件的功能和效能。

　　5) 计算、存储和互连模板化的目标代码生成方法

　　根据应用特征和系统相关的各种参数确定由图 5-21 构成的计算、存储和互连模板中的各种参数。通过高层次硬件描述语言实现微结构中计算单元、存储单元、I/O 模块、控制模块和互连结构的参数化模板设计。将前述多层中间表示转换后所提取的参数传递给参数化模板，最终形成应用所需的目标结构代码。

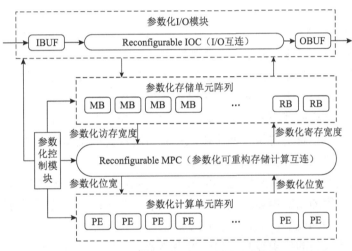

图 5-21　计算、存储和互连模板示意图

5.2.3　领域专用语言

　　领域专用语言(domain specific language, DSL)是一种针对特定领域的问题描述而设计与优化的更高抽象级别的计算机编程语言，它提供一套适合领域特征表达的概念、术语与符号，支持应用开发人员对领域内应用进行更为精确的描述和验证。这种思想使得特定领域专家更关注自己的设计思想及应用原理，同时也有助于领域专家更好地理解他人的设计思路，能够有效提高专业程序员的工作效率。一般来说，领域专用语言的设计与优化需要满足三个原则，即能够完整描述领域、简单易用以及隐藏实现细节等。为了提升领域专用语言的效率，在构建过程中需要着重考虑两个方面：一是必须充分使用领域内应用的共性概念和特征，即能够实现对领域内应用特征的简洁高效表达，从而实现对领域内各类应用的精确描述；二是尽量能够与底层执行计算的逻辑结构相匹配，即基于领域专用语言的程

序描述能够便捷快速部署到相对应的逻辑结构中，从而支撑领域内各类应用在底层逻辑结构上的高效执行。实践已经证明，领域专用语言能够更加专注于问题域的描述，而不拘泥于解决细节，同时能够实现更好的角色分工：领域专家通过领域专用语言的设计将专业知识映射集成到软件系统中，软件开发人员只须关注应用程序的编写，而软件最终使用者则可基于领域专用语言灵活、自主地描述领域问题。

事实上，领域专用语言并不是一个新概念，早在 1966 年，论文 *Communication of ACM* 中就明确提出了领域专用语言的概念。SQL、HTML、CSS(cascading style sheets, 串联样式表)以及正则表达式等都属于领域专用语言。根据表达方式的不同，领域专用语言可以分为文本型和图形型两个类别。在文本型领域专用语言方面，文本描述的语言使用标准字符集中的字符序列构成语句和表达式。Fowler 将领域专用语言分类为内部领域专用语言(Internal DSL)与外部专用语言(External DSL)。其中 Internal DSL 是某种通用目的语言(general purpose language, GPL)，Ghost 提出了多种领域专用语言实现方法。Internal DSL 最常用的方法是基于序列链接的方法，通过调用写好的 Smart API 来实现领域专用语言描述的行为，还可以使用宿主语言来创建和操作抽象语法树以拓展其语法等。External DSL 则遵循通用语言的原则和生命周期，包括解析和执行等两个阶段，具体的模式包括上下文驱动的字符串操作、XML 转为具体资源以及基于解析器组合的 DSL 设计等。

Cook.S 则将文本型 DSL 的设计与实现归纳为三个类型。

(1)从零开始针对领域应用的特征抽象设计一组新的语法对领域内的所有概念进行定义，并为这一组新的语法专门开发一个编译器或解释器，以实现将基于领域专用语言编写的应用程序翻译为目标机器语言或者通用目的语言。新语言的设计遵循和通用语言一样的原则和生命周期，包括解析与执行两个阶段：解析阶段完成文本标记并使用解析器识别有效的输入；执行阶段按照解析的结果执行业务过程。这种方法的优势是经过优化的领域专用语言文法能够更准确地抓住领域应用的特征，精确获得应用领域的词法、语法及语义，从而实现对领域应用的精准描述，但是其劣势也非常明显：一方面需要应用开发人员具备对领域应用非常深刻的理解，其在小型或专用系统中优势更为明显，而在复杂度较高的系统中，对程序设计人员的要求较高；另一方面需要大量的高级编程语言设计知识，且需要完成一个语法分析生成器，难度较高。更重要的是，专门构建的编译器或解释器不易扩展，在很大程度上限制了领域专用语言的优化，对应用生态的建设不利。

(2)将已有的某类通用目的语言视为宿主语言，在宿主语言及其特性的基础上，通过增加或修改某些专用描述符、操作符以及缺省行为等实现对领域内应用进行描述，然后通过解释器将应用程序翻译为目标表示。这种方法的表现形式主要有生成式与嵌入式两种。生成式是在编译时将特定领域的应用结构通过宏、预处理器或某种运行时元对象协议转化并生成代码；嵌入式则是将特定领域的类型嵌入到宿主语言的类型系统。基于这种方法构建的领域专用语言通常易于书写和扩展，对开发者的要求相对较低，能够为开发者节省开发时间，同时也有利于应用生态的建设，但是它会受限于通用目的语言的语法和能力，应用开发的有效性不是很高。

(3)使用可扩展标记语言(XML)实现对特定领域的定义。XML 是一种标记语言，而标记则是能被计算机理解的信息符号。计算机之间通过 XML 可以处理包含各种信息的文章等。这种实现方法的优势在于业界大量的处理 XML 文档的工具和库能够为应用程序提供良好的支撑，包括 XML Editor、XML Spy 等编辑器，基于 DOM(document object model，文档对象模型)的解析器以及基于 SAX(simple API for XML)的解析器等。

在图形型领域专用语言构建过程中，需要根据领域应用的特征创建能够从概念上描绘特定领域应用的模型，然后对其内容进行图形化表示。图形型领域专用语言的设计与实现通常采用特定领域建模结合代码生成技术的方法，而特定领域建模需要特定领域建模语言的支持。在图形型领域专用语言平台设计中必须完成以下四个重要内容的定义。

(1) 符号(notation)：领域专用语言必须具备一组合理的符号元素集合，能够便捷地实现对领域结构进行定义，且易于扩展。

(2) 域模型(domain model)：描述包括域类(domain class)和域关系(domain relationship)等在内的领域概念模型。每个域类代表领域中的一个概念，而每个域关系则代表域类之间的关系。

(3) 生成(generation)：从模型到能够在计算机上运行的代码、数据以及配置文件等工件的生成。

(4) 序列化(serialization)：将对象实例的所有字段进行序列化，包括将对象的状态信息转化为可存储的形式，将数据表示为实例的数据。

5.3　本　章　小　结

本章首先从应用适应性、系统重心变化、计算驱动方式以及计算逻辑使用方法等方面介绍了计算机体系结构发展历程，从应用需求变化、设计理念演进的角度出发总结了计算机系统形态发展趋势，详细介绍了领域专用软硬件协同计算架构的设计理念，最后介绍了共性元素抽象、软件工具链以及领域专用语言等领域专用软硬件协同计算的关键技术。

第6章 大数据计算系统架构模拟仿真

大数据计算系统架构模拟仿真是指利用计算机技术对大数据计算系统的结构、性能、稳定性等方面进行仿真分析和优化。通过对系统架构的仿真，可以预测系统在不同负载、不同硬件配置、不同网络环境下的性能表现，还可以帮助提前发现潜在的问题和瓶颈，从而指导实际系统的设计和优化，为构建高效的新一代大数据计算系统提供有力的决策依据。

6.1 计算机模拟仿真技术简介

随着 IT 的飞速发展，各种新型应用要求处理的数据量和通信量都呈指数级增长，导致计算机系统日益复杂，研制难度不断增加，开发风险不断加大，研制周期越来越长，因此体系结构模拟仿真技术在计算机体系结构研究和系统设计中的作用愈加显著。通过对计算机系统的建模、仿真及评估，科研人员可以验证新型体系结构设计，将该技术导入产品设计则可优化系统方案，降低开发风险并提升开发效率。

模拟仿真工具基于不同的实现方式可以分为硬件模拟器和软件模拟器。硬件模拟器是一种专用的模拟设备，它通过专有硬件完成对特定处理器的模拟。硬件模拟器的优势在于其高准确性和实时性。然而由于需要开发专用硬件，其存在成本高、调试困难和可配置性差等缺点。软件模拟器是通过软件方式对处理器行为进行模拟和仿真的工具，由于完全基于软件实现，没有对专有硬件的依赖，软件模拟器具有使用灵活、成本低和开发周期短等优势。软件模拟器的这些优点也使其相比硬件模拟器获得了更广泛的应用范围。本书剩余部分若不做特殊说明，主要讨论软件模拟器。工业界中以体系结构仿真为核心的处理器创新流程如图 6-1 所示，架构设计人员结合应用需求，基于体系结构仿真工具进行处理器体系结构优化方案的探索和试错，当确定某个优化方案有效后，再基于 RTL 或门级仿真器进行进一步确认。英伟达的业界案例显示，通过这种方式，每年会有 100 个左右的优化方案被提交给公司的技术委员会，经过评审后，约有 20 个被选择加入到下一代处理器产品中。

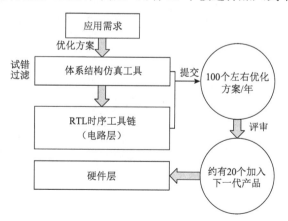

图 6-1 工业界中以体系结构仿真为核心的处理器创新流程

6.1.1　模拟器分类

根据模拟阶段不同,计算机模拟器大致可分为功能模型模拟、体系结构模型模拟和 RTL 模型模拟等，如图 6-2 所示。

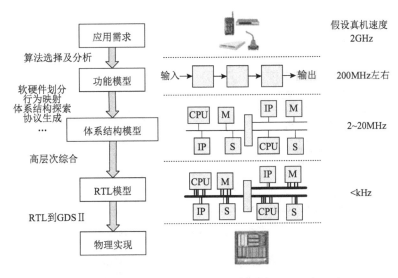

图 6-2　体系结构仿真层次

1. 电路层模拟器

电路层模拟器从 RTL 层或更低的电路硬件设计视角对处理器硬件进行建模,通常使用 Verilog 等电路级描述语言编写，由各种波形信号驱动。由于门级模拟速度慢，在芯片制造过程中，通常会先引入更粗粒度的 RTL 模拟进行时序等信息的验证，再进行门级模拟。

电路层模拟器考虑了电子元器件的详细物理特性，能模拟硬件的电气特性和信号传输行为，具有良好的精确性。但是由于电路层模拟器对电路的物理特性进行详细建模，包含的硬件细节太多；模块之间的交互线路复杂，不易扩展。细粒度的门级模拟会导致电路层模拟器性能受限,典型的门级模拟器的模拟速度为 1～10Hz,RTL 模拟器的模拟速度为 1～10kHz。这样的模拟速度不能运行真实应用，对处理器的行为和性能评估造成了很大的局限性。

2. 体系结构层模拟器

体系结构层模拟器对处理器硬件进行抽象和模拟，模拟 ALU (arithmetic and logic unit, 算术逻辑部件)、Cache、内存、系统总线等部件的功能行为、时序行为以及彼此之间的交互关系，模拟的是指令级的操作和性能行为，通常由高级语言编写。体系结构层模拟器由于抽象层次更高，忽略了门电路的实现细节，其模拟速度通常比传统电路层模拟器快几个数量级。

相对于电路层模拟器，体系结构层模拟器更高效，其模拟速度可达 100kHz～1MHz，如图 6-3 所示。更高的性能使体系结构层模拟器可以基于真实应用对处理器进行评估，从而体现真实应用的运算需求。相对于电路层模拟器，体系结构层模拟器使用高级语言，可读性更好，代码也比电路层模拟器更容易理解和编写。同时，体系结构层模拟器的抽象层次高，模块之间的交互定义明确、易于开发，因此其拥有更好的可扩展性，可以用于研究不同的体系结构设计方案，包括新的设计模型和新器件。

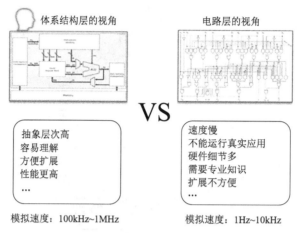

图 6-3 体系结构层模拟器与电路层模拟器

作为一种系统评估手段，体系结构层模拟器运行在宿主机上，通过加载测试程序来验证新的设计方案，发现其中潜在的缺陷，从而改进设计并有效控制风险。体系结构层模拟器通常使用软件方式对部分或全部计算机系统硬件进行建模，对体系结构的指令集架构、处理器、存储系统、网络传输拓扑结构等进行模拟，验证系统的功能和性能。体系结构层模拟器已成为系统研究和设计开发中不可或缺的工具。

体系结构层模拟器通常由功能模拟和时序模拟两部分组成，具体如图 6-4 所示。

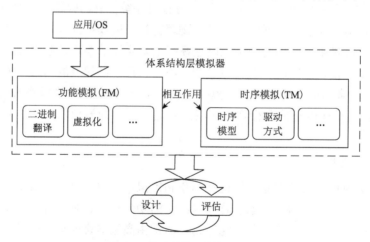

图 6-4 体系结构层模拟器组成

1）功能模拟

功能模拟模块用来实现处理器的功能行为，为操作系统和应用提供与处理器一致的运行环境。在功能模拟模块中，为了适应不同的底层硬件平台，模拟器通常使用动态二进制翻译（dynamic binary translation, DBT）技术将输入的二进制文件翻译为 Host 机器的二进制可执代码。同时，使用虚拟化技术提供各设备、I/O 的功能以支持不同架构程序在模拟环境下正确运行。在应用或操作系统执行的过程中，功能模拟模块需要收集对应的指令流和数据流信息，并将这些信息传递给时序模拟模块，从而驱动时序模拟。

2）时序模拟

时序模拟模块主要模拟处理器硬件的时序行为和性能特征，负责控制和管理各个组件的操作顺序，确保模拟器按照与处理器硬件一致的顺序和时钟周期执行指令和操作。

时序模型是用于模拟硬件各部件时序信息的模型。由于部件的不同特点和不同的模拟精度要求，体系结构层模拟器通常包含多个时序模型，用于模拟不同层面的硬件行为，如流水线、缓存、磁盘与存储等。

时序模拟可以以不同的方式来进行驱动，以时序粒度划分，可以分为周期驱动和指令驱动。周期驱动模拟将时间划分为连续的时钟周期，在每个时钟周期内，模拟器模拟硬件的状态变化，以固定的时钟速率推进模拟，执行需模拟的操作。指令驱动模拟将指令的执行周期作为时序模拟单位，按照指令序列驱动模拟，当执行一条指令后，模拟器会模拟更新指令对处理器时序状态的影响，包括寄存器状态的变化、内存访问等。

3）交互耦合

功能模拟与时序模拟通过不同的耦合方式组成整个体系结构层模拟器。根据交互程度的不同，功能模拟与时序模拟的耦合方式主要分为紧耦合与松耦合两种。在紧耦合的设计中，功能模拟器和时序模拟器通过共享的数据结构和控制逻辑协同工作，时序模拟器在每个时钟周期内与功能模拟器进行协同，获得指令并驱动功能模拟器运行；在松耦合的设计中，功能模拟器和时序模拟器相互独立运行，只有特定事件发生时，如分支预测错误或共享资源访问顺序错误等，两者才通过固定的同步和回滚机制来实现协同。

在两种耦合方式中，紧耦合方式与处理器实际执行方式更一致，易于理解。相比于紧耦合方式，松耦合方式的可扩展性和性能更优。

3. 功能模拟器

功能模拟器只实现架构，并专注于实现建模架构的相同功能。以处理器为例，功能模拟器只验证系统逻辑正确与否，如验证指令集架构是否正确，所有指令都在一个模拟周期内完成，不考虑系统时序关系。

功能模拟器通常比其他类型的模拟器更快，但是当程序在模拟器上运行时，它们不能跟踪详细的微体系结构参数，因为它们没有实现微体系结构。在开发新的指令集时，功能模拟器可以用于测试目的。此外，功能模拟器可以帮助识别程序执行的架构特征，如程序中不同类型指令的总数、内存访问位置等。图 6-5 显示了功能模拟器的组成。

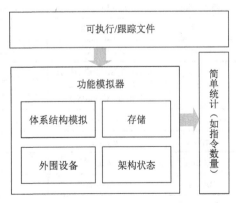

图 6-5　功能模拟器的组成

SimpleScalar 模拟器已被广泛用于教学和研究。它是一个全面的工具集，有各种仿真模型，其中 sim-safe 是功能仿真模型的一个例子。这是一个最小的 SimpleScalar 模拟器，只模拟 ISA(instruction set architecture, 指令集架构)。sim-safe 的速度优化版本被命名为 sim-fast。Simics 是另一个功能模拟器，它具有向前或向后执行程序的独特能力。SimCore 是 Alpha 处理器的功能模拟器。据称它比 SimpleScalar 工具集的 sim-fast 快 19%。EduMIPS64 是一个用 Java 编写的可视化功能模拟器，设计用于教授计算机体系结构课程的课堂。HASE 是一个用于计算机体系结构的高级模拟和可视化的工具，它是在 20 世纪 90 年代使用面向对象的模拟语言开发的，HASE 项目提供了许多针对计算机体系结构相关教学概念的计算机体系结构模型。Barra 是 GPGPU(general purpose graphic processing unit, 通用图形处理单元)的功能模拟器。它支持 CUDA(compute unified device architecture, 计算统一设备体系结构)应用程序的模拟。功能模拟器的另一个例子是 gem5 的"AtomicSimple"CPU 模型。创建功能模拟器的一种替代方法是用一段代码来检测程序的二进制文件，这段代码负责程序在真实硬件上执行时收集所需的信息。这种工具称为动态二进制仪器工具，如引脚工具。有许多模拟器(如 CMP\$im、Sniper)也依赖仪器工具来执行功能模拟。

6.1.2　现有模拟器概述

表 6-1 总结了现有的计算机体系结构/微体系结构层模拟器；除了 Simics，所有模拟器都是开源的。

表 6-1　常见模拟器概述

名称	支持的主机架构/系统	支持的目标架构	特征	流水线模型	多核支持
Asim	x86	Alhpa、x86	模块化、时序	乱序	是
Augmint	x86/UNIX、Windows	x86	执行驱动、踪迹追踪	/	是
CMP\$im	x86	x86	并行缓存、松耦合	/	是
COTSon	x86	x86	全系统模拟、功能模拟	/	是
Dinero Ⅳ	x86/Linux、Alpha/Linux、x86/Solaris、Alpha/OSF、SPARC/Solaris	输入追踪文件	踪迹追踪	/	否
DRAMsim	x86/Linux	输入追踪文件	踪迹追踪		否
ESESC	x86/Linux、ARM	ARM	时序	乱序、顺序	是
Flexus	x86/Linux	SPARC、x86	全系统、时序、执行驱动	乱序、顺序	是
gem5	x86、ARM、SPARC、Alpha、PPC/Linxu、MacOSx、Solaris、OpenBSD	x86、ARM、MIPS、Alpha、SPARC、PPC	全系统、模块化、时序	乱序、顺序	是
GPGPUSim	Linux	PTX、SASS、PTXPlus	/	乱序、顺序	是
Graphite	x86/Linux	x86	时序	乱序、顺序	是
HASE	x86/Linux、MAC、Windows	MIPS	时序	乱序、顺序	是
HAsim	FPGA	MIPS	时序	乱序	是
LiveSim	x86	MIPS64	时序	乱序	否
MARSS-x86	x86-64/Linux	x86-64	全系统、时序	乱序、顺序	是

续表

名称	支持的主机架构/系统	支持的目标架构	特征	流水线模型	多核支持
Multi2Sim	x86/Linux	MIPS32、x86、ARM、AMD Evergreen、NVIDIA Fermi	模块化、时序	乱序	是
PTLsim	x86/Linux	x86	全系统、时序	乱序	是
Rsim	Solaris	SPARC	执行驱动、时序	乱序	是
SESC	Linux	MIPS	时序、执行驱动	乱序	是
Shade	SPARC	SPARC	/	/	否
SIMCA	SPARC/Solaris	Alpha、x86	执行驱动、时序	乱序	是
SimCore	x86、Alpha/Linux、Solaris、MIPS IRIX	Alpha	功能模拟	/	是
Simics	Alpha、PPC、SPRAC、x86/Linux、Windows	Alpha、ARM、MIPS、PPC、SPARC、x86、Linux、Solars、Windows	全系统、功能模拟	/	是
SimOS	x86/Linux、MIPS IRIX	SGI、IRIX MIPS	全系统、时序	乱序	是
SimpleScalar	Linux、Win2000、SPARC/x86、Solaris	Alpha、Pisa、ARM、x86	执行驱动、时序	乱序	否
Sniper	x86/Linux	x86、RISC-V	时序	乱序、顺序	是
ZSim	x86/Linux	x86-64	时序	乱序、顺序	是

以下是几种常见 x86 模拟器的简介。

gem5 是一个事件驱动的全系统仿真工具,广泛应用于学术界和工业界。虽然 gem5 是一个事件驱动的模拟器,但它可以逐周期跟踪事件,这使得它的准确性可与周期级模拟器相媲美。它支持多种指令集架构:ARM、x86、MIPS、SPARC、Alpha、Power 和 RISC-V。gem5 中主要有四种 CPU 模型:atomicsimple、timingsimple、minor(按序执行)和 O3(乱序执行)。前两种模型(atomicsimple 和 timingsimple)是单周期处理器模型,没有任何流水线结构。atomicsimple 对内存访问的时序进行建模,但 timingsimple 不进行此类建模。minor 和 O3 是 execute-in-execute 的流水线模型。这些模型允许配置多个流水线阶段及其宽度、功能单元和其他流水线结构。O3 模型支持同时多线程处理。最近,gem5 中还引入了基于内核的虚拟机 CPU(KVM-CPU)模型,该模型允许在全系统模拟中的代码在真实硬件上运行,从而显著提高了模拟速度,如图 6-6 所示。这种 CPU 可用于快速跳过模拟代码中不重要的部分。

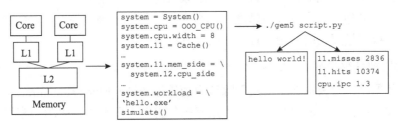

图 6-6 gem5 用于计算机体系结构研究的示例

　　MARSS-x86 是一个 x86 全系统模拟器，它的模型是基于周期级别的。MARSS-x86 的详细流水线模型基于 PTLsim。此外，为了获得更好的性能和灵活性，其中还加入了各种优化。MARSS-x86 使用基于快速仿真器(quick emulator, QEMU)的全系统仿真环境来执行未修改操作系统的全系统模拟。它支持乱序和按序(I/O)流水线模型。MARSS-x86 允许模拟异构配置。它还支持实时输入输出设备的模拟。

　　Multi2Sim 是一个主要针对 GPU 的模拟器，模拟 CPU+GPU 架构。它支持许多指令集架构，如 x86、MIPS、ARM 和 AMD Evergreen ISA。Multi2Sim 主要由三个不同的模拟块组成：功能模拟引擎、详细模拟器和事件驱动模块(event-driven module)。详细模拟器和事件驱动模块一起执行时序模拟。它支持带有乱序流水线的多核或单核处理器核心。它不模拟 I/O 流水线，内存和互联网络可以灵活配置。Multi2Sim 遵循 SimpleScalar 的设计哲学，用于其某些模块。此外，它是一个像 GEMS 一样的时序优先模拟器。Multi2Sim 不支持整个操作系统的模拟，但它可以使用动态线程来模拟并行程序。

　　PTLsim 是一个周期级模拟器，能够使用 Xen 虚拟机管理程序模拟完整的操作系统。它利用了前面已经讨论过的协同模拟或直接执行技术。它能够模拟超标量乱序核心，没有对 I/O 流水线进行详细建模。PTLsim 的默认内核模型(乱序超标量)基于不同真实系统的特性，如 Intel 的 P4 和 Core 2 处理器以及 AMD 的 K8 处理器。

　　Sniper 是一个快速并行模拟器，它使用区间模拟方法，支持乱序和输入输出流水线模拟。最初，Sniper 仅支持 x86 架构，然而，最近该模拟器增加了对 RISC-V 指令集架构的支持。

　　ZSim 最初是为模型 ZCache 而开发的，现在已经发展成为一个更加强大的模拟器。它更多地专注于模拟内存层次结构和多核异构(单指令集架构)系统。它支持模拟乱序和输入输出(I/O)流水线，并使用动态二进制翻译技术来提高模拟速度。

6.2　计算机体系结构模拟仿真的关键问题及解决技术

6.2.1　模拟精度低

　　模拟精度主要受系统建模精确程度、输入参数拟合程度和指令执行时序的精确程度这三方面因素影响。模型要精确地匹配真实系统设计，需开发者准确地理解建模任务，并正确地开发出相应模型，针对系统具体行为设计输入参数集。为了实现模型的简洁和快速执行，开发者往往将一些细节特征抽象化，导致系统时序出现偏差，降低模拟精度。在实际应用中，还存在其他因素影响模拟精度，如缓存控制指令的精确性、I/O 系统模拟的准确性等。为解决模拟精度低的问题，目前业内已有以下技术。

　　1. 踪迹驱动模拟技术

　　早期的体系结构层模拟器主要采用踪迹驱动模拟(trace-driven simulation)，该技术通过将指令在真实系统上执行所产生的信息收集起来作为模拟器输入，来驱动模拟器运行，分析体系结构的性能。

　　跟踪文件被用作踪迹驱动模拟器的输入。这些跟踪文件是预先录制的指令流，由基准测试使用一些固定输入执行。当基准测试在真实机器上执行时，包括指令操作码、数据地址、分支目标地址等在内的统计数据被记录在跟踪文件中。踪迹驱动模型使得模拟器的实现变得简单。跟踪驱动模拟器可以很容易地调试，因为实验结果可以再现。跟踪文件可能很大，这限制了每个跟踪文件中的指令总数和/或一次使用的跟踪文件的数量，并可能导致较长的模拟时间。不同的跟踪采样和跟踪减少技术用于解决跟踪文件大的问题。除此之外，这些模拟器通常不模拟错误代码的执行，这会影响分支预测器等结构的模拟结果。为了解决分支预测错误的问题，可使用如错误预测路径重建之类的技术。

这种技术的优点在于可仅对系统的局部进行细致模拟而无须关注系统的其他部分，从而降低了开发复杂度并提升了执行速度。其缺点是踪迹本身过滤了系统的动态信息，如分支预测错误等，因而无法观察系统的动态特征，并且踪迹一般是基于特定参数的固定序列，因此无法代表不同参数对应的多种执行情况，另外，因为跟踪驱动模型不包括多线程应用程序行为的运行时变化，所以对多线程应用的模拟十分困难。

常见的踪迹驱动模拟器有 Shade、SimpleScalar、Cheetah、MASE、DiskSim 和 Dinero 等。Shade 支持 SPARC 和 MIPS 系统，也可用于生成跟踪文件。Cheetah 则可以模拟不同的缓存配置。数学建模分析方法通过建立数学模型来描述目标系统特征，由于不能精确地获得性能数据，因此这种方法的误差较大。

2. 执行驱动模拟技术

执行驱动模拟不使用跟踪文件，而使用目标程序的二进制代码作为输入来驱动模拟过程，可以运行完整的操作系统和应用程序，并且可以建立目标系统的功能和性能模型，通过应用程序的执行获取性能数据，从而获得较高的模拟精度。当宿主机与目标机的指令集架构相同时，模拟器的部分指令可以直接在宿主机硬件上执行，达到加速的目的。

在模拟过程中，模拟器模拟指令的动态执行(如分支预测等)过程，从而在不需要目标系统硬件的情况下获得更接近真实目标系统运行的结果，并能够精确地模拟不同部件对系统性能的影响。相对于踪迹驱动模拟等技术，执行驱动模拟减小了存储空间的开销，模拟器的输入数据量只与程序的静态指令数成正比，动态指令则在模拟过程中由模拟器生成，一定程度上会影响执行速度。采用执行驱动模拟技术的模拟器可以运行完整的操作系统和应用程序，是实现全系统模拟的一种常用方法。

执行驱动模拟技术目前已经成为体系结构模拟的主流技术,典型的应用包括SimpleScalar、SimOS、Proteus、SESC、ESESC 和离散事件驱动模拟器 Rsim 等。

此外，目前有一种直接/本机执行（direct/native execution）技术，也称为协同模拟，可以让用户只模拟应用程序中的特定代码部分，而不是整个基准测试，并直接在主机上执行应用程序的其余部分。这种技术可以加快模拟的速度，但要求目标系统和主机系统应该具有相同的指令集架构(ISA)。使用此技术的仿真模拟器有 PTLsim、Tang、Proteus 和 FAST 等。

6.2.2 模拟速度慢

模拟速度是衡量模拟器性能的重要指标。精确的性能模拟是非常耗时的过程，特别是随着系统中处理器核心数的迅猛增长，模拟大规模计算机系统所需要的时间会变得难以接受。以 200KIPS 的模拟执行速度模拟单核系统的 1s 运行需要数小时，而模拟千核系统的 1s 运行需要耗时一年以上，这显然不能满足现代体系结构的研究与设计需求。模拟加速一直以来都是模拟技术研究领域重点关注的问题。目前已有许多技术用来加快模拟速度，具体如下。

1. 动态二进制翻译

动态二进制翻译将目标指令集上可执行的二进制代码翻译到宿主机指令集执行，如图 6-7 所示。二进制翻译最初采用解释执行的方式，它对源处理器代码中的每条指令实时解释执行，系统不保存解释后的代码，翻译一条指令便执行一条指令。解释器相对容易开发，但对代码执行不做任何优化，执行效率低。静态翻译技术解决了这一问题，它在源处理器代码执行之前对其进行翻译，有足够的时间对翻译后的代码做完整细致的优化，并且一次翻译的结果可以多次使用，避免了多次解释操作带来的时间开销。但是静态翻译无法很好地解决代码自修改、间接过程调用、间接跳转等问题。

图 6-7　动态二进制翻译技术流程

动态翻译是一种实时编译技术，即在程序运行过程中对执行到的片段进行翻译，解决了静态翻译存在的问题。程序运行时，DBT 翻译器在其本地地址空间开始执行指令，逐行解码，遇到系统调用指令时采用翻译器自身的调用函数进行替换，在调用点接替操作系统内核的职能。当程序中有频繁重复的指令片段时，DBT 将直接执行已经翻译好的相应代码，从而省去了重新编译的过程。高速缓存(Cache)中放置翻译后程序片段的位置称为翻译缓存，当该缓存填满时，DBT 采用两种方法进行处理：清空翻译缓存区域，重新加载，或者增加缓存区域的大小。如果程序的一个运行指令集超出翻译缓存空间，则第一种方法将会失效，而第二种方法会降低 Cache 的利用率，因为大多情况下需要一次翻译的片段长度有限，具体根据需求进行选择。动态二进制翻译可以解决代码自修改问题，利用执行时的动态信息去发掘优化机会，对用户能做到完全透明。将 DBT 应用于体系结构层模拟器，编译器可以选择只翻译频繁执行的程序和用户需要详细模拟的程序，这样既能提高 Cache 利用率，也能让编译器更好地优化目标代码，有效提高模拟速度。

2. 采样模拟

采样模拟通过减少模拟运行的指令数来达到模拟加速的目的，是加速模拟最常用的技术之一。在采样模拟中，只模拟少量指令样本，用样本代表整个基准测试，具体分为随机采样、周期采样和统计采样。随机采样是指随机选择一些程序片段进行模拟运行，将模拟结果以某种方式合并起来，用于代表整个测试程序的运行结果。随机采样的片段长度一般是固定值，采样片段之间的距离则是随机的，可以通过反复重新采样后求模拟结果的平均值，使其尽可能接近整个程序的运行结果。周期采样是在程序中周期性地选择片段进行模拟运行，用户可以灵活地设置周期长短和间隔大小。统计采样是基于统计学的方法推测出测试程序的特征，通过测量变化差异使采样片段能够反映出程序的变化，从而确保采样集是代表整个程序的最小采样集。

采样模拟技术的关键在于程序片段的选取。随机采样不确定性较大，模拟结果与整个程序的运行结果之间存在偏差，反复采样取平均的方法可以提升准确度，但验证过程耗时。周期采样同样难以选择合适的采样频率和片段长度以使取得的采样集是最小集合。统计采样需要通过合适的方法找到最佳采样集。

采用该类技术的模拟器有 SimPoint、Smarts、基于周期片段的模拟区域选择的 LoopPoint、LiveSim 和 Flexus 等。其中 Smarts 模拟器就是采用基于统计的采样方法，采样片段是周期性采样得到的，长度基本固定，但允许有轻微的变化以对齐时钟周期边界。为保证片段执行时宿主机的 Cache 以及分支预测器等处于正确的状态，Smarts 在详细执行片段程序之前先粗略地模拟片段之间的代码以完成 Cache 及分支预测器等部件的初始化。模拟过程分为功能模拟和详细模拟阶段，功能模拟阶段执行间隔代码，在这个阶段模拟器忽略许多内部状态的记录，程序快速向前推进，为下一阶段的详细模拟建立正确的部件状态；详细模拟阶段则精确执行程序片段。FFX + WUY + Run$Z$ 也是一种基于统计的采样方法，快速向前 X，（fast-forward X, FFX）是指测试程序运行开始后快速执行 X 百万条指令，粗略模拟；WUY 指详细模拟之后执行的 Y 百万条指令，以便建立起符合详细模拟情况的运行环境，但该阶段的模拟结果并不作为整个模拟结果的一部分；接下来的 Z 百万条指令才是模拟器真正详细执行的程序片段。该方法可极大地减少模拟运行时间，但 Z 百万条指令的执行结果往往不能代表整个程序的运行结果，从而导致模拟误差。

采样模拟技术存在两个挑战。第一个挑战是准确地为采样点提供其架构状态的起始图像，功能模拟器需要该起始图像以实现正确的输出。为了实现高精度，采样模拟还需要微体系结构状态的精确起始图像，其中包含分支预测器、缓存等的状态。第二个挑战是无法与多线程应用程序一起工作，因为 SimPoint 和 Smarts 等工具不支持多线程工作负载。

3. 节点同构

节点同构是选用与目标系统指令集架构相同的宿主机来运行模拟器。应用程序的部分代码先被翻译成宿主机指令，模拟器执行时会在适当的位置直接调用翻译后的宿主机指令，和宿主机交替执行应用程序。由于目标系统的节点与宿主机结构相同，指令的执行时间也一致，模拟器内部的组件和指令系统可以使用真实的硬件运行，因而避免了建模带来的误差，有效提高了模拟精度。

SimHPC 模拟器使用了节点同构技术，可以准确地模拟大规模并行系统。模拟器使用多个与目标系统节点同构的宿主机构建，通过应用进程的分配和映射，在宿主机上模拟应用程序在大规模目标机上的运行，多个宿主机之间通过网络互连。为了准确地模拟应用程序在目标系统中的运行，SimHPC 定义了以下三个时间：进程在宿主机处理器上实际执行的时间、I/O 操作的阻塞等待时间以及进程的就绪等待时间。由于节点同构，进程在宿主机处理器上实际执行的时间与目标机一致，模拟器只需捕获应用进程在执行过程中的调度时间。I/O 操作的阻塞等待时间包括互联网络等待时间和存储系统等待时间。模拟器建立了交换机、节点、路径及网络延时模型。模拟器采用功能模拟和数学建模相结合的方法来构建存储系统模型，通过对文件预取和缓存管理进行功能模拟，区分出缓存命中和不命中两类处理流程完全不同且性能差异较大的文件访问请求，对需要访问磁盘阵列的请求，结合数学建模和目标设备平均访问时间等参数来计算访问延时。对于进程的就绪等待时间，模拟器使用应用进程时间线来记录和描述应用进程的动态执行踪迹，时间线包含改变进程状态的各种事件及其发生时刻的信息，参照不同进程的时间线可以计算出进程间因相互通信和同步而产生的等待时间。模拟器对事件采取分布式捕获、集中式处理的方式，设置专门的模拟控制和事件处理节点运行除内核模块之外的事件分析处理、互联网络和存储系统模拟。

节点同构技术不仅能够加快模拟速度，还可提高模拟精度，Simics、VMware 也采用了该技术。采用节点同构技术的模拟器的不足之处在于要求宿主机与目标机的指令集架构相同，可移植性差，而且模拟器与宿主机频繁交替执行会带来较大的切换开销。

4. 并行模拟

并行模拟技术能充分利用现有并行系统的资源，高效快速地模拟大规模计算机系统。如果在采样模拟中使用检查点，则可以应用并行性来同时模拟多个采样点，这称为并行采样模拟。使用并行系统宿主机来运行模拟器是并行模拟技术发展的方向。并行模拟器将目标系统不同逻辑单元的模拟分派到各个节点执行，各逻辑单元之间需要构建同步机制，包括分布式同步和集中式同步。

并行离散事件模拟(parallel discrete event simulation, PDES)同步算法也是一种常用的分布式同步方法，它的核心思想是如果系统中任何一个局部是同步的，那么整个系统则是同步的。PDES 又分为保守同步和乐观同步两种机制，保守同步要求所有模拟单元必须按序收发消息，对于可能引起乱序的消息推迟处理，采用该机制的模拟器有 HorNet 等；乐观同步允许模拟单元乱序处理消息，通过回滚机制来处理出现的逆序问题，代表性的模拟器有 SlackSim 等。

除了分布式同步方法外，并行模拟器还常使用集中式同步的方法进行同步，即使用统一的模块来管理系统时钟，其他模块根据局部时钟和系统时钟的关系决定下一步可以推进的时钟数。集中式同步方法下，系统的所有线程、进程模块更新局部时钟后都需要与系统时钟同步，延迟较大。

使用并行模拟技术的加速器有 BGLsim、Graphite、基于 FPGA 加速的 RAMP gold 及 HAsim、BigSim、Sniper、Barra 和 ZSim 等。

其中 BGLsim 是 IBM 公司为模拟 BlueGene/L 开发的全系统模拟器，可以模拟大规模多节点计算机系统，能运行完整的操作系统。该模拟器集成了处理器、浮点运算单元、存储系统、中断控制、互联网络等多个组件模型，可用于编译器、操作系统、数据库、设备驱动等多种应用的模拟。但是，BGLsim 的不同部件之间没有同步机制，完全依靠运行在并行系统宿主机上的应用程序来保证其运行的正确性。Graphite 是一种分布式并行多处理器模拟器，专为百核、千核计算机系统设计，它将多线程分布在多个处理器上运行以达到加速的目的。Graphite 采用宽松同步的分布式同步方法，每个目标节点独立地维持自己的本地时钟，仅当有同步事件、用户级消息、线程创建和事件终止发生时进行不同节点之间的同步。宽松同步方法也存在一些不足，比如，其使得 Graphite 模拟器在建立网络互连、

DRAM(dynamic random access memory, 动态随机存储器)队列延迟等系统级行为模型时遇到很大困难。

尽管并行模拟可以显著提高模拟速度，但也存在通信开销高、同步机制复杂、资源需求大的问题。同时，使用并行模拟获得的加速比受限于模拟器可用的并行性，以及所模拟的应用对并行后模块的相关性使用。

5. 混合模拟

混合模拟技术是近年研究的热点，为了加快模拟速度，模拟器的某些部分可以在硬件加速器上实现，如现场可编程门阵列(FPGA)，与软件模拟器相比，混合模拟器可以利用 FPGA 上可用的并行性来实现更高的模拟速度。

由于硬件运行的速度远高于软件，故混合模拟器的速度可比软件模拟器高出 100～10000 倍。然而，与软件模拟器相比，基于 FPGA 的混合模拟器的开发时间可能很长并且也不像软件模拟器那样可参数化。

混合模拟器由软、硬部件组成，部件间的接口交互、同步是混合模拟技术开发的难点。LI-BDNs 是一种优化混合模拟器单元的方法，以减少软硬部件间的接口交互开销，从而提升执行效率。由于 FPGA 常用来构建内容寻址存储器(content addressable memory, CAM)、多端口队列等模型，而这些模型单元运行速度不等，LI-BDNs 需使用 FIFO 对不同运行速度的单元进行同步，模拟时间则通过进出队列操作计算得出。

目前使用混合模拟技术的模拟器有 HAsim、FAST 和 Fabscalar 等。HAsim 是一个时序导向的执行驱动模拟器，它在 FPGA 上实现功能和时序模型。FAST 的功能模拟器是用软件实现的，而它的时序模拟器是基于硬件的模拟器，运行在 FPGA 硬件上。软件部分提供指令集模拟支持，FPGA 模拟部分微结构，如分支预测单元、Cache 单元等，功能模拟和时序模拟之间的同步和交互用公共缓存实现，软件模拟生成的踪迹数据输入到公共缓存以驱动 FPGA 时序模拟。Fabscalar 是一个 x86 模拟器，用 HDL/C++编写，允许用户使用可合成的参数化寄存器传输级(register transfer level, RTL)来模拟使用 FPGA 的 x86 设计。

6.2.3　可用性问题

对于体系结构模拟技术，可用性包括两个方面：一方面，模拟器应能适应各种系统应用场景，如单核单任务、单核多任务与多核多任务；另一方面，加载到模拟器的测试程序可支持多个平台和多种编译器。

1. 用户级虚拟化技术

随着计算机系统处理器核数的迅猛增长，千核系统成为现实，给模拟器技术带来了巨大挑战。由于千核系统规模庞大，能加载的测试程序类型有限，无法全面地评估千核系统特性，进而影响了千核系统的研究开发。为解决该问题，需要新的技术使模拟器能够加载更广泛的测试程序。

ZSim 是一个用于 x86-64 架构的并行应用级时序模拟器，使用轻量用户级虚拟化技术，实现了千核系统测试程序的灵活加载。用户级虚拟化技术使用动态二进制翻译给用户进程提供虚拟系统视图来支持多程序并发执行，并支持运行管理及客户端/服务器类型负载。常规的用户级模拟器通常不能模拟此类程序。

为实现千核系统的模拟，ZSim 利用了宿主机上的多个处理器，突破了传统模拟器仅能在单处理器上运行的局限。为适应多处理器并行架构，ZSim 每个进程利用共享内存段作为一个全局堆，所有的仿真状态都存储在全局堆中。通过调整共享堆和库代码段的映射地址，可以实现跨进程无缝信息传递。尽管线程来自不同的处理器，ZSim 也可被视为一个简单的多线程应用，并可使用轮换调度算法来创建任意数量的线程。为避免模拟器操作系统出现死锁现象，ZSim 舍弃传统模拟器使用的修改测试程序的办法，通过识别出阻塞的系统调用的子集，调整内部同步点，使得线程加入和退出。为摆脱程序运行依赖精确的时间，模拟器虚拟化了 Rdtsc（读时间戳计数器）指令，只有少数内核接口、睡眠处理和超时处理调用返回时间信息，使得宿主机与模拟器的时间相互独立。通过引入上述技术，ZSim 实现了多种类型测试程序的加载运行，如客户端/服务器类程序，并可模拟完整的千核系统。

2. 优化测试程序

优化测试程序是通过精简基准测试程序集，使模拟测试更具有针对性，以提高模拟的效率。对于基准测试程序集，其初衷是将一些基准测试程序集中化、规范化，以有效评测系统在各种应用场景下的性能。该程序集可以弥补基准测试程序个体的不足，但也存在以下几个问题：

(1) 缺少可信度，基准程序的运行往往与实际程序运行存在差异。

(2) 每个程序有不同的运行条件，用户为改善测试程序的性能常使用专用标记，但这些标记又容易引起许多程序的不合法转换或降低其他程序的性能。

(3) 完整程序集的运行时间长。

由于研究侧重点不同，研究者往往采用精简代码的方式来获得更好的系统性能测试结果。以 SPEC CPU2000 为例，它是标准性能评估机构（Standard Performance Evaluation Corporation, SPEC）中面向处理器的基准测试程序集，被处理器研发人员广泛使用，其包含多组性能测试程序，能测试多处理器计算机系统的整数运算性能和浮点数运算性能。其中，整数运算基准程序以 C 语言开发为主，浮点运算基准程序主要用 Fortran 语言开发，用于各种 CPU 的性能评价。为了优化基准测试程序，众多处理器研究者致力于研究如何精简代码，使得模拟评估处理器的过程更为高效，所做的工作包括减少代码运行、减少输入的数据等。

一些研究通过分析测试程序的基础模块分布，试图运行一些程序片段去代替整个程序的运行。研究者认为不同的基础模块能唯一标识不同的指令执行阶段，基础模块的周期运行反映了计算机系统各个构件的周期运行，如分支命中率、缓存命中率、预测值、预测地址、重排序缓存占用等。由于基本块的频度信息可以使用工具快速收集，因此该方法提供了一种寻找程序模拟点及周期性特征的实用方法。Klein Osowski 等在 SPEC CPU2000 的基础上开发了 MinneSPEC 测试程序，该程序精简了模拟输入的参数集，但保留原数据集内部函数的运行权重分布，包括初始化、主要计算功能和复位功能等，极大地减少了模拟运行时间。但是，MinneSPEC 测试程序所模拟出的结果与原测试指令集有较大差异，取得的优化效果有限。还有研究者通过选择执行部分程序来代表完整的程序执行，使用统计驱动算法生成模拟点集合，并使用检验算法去选定代码执行初期的模拟点。该方法的难点在于如何给出一个指标以选择合适的模拟点，该指标基于程序基本块的分布，通过研究它们的块矢量差分布情况来决定运行的代码。

6.2.4　易用性问题

模拟器工具通常包含众多组件，并可根据需要灵活配置，易于学习和使用是衡量一个模拟器优劣的重要指标。模拟器应尽可能多地支持各种规模、不同指令集架构的目标系统，这样用户可以方便地在模拟器架构内开发验证自己的部件或全系统模型。

1. 模块化设计

模块化设计指模拟器为系统结构的各个部件建立独立的模块，模块内部可灵活实现，外部通过预定义接口与其他模块通信。采用该方式的模拟器由标准部件组合而成，用户可根据需求改变组件内部结构，实现同一部件不同详尽程度的模拟而不影响其对外接口及功能。基于该方法，模拟器可构建模块库，将多种处理器、存储系统、网络互连等模型作为库中的基本单元提供给用户使用。模块化设计已广泛使用，典型的模拟器有 Asim、M5 等。

Asim 模拟器使用面向对象技术将计算机系统各个部件如 Cache、I/O 设备等抽象为软件模块，并且模块具有不同层次的抽象模型供用户选择。Asim 模拟器具有标准端口互连、设计方案管理和驱动信息输入三个特征。各部件模块间通过标准端口交互，同类型对象可灵活替换，从而提高了代码的可移植性和可扩展性。由于各部件具有多种选择方案，而部件间又相互依赖，Asim 使用模块信息文件(AWB)来管理这些部件及其相互依赖关系。构建模拟器时，AWB 文件会被自动调用以分析各模块间的依赖关系。驱动信息输入由特殊模块 feeder 实现，Asim 提供了三种类型的 feeder 指令输入模块，包括静态指令跟踪、动态指令跟踪和 Aint。Aintshader 从程序二进制代码提供指令，性能模型使用时序模型与预测器指导 Aint 读取及执行指令。总而言之，Asim 提供了一个丰富的模型库，用户可以在其上方便地定制目标系统，如向量处理器、多线程多处理器、容错处理器系统，从而降低计算机开发的难度并节约成本。另外，Amber 是一种新的 SSD 仿真框架，它支持对 DRAM 和各种闪存技术进行建模。gem5 模拟器也允许用户使用 Python 脚本来配置、运行和扩展 gem5 模拟。同时，gem5 提供对外 SystemC 接口，允许用户编写代码来扩展模拟器的功能。但是，gem5 的高可配置性也带来了参数设置的复杂性和额外的性能开销。

2. 高度集成

模拟器需要高度集成，能够同时支持多种指令集、处理器及外设接口模型等，方便使用者选用不同的部件模型来创建、验证目标系统设计方案，提升设计效率。

gem5 是由学术界和企业界共同推出的体系结构层模拟器，可高度灵活配置，集成多种指令集架构和 CPU 模型。该模拟器结合了 M5 和 GEMS 的精华部分，能够支持多种商用 ISA，包括 x86、ARM、Alpha、MIPS、Power、SPARC 等，并且能够在 x86、ARM、Alpha 目标机器上加载操作系统，同时支持多种 Cache 一致性协议和互连模型，可以对存储层次进行详细而灵活的模拟。gem5 采用基于 BSD(Berkeley software distribution, 伯克利软件套件)的 License 管理,方便用户使用,并且其是开源社区项目,开发者可以共同完善、改进它的功能和性能。gem5 具有如下 4 个特征:面向对象、Python 集成、DSL、标准化接口。该模拟器采用 C++和 Python 语言编写,部件模型作为 SimObject 类,每个类又由 C++和 Python 两个子类表示。不同的 SimObject 类由 Python 进行集成,包括初始化、配置和模拟过程控制。DSL 机制提供了硬件模块定制功能,定制分为两种:一种为定制 ISA;另一种为定制 Cache 一致性协议。标准化接口主要包括端口和消息缓冲区接口。gem5 中的端口用来连接模拟对象,如处理器、Cache、总线或互联网络等。端口支持 3 种访问数据机制,即 Timing、Atomic 和 Functional。Timing 机制用于对访存时序的详细建模,Atomic 机制用于获取消息,当发生原子调用时,操作的状态立即同步地发生改变,Functional 机制则用于对模拟器状态进行更新。

3. 异构模拟技术

由于 GPU 的浮点运算性能已经大幅超越通用处理器,CPU + GPU 组成的异构系统在高性能计算领域得到广泛使用。异构模拟技术要求模拟器能够同时仿真不同指令集系统并完成交互,而多数模拟器不具备该功能。众多研究工作试图对一些同构系统模拟器加以改进,使其能够模拟异构系统。

SystemC 集成了不同指令集的 SimpleScalar 模拟器,实现了异构多核建模。在该模型中,不同指令集的 CPU 之间使用共享存储区进行通信,由于每个处理器均拥有独立的本地内存地址空间,所以避开了 Cache 一致性问题。顶层的控制单元采用 SystemC 进行结构化建模,允许各个处理器运行于不同的时钟频率,由于 SystemC 是一种系统级硬件描述语言,故可以提供时钟精准的系统仿真功能。由于应用程序各部分需要针对不同指令集编译,它们的内存空间无法实现共享,故模拟器采用操作系统级内存共享技术来实现运行在不同处理器上的应用程序各部分间通信,以实现时钟和指令级同步。

4. 松耦合设计架构

松耦合设计架构主要将功能模拟模块和时序模拟模块之间的交互关系变成松耦合形式。正常执行过程中,功能模拟模块单方向往时序模拟模块传递正确执行路径的指令。只有在时序模拟模块发现分支预测错误或共享资源访问顺序错误等问题时,时序模拟模块才与功能模拟模块进行同步,并要求功能模拟模块按时序模拟模块提供的信息进行回滚。由于这种方式相比于紧耦合方式可以降低功能模拟和时序模拟的耦合度并减少信息传递量,因此,在获得性能提升的同时,也可以极大地减少集成新的功能模拟模块或新的时序模拟模块的开发工作量。比较有代表性的松耦合设计架构模拟器有使用定时反馈机制的 COTSon 和多核架构下的 Transformer。

6.3 多节点网络的系统级设计和仿真

在大数据时代背景下,为了有效应对日益增长的数据处理需求,大数据计算系统普遍采取了多节点架构,其计算节点遍布于集群、云环境以及分布式计算平台,旨在通过分布式处理能力,实现对大规模数据集的高效处理与深入分析。本节将深入探讨多节点网络在系统级设计和仿真方面的挑战与进展,并展望计算机体系结构模拟仿真的未来发展趋势。同时,本节将详细介绍几种大规模计算系统仿真器,包括 CloudSim、SST/macro、FireSim 和 VACED-SIM。这些仿真器在不同的应用场景中发挥着重要作用,它们各自具有独特的特点和优势。通过对这些仿真器的深入分析,可以更好地理解多节点网络的系统级设计和仿真技术的现状与未来发展方向。

6.3.1　计算机体系结构模拟仿真的未来发展趋势

模拟仿真工具是用于模拟处理器功能行为和性能(时序、功耗和面积等)行为的工具。仿真器在模拟和评估大数据计算系统的性能和效果方面发挥着重要作用,为系统设计和优化提供了可靠的工具和平台。基于模拟仿真工具,可以在外部输入的驱动下,对处理器的不同维度进行测试和分析,从而帮助设计团队评估不同设计选项,尽快确定设计优化方向,更早地发现设计中的问题,进而缩短设计与试错周期,提升迭代效率。

现有的计算机体系结构层模拟器在精度、速度、可用性和易用性等方面均存在不同程度的不足。尽管研究人员不断努力改进模拟技术,但计算机体系结构模拟仿真仍面临着众多挑战。例如,踪迹驱动模拟技术的较大误差使得执行驱动模拟技术得到重视和发展,基准测试程序的漫长运行时间促使人们对采样模拟技术进行研究,计算机系统规模的日渐庞大推进了并行模拟技术的发展。随着计算机系统逐步进入千核时代,模拟技术又迎来了新的重大挑战。

1. 系统建模的多核化与众核化趋势

由于功耗和散热等的限制,提升单一处理器频率已经无法继续提高系统性能。因此,现代计算机系统趋向于采用多核、多处理器方式构建。即使每个处理器或核心以较低的频率和功耗运行,整个系统的性能仍然大幅超越单核处理器系统。Intel 的实验结果表明,将单核处理器的时钟频率提高 20%只能提升 13%的性能,而同时会增加 73%的功耗。然而,当增加第二个核心时,可以在提高 20%时钟频率的同时提高 73%的性能。在通用 CPU 方面,20 世纪 90 年代末,IBM、惠普、SUN 等服务器厂商相继推出了多核服务器 CPU。2006年,Intel 推出了双核处理器,随后陆续推出了面向服务器、工作站和个人计算机的 4 核、8 核处理器。2014 年,Intel 发布了 15 核至强通用处理器,基于该处理器构建的 64 路分布式共享内存系统已经接近 1000 核。2007 年,Tilera 公司发布了嵌入式处理器 TILE64,其中包含 64 个核心。超级计算机 2010 年国际会议上,Intel 公布了单芯片 48 核的云处理器架构,并称其理论上可达到 1000 个核,而图形处理单元(GPU)已经具有数千个核。

计算机系统已经进入千核时代,然而现有的体系结构层模拟器大多无法满足千核系统的模拟需求。例如,gem5、Flexus、MARSS 等单线程运行的模拟器理论上可以模拟千核系统,但在可用资源和模拟速度等方面均无法满足模拟需求。Hypersim 能较好地模拟高性能计算机体系结构,但仅适用于集群系统,适用范围有限。ZSim 通过采用多处理器并行化方法提高了千核系统模拟的速度,相较于单线程模拟器取得了显著进展,但由于采取了较多的精简策略,影响了模拟精度。

2. 模拟精度与速度的平衡问题

在计算机体系结构模拟领域,模拟速度和模拟精度一直是一个难以平衡的问题。现有的模拟加速技术,如采样模拟技术和动态二进制翻译等,通常以牺牲模拟精度为代价来提高模拟速度。执行全部的基准测试程序集可以获得完整的系统特征数据,但这需要巨大的时间开销。相反,执行部分测试程序或者程序的部分代码可以加快模拟速度,但却会影响模拟精度。因此,在体系结构模拟领域,需要在模拟精度和模拟速度之间权衡取舍。

即使以大幅损失精度为代价,现有的模拟器的模拟速度仍然无法满足千核系统的模拟需求。这是因为随着核心数量的增加,模拟器需要处理更多的并行任务和数据交互,导致模拟速度的显著下降。此外,模拟器需要模拟复杂的内存层次结构、缓存一致性协议和网络互联等细节,这也增加了模拟的复杂性和时间开销。

为了解决模拟速度和精度难以兼顾的问题,研究人员一直在努力探索新的方法和技术。其中,硬件加速方案被认为是一种有潜力的选择。通过在硬件上设计专用的加速器或使用现场可编程门阵列(FPGA)等可重构硬件技术,可以显著提高模拟速度。然而,开发硬件加速的软硬件混合模拟器面临着巨大的挑战,包括但不限于开发难度大和周期长等问题。因此,尽管硬件加速有潜力,但目前还不能成为主流的模拟器技术。

此外,还有一些其他的探索方向可以帮助改善模拟速度和精度的平衡。例如,采用更高效的模拟算法和数据结构,优化模拟器的并行化和分布式策略,以及利用机器学习和神经网络等技术来提高模拟器的效率和精度。同时,与硬件设计和体系结构优化相结合,可以通过减少不必要的模拟细节和优化模拟器与硬件之间的接口来提高模拟速度。

3. 异构多核系统的模拟挑战

对异构多核系统的支持不足是当前计算机体系结构模拟领域的一个重要问题。某些计算密集型应用,如图形处理、气候模拟和分子动力学计算等,对系统的处理性能有很高的要求。通用处理器往往无法满足这些应用的要求,而 GPU 则具有强大的浮点处理和矢量计算能力,特别适用于大规模、低耦合度的并行计算任务。相较于通用处理器,GPU 在计算密集型应用中可以获得百倍甚至千倍的性能提升。

采用 CPU+GPU 的并行处理模式是解决现代计算需求问题的一种有效方案。在这种模式下,GPU 承担执行占用大量系统资源的计算密集型任务,如图形渲染、大规模数据处理和复杂数学运算等。GPU 拥有大量的并行处理核心,能够同时处理成千上万个线程,极大提高了计算任务的处理速度。与此同时,CPU 则专注于执行控制型任务,包括运行操作系统、管理内存、处理输入输出操作以及协调 CPU 和 GPU 之间的数据交互等。根据 Amdahl 定律可知,系统的性能提升受到其串行部分的限制。但是,当引入 GPU 来加速可以并行化的计算密集型任务时,可以在保持 CPU 处理串行任务的同时,显著提高系统的整体性能。这种加速比的提高使得 CPU+GPU 的并行处理模式在需要处理大量数据和复杂计算的高性能计算领域得到了广泛的应用。

然而,目前面向 CPU+GPU 异构多核系统的模拟研究非常有限。大多数模拟器虽然集成了多种处理器模型,但在模拟时只能使用单一处理器模型,缺乏对异构多核系统并行模拟的支持。虽然一些研究人员构建了异构多核架构模拟器,例如,Lin 等所设计的异构多核架构模拟器可以在多个 SimpleScalar 进程中运行不同的处理器模型,但是模拟器的系统结构与真实的异构多核系统存在较大差异,不能精确地模拟实际的异构环境。

为了充分利用 CPU+GPU 异构多核系统的优势，需要在计算机体系结构模拟领域加强对异构多核系统的研究和支持。需要开发新的模拟器框架和算法，以支持并行模拟异构多核系统，这包括设计并发模拟算法、实现模拟器的多线程和分布式执行，以及处理异构多核系统中处理器之间的通信和同步等问题。另外，需要更加准确地建模和描述异构多核系统的特性和行为，只有准确地模拟 CPU 和 GPU 的各自特点、内存层次结构、缓存一致性协议和任务调度等方面的特性，才能为研究人员提供可靠的评估工具，更好地设计和优化异构多核系统。

4. 大规模并行模拟的实现

随着计算技术的突飞猛进，大规模计算系统可提供规模庞大的处理器核心和大量的内存资源，但传统的模拟器的资源利用方式已逐渐暴露出不足，无法满足日益增长的模拟性能需求。为应对这一挑战，转向并行化模拟技术显得尤为关键。该技术通过在多个处理器核心或计算节点上分配模拟任务，实现任务的并行执行，显著提升了模拟效率。并行化模拟技术不仅能提高模拟速度，增强模拟器的可扩展性，使其适应不同规模的计算环境，还能通过智能的任务分配和调度策略、优化通信模式、建立同步机制等手段，解决负载均衡和通信开销问题，确保模拟状态的一致性。此外，整合异构计算资源、优化能效、利用智能化模拟管理，以及提供用户友好的并行编程模型都是提升并行模拟技术性能和实用性的关键措施。这些措施共同作用使并行模拟技术更高效地服务于科学研究、工程设计、系统分析等领域，满足对高性能模拟的需求。

然而，实现大规模并行模拟并不是一项容易的任务，仍然需要进行深入的研究和探索。

首先，需要设计和开发适用于大规模并行模拟的并行算法和并发数据结构。这些算法和数据结构需要考虑到模拟器的特点和需求，以及大规模计算机系统的硬件架构和通信特性。例如，可以采用任务并行和数据并行的策略来将模拟任务划分为多个并行子任务，并设计相应的通信机制来实现这些子任务之间的数据交换和同步。因此，需要构建高效的通信机制，以确保子任务间能够快速且准确地交换数据，并保持同步。

其次，需要解决并行模拟中的负载均衡和通信开销等问题。由于模拟器的执行过程中存在不同的计算负载和数据依赖关系，任务的分配和调度可能会导致负载不均衡，从而影响并行模拟的性能。同时，由于并行模拟中存在大量的数据交换和通信操作，通信开销可能成为性能瓶颈。因此，需要设计高效的负载均衡和通信优化策略，以最大限度地减少负载不均衡和通信开销，提高并行模拟的效率和可扩展性。

此外，还需要解决并行模拟中的一致性和同步问题。在并行模拟中，不同的处理器核心或计算节点可能同时访问和修改共享的模拟状态，这可能引发一致性和同步问题。为了确保模拟的正确性，需要设计合适的一致性协议和同步机制，以保证模拟器的并行执行是正确且可重复的。在大规模并行模拟的研究和探索中，还需要考虑到模拟器的可扩展性和容错性。可扩展性是指模拟器能够有效地利用更多的处理器核心和计算节点来提高模拟性能。容错性是指模拟器在运行过程中能够容忍和恢复错误，保证模拟的正确性和可靠性。为了实现可扩展性和容错性，需要设计和开发相应的机制和算法，如动态负载均衡、错误检测和恢复、数据重复和检查点等。

6.3.2　离散事件模拟与并行化技术

随着复杂系统的不断发展和多节点网络在各个领域的广泛应用，离散事件模拟(discrete event simulation, DES)成为一种重要的仿真方法。离散事件模拟通过模拟离散事件和活动，以事件驱动的方式模拟系统的行为。在多节点网络中，离散事件模拟可以帮助理解系统的交互和行为，优化系统设计和资源利用。然而，在大规模系统中，传统的顺序执行方式可能面临性能瓶颈，无法充分利用节点之间的并行行为。为了解决这一问题，引入并行离散事件模拟的概念成为必然的选择。并行离散事件模拟强调系统层的设计，通过划分仿真任务，并在多个处理器或计算节点上同时执行这些任务，提高仿真器的性能和效率。本节将重点探讨并行离散事件模拟在多节点网络中的应用，以及相关的通信和同步机制，为优化多节点网络的仿真研究提供一定的参考。

1. 离散事件模拟

离散事件模拟是一种在仿真系统中模拟离散事件和活动的方法。它是一种基于事件驱动的仿真技术，常用于模拟复杂系统中的多节点网络行为，如大数据计算系统。在离散事件模拟中，系统的行为被建模为一系列离散的事件，这些事件在仿真的时间线上按照时间顺序发生。每个事件代表着系统中的一个具体活动，如任务到达、数据传输、节点处理等。并附一个时间戳，表示该事件在仿真时间中应执行的时刻。

事件驱动仿真进程在离散事件模拟中起着关键作用。仿真器按照事件的时间戳顺序依次执行事件，模拟系统在每个时间步长内的行为和交互。事件可以是节点之间的消息传递、数据处理任务的到达或完成，以及其他与系统行为相关的事件。

离散事件模拟的一个重要概念是仿真时钟。仿真时钟用于跟踪仿真的进展，并确定事件的执行顺序。在每个时间步长开始时，仿真时钟递增，仿真器检查事件列表中的下一个事件，并根据时间戳决定是否执行该事件。通过逐个处理事件，仿真器模拟了系统中事件的顺序和时序。

在多节点网络的离散事件模拟中，每个节点都被看作一个独立的仿真实体，具有自己的内部状态和行为。节点之间的通信和数据传输是通过消息的发送和接收来模拟的。例如，当一个节点生成消息时，它会在维护的事件列表中添加消息，并指定消息到达目标节点的时间戳。当事件列表中的下一个事件是消息到达事件时，仿真器将该消息发送到目标节点，从而模拟了节点之间的通信。

离散事件模拟在多节点网络的仿真中具有几个优势。首先，它允许精确地控制事件的执行顺序和时序，从而更准确地模拟系统的行为。其次，离散事件模拟可以处理节点之间的并发和并行行为，允许多个事件同时进行，提高了仿真的效率和准确性。此外，离散事件模拟还可以方便地引入随机性和变化性，模拟真实系统中的不确定性和变化情况。

2. 并行离散事件模拟

并行离散事件模拟是一种针对大规模系统中多节点网络行为的仿真技术。该方法强调系统层面的设计，在仿真过程中减小单个节点内部的仿真复杂度，将单节点的粒度变粗，注重多节点之间的组合设计，如流量和通信，从而有效模拟并发和并行行为，提高仿真器的性能和效率。

在大规模系统中，按照事件的时间戳顺序执行事件的方式使得节点之间的并行行为无法得到充分利用，可能导致性能瓶颈。为了解决这个问题，引入了并行计算的概念，将系统的仿真任务划分为多个子任务，并在多个处理器或计算节点上同时执行这些子任务，以提高仿真的效率和速度。

在并行离散事件模拟中，每个子任务负责模拟系统的一部分。为了保证子任务之间的一致性和正确性，需要在子任务之间进行通信和同步。节点之间的通信、消息传递和数据流量等组合设计成为并行离散事件模拟的关键。

在并行离散事件模拟中，通信和同步操作可以采用多种方式实现，包括消息传递接口（message passing interface, MPI）和共享内存等机制。这些机制可以确保子任务之间的正确交互和数据一致性。同时，对于大规模计算系统，还可以使用分布式计算框架，如 Apache Hadoop 和 Apache Spark，来管理和调度分布在多个计算节点上的子任务。

并行离散事件模拟不仅可以提高仿真的效率和速度，还可以更准确地模拟系统的行为，尤其是涉及多节点网络行为的复杂系统。通过并行化仿真任务，可以充分利用多核处理器和分布式计算资源，提高系统的可扩展性和性能。此外，并行离散事件模拟还为研究人员提供了一个有效的工具，用于研究和优化大数据计算系统中的多节点网络行为。

6.3.3　大规模计算系统仿真器

1. CloudSim

云计算以服务形式提供基础设施、平台和软件（应用程序），以订阅付费的方式按需提供给消费者。行业中将这些服务分别称为基础设施即服务（infrastructure as a service, IaaS）、平台即服务（platform as a service, PaaS）和软件即服务（software as a service, SaaS）。云计算通过将数据中心构建为虚拟服务的网络，使用户能够根据其服务质量要求从世界各地的任何地方访问和部署应用程序，并以竞争性的成本提供这些服务。云计算的出现为创新互联网服务的开发者带来了显著的好处，使他们不再需要大量的资本投入和人力成本来运营硬件和软件基础设施，从而能够更加专注于创新和商业价值的创造。

云计算的应用范围广泛，包括社交网络、网站托管、内容传递和实时仪器数据处理等各种类型的应用。不同类型的应用具有不同的组成、配置和部署要求。在不同的负载、能源性能和系统规模下，对云基础设施上的调度和分配策略进行性能评估是一项具有挑战性的工作。使用实际的测试平台受到规模和环境条件的限制，复制结果变得困难。

CloudSim 是专门用于云计算领域的分布式系统仿真器。它支持对大规模云计算基础设施进行建模和仿真，包括在单个物理节点上模拟整个数据中心。另外，CloudSim 是一个自包含的平台，可以用于建模数据中心、服务代理、调度和分配策略。

如图 6-8 所示，CloudSim 的体系结构由多个层次组成，每个层次都具有不同的功能和抽象，它们分别提供了从用户交互到底层事件处理的完整仿真支持。

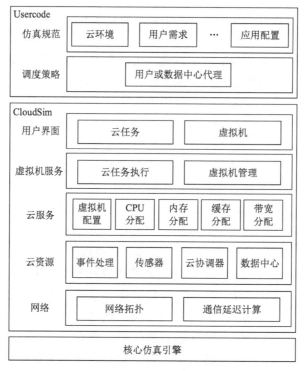

图 6-8　CloudSim 的体系结构

核心仿真引擎是 CloudSim 的底层架构，负责提供离散事件仿真功能，用于调度、处理和管理整个仿真过程中的所有事件。作为 CloudSim 框架的基础，核心仿真引擎支持高层组件的事件处理和时间管理。该引擎基于离散事件模型，管理组件间的通信与交互，使用事件队列来跟踪事件的发生时间，并按顺序处理这些事件。同时，核心仿真引擎通过离散时间步进的方式推进仿真进程，确保每个组件在正确的时间点执行。通过事件驱动模型实现并发处理，保证仿真过程中多个任务的调度与执行能够高效进行。核心仿真引擎的设计使得 CloudSim 能够支持大规模云计算环境的仿真，并能够对复杂的云计算系统进行性能评估。

仿真层负责管理云计算环境中的核心组件，如虚拟机、云任务、资源分配和网络通信。作为中间层，它支持用户代码层并与核心仿真引擎交互。该层包括用户界面结构模块，主要包含 Cloudlet（云任务）和 Virtual Machine（虚拟机），分别用于定义计算任务和模拟虚拟化资源的创建与管理；虚拟机服务模块，负责云任务执行和虚拟机的生命周期管理，确保资源分配符合服务质量要求；云服务模块，负责虚拟机的配置及资源的分配，包括 CPU、内存、缓存和带宽；云资源模块，处理仿真事件、监控运行状态，并管理跨数据中心的资源协调；网络模块，模拟网络拓扑和通信延迟，确保仿真中的数据传输符合实际网络条件。通过这些模块，仿真层能够高效管理并模拟云计算环境中的各种复杂场景。

用户代码层是 CloudSim 的最高层，面向用户和开发者，允许他们定义和配置仿真环境中的各种要素。该层为开发者提供接口，用于设置云环景、用户需求、应用配置和调度策略。开发者可以通过该层定义仿真场景中的云任务和虚拟机，设置用户的需求(如任务负载、响应时间、计算资源等)，以及配置应用的具体参数(如任务类型和数据大小)。此外，用户或数据中心代理则负责根据调度策略分配虚拟机和处理任务。用户代码层提供了较高的抽象度，使开发者能够灵活配置复杂的云环境并进行仿真实验，无须处理底层细节。

CloudSim 的设计目标是为云计算研究和开发提供一个灵活、可扩展和易用的仿真平台。它允许用户定义和配置各种云计算组件，并模拟不同的云环境和策略。通过 CloudSim，研究人员可以评估不同的资源调度算法、负载均衡策略、能源管理方法等，并进行性能比较和优化。

在 CloudSim 的开发过程中，重用现有的仿真库和框架是一个重要的设计决策。通过利用已经实现、测试和验证过的库，如 GridSim 和 SimJava，CloudSim 能够节省开发时间并提高可靠性。这使得研究人员能够专注于与云计算直接相关的关键方面，并利用经过长时间验证的框架的可靠性。

2. SST/macro

为了有效利用现代大规模并行计算系统，必须充分发挥并行性。当前个体处理器性能的提升主要依赖于芯片上多个核心和核心内多个线程的增加。随着整体机器性能相对于历史趋势的增长，应用程序对并行性的需求也会增加。这给机器架构师和应用软件开发人员带来了更大的设计复杂性。然而使用仿真，二者可以努力实现对未来计算平台的高利用率。

SST/macro 是用于对大规模分布式内存应用程序进行粗粒度研究的仿真器，它使用跟踪文件和骨架应用程序来模拟并行应用程序的执行。模拟器根据跟踪文件中记录的事件和 MPI 调用，模拟应用程序在大规模并行系统上的行为。通过模拟器，可以评估不同系统配置和策略对应用程序性能的影响，包括网络拓扑、硬件布局、节点分配等。

图 6-9 展示了 SST/macro 模拟器的整体设计。进程层支持两种执行模式：骨架应用程序和基于跟踪的模式。由于大规模系统中的事件之间存在复杂但已知的依赖关系，为了避免并行离散事件模拟所带来的同步开销，并在单个内核线程内实现一个非常轻量级的模拟器，SST/macro 应用程序中的任务被建模为轻量级线程，这使得模拟器能够维护数百万个任务的复杂状态。应用程序任务线程使用明确定义的接口层来生成模拟事件，以模拟真实应用程序中的粗粒度通信和计算负载。这种轻量级实现使得模拟器能够在单个工作站上每秒模拟高达 20 万个消息传递接口发送/接收对，并且内存占用随着对等点(peering point)数目的增加而线性扩展。在骨架应用程序模式下，任务线程创建通信和

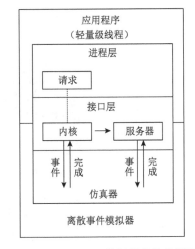

图 6-9　SST/macro 模拟器的整体设计

计算内核，这些内核根据特定的通信操作或计算块的数据进行参数化，例如，MPI 操作的内核需要 MPI 调用的参数，而计算内核需要模拟的 CPU 指令描述。任务通过将内核推送到接口层与模拟器后端进行交互。接口层协调与网络和 CPU 模型的交互，并处理在模拟器后端上调度生成的事件。接口层包括服务器，如 mpiserver，负责管理与 MPI 上下文中的网络模型的交互。当通信和计算内核完成时，进程层通过请求对象接收回调，这意味着模拟器可以及时响应内核的完成事件，并相应地进行后续操作。

骨架应用程序和 MPI 跟踪文件通常只提供关于 MPI 调用及其相关参数列表的信息。这意味着模拟器无法获得底层 MPI 库用于执行操作的低级点对点消息的详细信息。因此，模拟器必须对低级操作的时间进行建模，这为模拟仿真提供了实现不同精度 MPI 操作模型的机会。在低精度、低成本的端点情况下，可以处理 MPI 集合而无须考虑底层 MPI 实现。可以使用分析性或经验性性能模型来确定每个进程何时完成操作，并在事件队列中插入单个模拟器事件，在适当的虚拟时间继续执行所有进程。在 SST/macro 中，一种高精度方法是模拟器按照 MPI 实现的方式调度所有执行低级数据传输所需的事件。如果结合考虑拥塞效应的网络模型，模拟器可以估计拥塞对集合操作时间的影响。通过这种方式，可以使用模拟器来研究 MPI 实现的变化效果。

轻量级应用程序线程通过调用接口层执行 MPI 操作，由网络模型确定所需事件的完成时间，并将这些事件与离散事件模拟器进行调度。图 6-10 展示了执行典型操作的两个轻量级应用程序线程调度的事件的时间线。当执行 MPI 发送或接收操作时，线程会暂停，直到模拟器执行相应的事件，指示发送或接收已经在足够的模拟时间内完成。计算方面也是如此，应用程序跟踪或 CPU 模型确定计算操作何时完成，并在模拟器中安排一个完成事件。执行计算的应用程序线程将暂停，直到触发此完成事件。

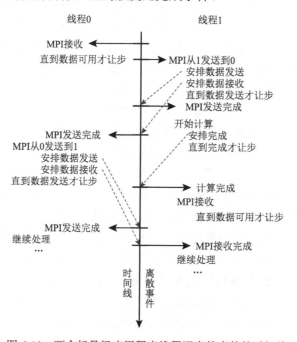

图 6-10　两个轻量级应用程序线程调度的事件的时间线

在具有大量通信负载的应用程序中，对并行性的要求增加，使得互连网络对整个系统性能的影响更为重要。为了保持模拟器设计中的模块化重点，SST/macro 将网络系统设计为一个独立的模块，同时以不同的细节级别进行模拟。在 SST/macro 中，网络对象的实例通过拓扑描述和路由方法来定义。拓扑描述指的是路由器和处理器之间的连接方式，目前支持的拓扑结构包括环、胖树、超立方体、Clos 和 Gamma 等。通过使用不同维度的环，可以生成产品对象来定义新的互连。用户需要提供构建互连拓扑的方法和计算两个处理器之间消息路径的路由方法。

作为一个通用工具，SST/macro 可以使用多种方法来模拟网络。完全互连对象用于模拟无拥塞的互连，它提供了一个没有拥塞的网络，消息到达目的地所需的时间仅取决于消息的大小。另外，SST/macro 使用共享电路互连对象模拟拥塞，通过将每对节点之间的通信建模为连续的数据流，每个流都被分配带宽，确保通过给定网络链路的所有流的带宽总和不超过链路的带宽。

3. FireSim

随着对仓库规模计算机 (warehouse-scale computers, WSC) 的需求的不断增长，为了支持部署在数十亿边缘设备上的计算密集型应用程序和传统计算工作负载向云端迁移，数据中心架构师正朝着更专业化和紧密集成的 WSC 方向发展。这种趋势推动了数据中心架构的变革，通用处理器供应商逐渐转向采用定制硅片、FPGA 和 GPU 等专用加速器，推动处理器架构的专业化发展。未来，硅光网络有望进一步提升传输带宽并直接连接服务器处理器芯片，新的存储技术如 3D XPoint 和 HBM 有望填补数据中心内存层次结构中的部分空白，但也会增加内存层次结构的复杂性，需要进行详细的大规模评估。

分散式数据中心架构也成为学术和工业界的倾向，通过在高带宽、低延迟的数据中心网络中分配资源，包括 CPU、高性能存储和专用计算资源，来满足不同应用的需求。随着硬件趋势和现代网络规模服务用户的期望的变化，应用程序和系统框架开发人员也开始期望能够部署细粒度的任务，并以微秒为单位测量任务运行时间和延迟。因此，架构师不能再简单地模拟单个节点并将规模问题留给硅后测量，硬件-软件协同设计成为主流思想。然而，目前缺乏可扩展且性能优越的仿真环境，限制了针对下一代 WSC 的硬件-软件协同设计研究的发展。现有的模拟速度受到底层单服务器软件模拟器较低的模拟速度的限制，尽管也有团队提出了快速定制仿真硬件，但修改困难且昂贵，限制了大多数学术和工业研究团队的使用。

为了解决这些问题，研究学者提出了 FireSim 框架，如图 6-11 所示。FireSim 是一个开源的、基于 FPGA 加速的周期精确仿真框架，可在公共云主机平台上模拟大规模集群，包括高带宽和低延迟的网络。FireSim 通过自动生成可综合的寄存器传输级 (RTL) 来创建仿真中的单个节点，并在仿真中运行真实的软件堆栈，包括 Linux 引导。此外，FireSim 还提供高性能的 C++交换机模型，负责协调全局仿真，并通过提供简洁的抽象接口，屏蔽主机系统的传输节点，使用户能够定义和实验自研的交换范例和数据链路层协议。其中，FireSim 的运行过程主要有以下 4 步。

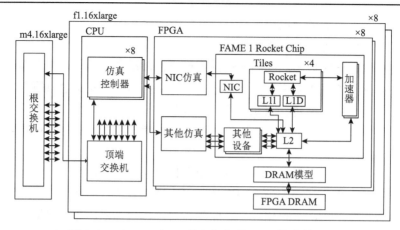

图 6-11　FireSim 中 64 节点仿真到 EC2F 的映射示例

1) 目标服务器节点模拟

在目标服务器节点模拟中，FireSim 使用 Rocket Chip SoC 生成器来生成目标服务器的硬件描述语言(HDL)代码，并添加了一个新的外设——网络接口控制器(network interface controller, NIC)，用于实现与网络交换机的通信。NIC 在整个系统中负责与 CPU 进行通信，并通过发送和接收以太网数据包与网络交换机进行通信。使用 TileLink2 将互连 NIC 与 Rocket Chip SoC 的片上网络连接。通过将这些组件整合到 Rocket Chip SoC 中，并使用 Verilog RTL 代码生成目标服务器的模型，FireSim 能够实现一个高可配置和可扩展的服务器节点模拟框架。

2) 目标网络建模

目标网络建模是 FireSim 中的一个关键部分，采用树状结构连接一组交换机。每个交换机连接到多个服务器节点和上一级交换机，而最顶层的交换机则连接到主机服务器实例的 NIC。为了准确模拟网络行为，FireSim 使用高性能逐周期的 C++交换机模型。该模型考虑了交换机的内部缓冲区、输入输出端口以及交换算法。在每个时钟周期内，交换机模型接收输入数据包，并根据交换算法的规则决定将数据包发送到哪个输出端口。交换机模型的设计使得它能够高效地模拟数据包在网络中的传输和交换过程。通过这种高效的设计，FireSim 能够准确地模拟目标网络的行为。它考虑了交换机的各个方面，包括内部缓冲区的管理、输入输出端口的处理以及交换算法的决策。

3) 模拟令牌传输

FireSim 采用模拟令牌传输机制来模拟目标服务器节点和目标网络之间的通信。该模型能够准确地模拟目标链路的特性，并抽象出主机平台的细节，如 PCIe 通信和主机间以太网通信。模拟令牌传输模型在主机服务器实例上运行，并利用 FPGA 模拟器进行加速，允许以高性能和确定性的方式模拟目标服务器节点和目标网络之间的通信。通过模拟令牌传输模型，FireSim 可以准确地模拟通信的延迟和带宽，以及其他与目标链路相关的特性。这种模拟令牌传输模型的使用使得 FireSim 能够提供准确而可控的仿真环境，以评估目标服务器节点和目标网络之间的通信性能。它能够模拟真实环境中的通信特性，包括延迟和带宽等关键指标。

4) 目标服务器节点到主机映射

为了实现目标服务器节点与主机的映射, FireSim 首先自动导出目标服务器节点的 RTL 代码, 并将其映射到 FPGA 实例上, 以便在 FPGA 上进行仿真。从而利用 FPGA 的硬件加速能力来提供高性能的仿真环境。目标服务器节点和目标网络之间的通信采用了模拟令牌传输模型。该模型运行在主机服务器实例上, 并借助 FPGA 模拟器进行加速。通过这种方式, FireSim 能够精确地模拟目标服务器节点和目标网络之间的通信延迟和带宽等关键性能指标。通信过程通过 PCIe 总线进行, FireSim 使用优化的 PCIe 模型来模拟节点与主机之间的通信。确保了整个仿真系统的高精度和性能评估的可靠性。

4. VACED-SIM

随着并行计算在科学、工程和数据处理领域的广泛应用, 对并行程序的性能分析和优化变得越来越重要。为了实现这一目标, 研究人员开发了各种仿真工具和技术, 其中离散事件模拟 (DES) 通过模拟系统中事件的离散发生来分析系统的行为, 目前被广泛使用。在并行计算中, 消息传递接口是一种常用的通信库, 用于在不同的计算节点之间进行数据传输和协调计算任务。然而, 传统的 MPI 仿真器在处理通信原语时存在一些限制, 通常需要对 MPI 库进行大量修改, 以重新实现通信原语, 这可能限制了通信行为预测的精度。

为了解决这些问题, 研究学者提出了通信事件虚拟架构离散事件 (virtual architecture for communication events discrete-event simulator, VACED-SIM) 仿真器, 它是一种细粒度且轻量级的仿真工具, 旨在实现对 MPI 程序的高效仿真和性能分析。与传统的 MPI 仿真器不同, VACED-SIM 通过修改 MPI 库中的事件处理方式, 无须进行大量修改即可精确模拟 MPI 程序的通信行为。这种细粒度的仿真方法使 VACED-SIM 能够更好地模拟 MPI 程序中的通信操作, 从而提供更准确和可靠的性能分析结果。除了准确性能分析, VACED-SIM 还注重轻量级的设计。通过在主机上执行目标程序和修改后的 MPI 库, VACED-SIM 能够在保持高效性的同时提供准确的仿真结果。这使得开发人员可以在开发和调试阶段使用 VACED-SIM 对 MPI 程序进行性能分析和优化, 而无须进行复杂的环境部署和配置。

VACED-SIM 仿真器的运行过程主要有以下 4 步。

1) 定义活动和事件

为了进行离散事件模拟, 需要首先定义进程的活动和相应的事件。MPI 库提供了点对点通信和集合通信原语, 这些原语是 MPI 程序中的基本操作。点对点通信原语包括发送 (send)、接收 (receive)、发送接收 (sendrecv) 等, 而集合通信原语包括广播 (broadcast)、规约 (reduce)、散射 (scatter) 等。这些原语定义了进程之间的通信和同步操作。VACED-SIM 在细粒度上定义活动和事件, 这意味着 VACED-SIM 会将活动和事件定义得更加详细和精细, 以便在仿真过程中准确地模拟 MPI 程序的执行。

2) 分析点对点通信

MPI 库中的点对点通信根据数据大小切换不同的协议, 主要有 eager 和 rendezvous 两种。eager 协议直接将数据消息发送到接收方缓冲区, 而 rendezvous 协议通过握手和 REO、ACK 消息进行通信。MPI 库定义了三种消息类型: REO、ACK 和 DATA。

在通信的起始阶段, 发送方和接收方通过两个步骤来完成发送和接收操作。发送方通过发送 DATA 消息(eager 协议)或 REO 消息(rendezvous 协议)来启动通信，并根据接收方是否在未预期的队列中找到相关消息来确定接收方的行为。接收方在未预期的队列中找到消息时，通过接收 DATA 消息(eager 协议)或发送 ACK 消息(rendezvous 协议)来启动通信。如果接收方没有找到相关消息，则通过注册信息而不发送或接收任何消息来启动通信。

等待阶段用于确保通信的完成。发送方和接收方都必须等待通信的完成。发送方的通信在发送 DATA 消息后完成，而接收方的通信在接收到 DATA 消息后完成。需要注意的是，等待阶段不一定紧随起始阶段之后，其间可能存在其他顺序计算或点对点通信操作。

VACED-SIM 通过对点对点通信的起始阶段和等待阶段进行详细分析，能够准确模拟 MPI 程序中的点对点通信过程。该分析考虑了 MPI 库中通信原语的实现方式，将通信过程分解为更小的活动和事件，以在仿真中准确模拟 MPI 程序的执行。这种分析和扩展使得 VACED-SIM 能够提供更准确的结果，并帮助用户更好地理解和分析 MPI 程序中的点对点通信行为。

3) 修改 MPI 库事件处理函数

VACED-SIM 通过修改 MPI 库中的事件处理函数，使其在通信的起始阶段和等待阶段记录关键事件。在起始阶段，VACED-SIM 捕获发送方发送 DATA 消息或 REO 消息的事件，并记录发送方的行为。对于接收方，VACED-SIM 捕获接收 DATA 消息或发送 ACK 消息的事件，并记录接收方的行为。通过这种方法，VACED-SIM 能够准确地模拟通信的起始阶段。

在等待阶段，VACED-SIM 通过修改 MPI 库中的事件处理函数，捕获发送方和接收方等待通信完成的事件。通过记录等待事件的发生时间和持续时间，VACED-SIM 可以准确地模拟通信的等待阶段。

通过修改 MPI 库中的事件处理函数，VACED-SIM 能够捕获和记录通信事件，并按照定义的活动和事件进行仿真。这样的扩展使得 VACED-SIM 能够提供更准确的结果，并帮助用户更好地理解和分析 MPI 程序中的点对点通信行为。

4) 执行目标程序和修改后的 MPI 库

在主机上执行目标程序时，VACED-SIM 会使用修改后的 MPI 库来替代原始的 MPI 库。这个修改后的 MPI 库已经集成了 VACED-SIM 的仿真器，并通过调用仿真器中的事件处理函数来模拟 MPI 通信的执行过程。当目标程序调用 MPI 发送函数时，修改后的 MPI 库会将发送请求转发给仿真器中的事件处理函数。仿真器会根据定义的活动规则，模拟发送方的行为，包括启动通信、发送 DATA 消息或 REO 消息等。类似地，当目标程序调用 MPI 接收函数时，修改后的 MPI 库会将接收请求转发给仿真器中的事件处理函数。仿真器会根据定义的活动规则，模拟接收方的行为，包括启动通信、接收 DATA 消息或发送 ACK 消息等。修改后的 MPI 库会截获这些函数调用，并将其转发给仿真器中的事件处理函数。仿真器根据预先定义的活动和事件规则，模拟 MPI 通信的各个阶段和行为。

总结，VACED-SIM 仿真器是一种专为 MPI 程序设计的高效、准确和轻量级的仿真工具。它采用了细粒度的活动和事件定义，能够精确模拟 MPI 程序的通信行为，并提供详细的性能分析结果。VACED-SIM 仿真器可以帮助帮助开发人员更好地理解和改进并行程序的性能表现，从而推动并行计算在各个领域的进一步发展和应用。

6.4 本 章 小 结

计算机模拟仿真技术在大数据分析与处理领域具有广泛的应用，能够有效解决系统建模的复杂性提升、模拟精度不足、模拟进程缓慢以及系统适配性与可扩展性低等关键问题。在计算机体系结构模拟领域，踪迹驱动与执行驱动模拟技术的应用显著提升了模拟的精度与效能。此外，离散事件模拟与并行化技术在多节点网络的系统级设计与仿真中展现出其重要价值，现有的模拟器如 CloudSim、SST/macro、FireSim 和 VACED-SIM 等提供了先进的仿真平台和工具，以满足复杂的系统仿真需求。然而，未来模拟技术的发展仍面临诸多挑战，包括但不限于系统建模的日益复杂、模拟速度与精度之间的平衡难题、异构多核系统的模拟支持不足，以及大规模并行模拟的实现问题。针对这些挑战，持续的研究与开发工作显得尤为必要，以便设计和实现更为高效、精确且具备良好可扩展性的大规模计算系统仿真器。这不仅将推动大数据计算系统设计和优化的进程，也是提升系统性能与可靠性的关键所在。未来的研究工作需聚焦于算法创新、模型优化、并行计算技术以及软硬件协同设计等多个层面，以实现仿真技术的持续进步和其应用范围的进一步扩展。

第7章 先进大数据计算系统实现技术

大数据计算系统是国民经济社会发展的关键基础设施。随着数据量的爆炸性增长，对大数据计算系统的性能、稳定性、能耗等方面的要求越来越高。在这样的背景下，晶圆级计算系统应运而生，成为先进大数据计算系统实现技术的一个重要方向。晶圆级计算系统是一种将不同类型的计算器件、存储器件、通信器件等集成在同一晶圆上的计算系统。它通过在单一芯片上实现多种功能的集成，具有以下几个显著优势：一是提高了系统的性能，通过在同一芯片上集成多种功能器件，可以减少数据传输的延迟，提高计算速度，还可以实现不同器件之间的协同工作，进一步提高系统的性能；二是降低了系统的能耗，晶圆级计算系统通过集成多种功能器件，可以减小整体硬件的规模，降低系统的功耗；三是提高了系统的稳定性和可靠性，晶圆级计算系统通过将多种功能器件集成在同一芯片上，可以降低器件之间的干扰，提高系统的稳定性和可靠性；四是可以实现器件的个性化定制，满足不同应用场景的需求，从而适应多样化的大数据计算应用性能需求。先进大数据计算系统的实现还依赖于一系列支撑技术的发展，如 GPU、FPGA、TPU 等。因此本章首先介绍典型大数据计算系统加速芯片，进而阐述晶圆级计算系统的实现技术。

7.1 典型大数据计算系统加速芯片

7.1.1 GPU

1. GPU 的特性

GPU，即图形处理单元，是一种专门用于处理图像和视频的电子芯片。GPU 最初设计用于加速图像渲染过程，减少对 CPU 的依赖，尤其是在三维图形运算中表现突出。它能够快速执行复杂的数学和几何计算，这些计算对于生成高质量的视频游戏、电影特效和其他图形密集型应用是必需的。与 CPU 相比，GPU 拥有更多的核心，能够同时处理更多的数据流，这使得它在并行处理大量相似数据时非常高效。

现代 GPU 不仅在游戏和多媒体领域发挥作用，还在科学计算、机器学习等领域扮演着重要角色。GPU 拥有大量的处理核心，可以同时处理大量数据，这种并行处理能力使得GPU 在高性能计算中具有显著的优势。在云计算领域，GPU 硬件技术用于处理计算密集型任务，提高了数据处理速度和效率。对于大数据分析，GPU 的高速计算能力可以快速处理庞大的数据集，为企业提供有价值的洞见。

GPU 的主要特性如下。

1) 高度并行处理能力

GPU 的关键特性之一是其高度并行的处理能力。与 CPU 的串行处理方式不同，GPU可以同时处理数千个计算核心，这使得它在处理大规模数据或执行重复性的计算任务时具有显著的优势。这种并行性使得 GPU 在处理大规模数据集时能够显著提高计算效率。

2) 高内存带宽

GPU 的另一个关键特性是其高内存带宽。这意味着 GPU 可以快速地读取和写入大量数据，从而在处理大规模数据时保持高效。这种高效的内存访问能力使得 GPU 在处理图像、视频和其他需要快速数据传输和处理的任务时具有显著优势。

3) 适用于计算密集型任务

GPU 最初是为图形渲染而设计的，因此它在处理与图形相关的任务时具有天然的优势。然而，随着技术的发展，GPU 已经不仅仅局限于图形渲染领域，而是逐渐扩展到科学计算、人工智能等计算密集型任务中。这些任务通常需要处理大量的数据和执行复杂的计算，而 GPU 的高度并行处理能力和高内存带宽使得它能够完成这些任务。

4) 可编程性

现代 GPU 通常支持多种编程语言和框架，如 CUDA、OpenCL 等，这使得开发者可以更加灵活地利用 GPU 进行并行计算。开发者可以根据具体的应用场景和需求，编写自定义的并行计算程序，从而充分发挥 GPU 的性能优势。

5) 能效比优势

相比 CPU，GPU 在处理大规模并行计算任务时通常具有更高的能效比。在相同的功耗下，GPU 可以完成更多的计算任务。在需要高性能计算的场景中，GPU 成为理想的选择。

2. GPU 的硬件组成

GPU 架构通常采用高度并行的设计，包含大量的计算核心和内存资源。这些计算核心和内存资源被组织成多个层次的结构，以实现高效的计算和数据传输。GPU 的主要组成部分有流处理器、显存、渲染管线以及其他组成部分。流处理器是 GPU 中的核心计算单元，负责执行图形渲染和并行计算任务。每个流处理器都可以独立地处理数据，从而实现高度的并行性。流处理器的数量通常很大，可以达到数千个甚至更多，这使得 GPU 在处理大规模数据时具有显著的优势。显存是 GPU 中的内存资源，用于存储图形数据和计算中间结果。显存的带宽和容量对于 GPU 的性能至关重要。高带宽的显存可以快速地读取和写入数据，从而支持高效的计算任务。而足够大的显存容量则可以容纳更多的数据和计算中间结果，避免频繁的数据交换和性能瓶颈。渲染管线是 GPU 中负责图形渲染的部分，包括顶点处理、几何处理和像素处理等阶段。顶点处理负责处理图形的顶点数据，如位置、颜色等；几何处理负责处理图形的几何形状和光照等信息；像素处理则负责将最终的像素数据输出到显存中，以供显示器显示。渲染管线的设计和优化对于图形渲染的性能和质量至关重要。

除了上述主要组成部分外，GPU 还可能包括其他辅助组件，如内存控制器、PCI Express 接口、视频编码器和解码器等。这些组件共同协作，使得 GPU 能够完成复杂的图形渲染和并行计算任务。流处理器、显存和渲染管线等主要组成部分共同协作，使得 GPU 在处理大规模数据和复杂图形任务时具有显著的优势。随着技术的不断发展，GPU 的架构和组成部分也将不断优化和完善，以满足不断增长的计算需求。

3. GPU 的应用

GPU 在大数据、人工智能和虚拟现实等多个领域展现出其强大的计算能力。

1）大数据领域

在大数据处理中，GPU 可以显著加速数据的处理和分析。通过并行计算的能力，GPU 可以同时处理大量数据，提高数据处理效率。在数据挖掘、机器学习和数据可视化等方面，GPU 的应用将使得大数据处理更加高效和准确。这将为企业和组织提供更快速、更准确的决策支持，推动大数据应用的发展。

2）人工智能领域

人工智能是 GPU 应用的重要领域之一。GPU 的并行计算能力使得深度学习、神经网络等算法的训练和推理过程大大加速。在图像识别、语音识别、自然语言处理等方面，GPU 的应用将推动人工智能技术的发展。随着 GPU 技术的不断进步，人工智能的应用将更加广泛，涉及医疗、交通、金融等各个行业。

3）虚拟现实领域

GPU 在虚拟现实领域也发挥着重要作用。虚拟现实技术需要处理大量的图像和数据，而 GPU 的高效图形处理能力使得虚拟现实场景更加逼真和流畅。通过 GPU 的并行计算和优化算法，虚拟现实应用可以提供更加沉浸式的体验，使得用户能够更加深入地参与其中。这将推动虚拟现实技术在娱乐、教育、医疗等领域的应用。

4）跨领域融合

除了各自领域内的应用，GPU 在大数据、人工智能和虚拟现实等领域的融合方面也有巨大的潜力。例如，在智慧城市建设中，GPU 可以加速城市数据的处理和分析，支持智能交通、智能安防等应用。在医疗领域，GPU 可以加速医学图像的处理和分析，提高医疗诊断和治疗的准确性。这些跨领域的应用将推动 GPU 技术的进一步发展和创新。

7.1.2　FPGA

1. FPGA 的特性

FPGA 全称为现场可编程门阵列，是一种高度灵活的半导体器件。它不同于传统的 ASIC（专用集成电路），其内部逻辑块、连接和 I/O 接口都可以根据用户的设计需求进行编程配置，从而实现特定的功能。这种可编程性使得 FPGA 能够灵活地适应各种应用需求，而不需要像 ASIC 那样进行专门的定制生产。

FPGA 内部包含了大量的逻辑单元和存储器，可以实现高度并行的数据处理。这种并行处理能力使得 FPGA 在处理复杂任务时表现出卓越的性能。FPGA 的可重构性是其另一个重要特点。当应用需求发生变化时，只需要修改 FPGA 的配置程序，而不需要更改硬件设计。对于一些需要同时处理大量数据的任务，如图像处理、音频处理、网络通信等，FPGA 能够并行处理多个数据流，大大提高处理速度。FPGA 在处理某些特定任务时能够实现较低的功耗。这是因为 FPGA 可以根据任务需求进行资源分配和优化，从而避免不必要的能源消耗。此外，FPGA 的并行处理能力和可定制化也有助于降低功耗。

2. FPGA 的硬件组成

FPGA 的硬件组成包括逻辑单元、寄存器等关键组件。

1) 逻辑单元

逻辑单元是 FPGA 内部的基本构建块，它们负责实现各种逻辑功能。每个逻辑单元通常包括查找表(look-up table, LUT)、触发器(Flip-flops)等。逻辑单元的数量和类型因 FPGA 型号而异，但其数量通常都非常庞大。

其中，查找表是 FPGA 中的关键组件，它们用于实现组合逻辑功能。LUT 的输入是逻辑单元的输入信号，输出则是根据输入信号计算得到的逻辑结果。通过编程配置 LUT 的内容，可以实现各种逻辑功能，如与、或、非、异或等。LUT 的大小(即其输入位数)和数量因 FPGA 型号而异。每个逻辑单元通常包含一个或多个触发器，用于实现时序逻辑。触发器的数量也因 FPGA 型号而异，但通常与逻辑单元的数量相匹配。

2) 寄存器

寄存器是 FPGA 中的另一种关键组件，它们用于实现时序逻辑功能。与查找表不同，寄存器具有存储能力，可以保持其状态直到下一次时钟边沿到来。这使得寄存器能够存储前一个时钟周期的计算结果，并在当前时钟周期中使用这些结果进行计算。

3) 其他组件

除了逻辑单元和寄存器之外，FPGA 还包含许多其他组件，如 I/O 接口、内部互连、配置逻辑等。这些组件共同协作，使得 FPGA 能够实现复杂的数字电路功能。I/O 接口负责 FPGA 与外部世界之间的通信。这些接口通常包括多种不同类型的连接器，如 GPIO(general purpose input output, 通用输入输出)连接器、串行通信接口等。内部互连将 FPGA 内部的各个组件连接起来，使得数据和控制信号可以在它们之间传输。这些互连通常包括大量的金属线和开关，它们根据配置逻辑的设置来连接不同的组件。配置逻辑负责将用户提供的配置数据加载到 FPGA 中，以设置其内部逻辑和互连。配置逻辑通常包括一个或多个配置存储器(如 SRAM(static random access memory, 静态随机存储器)或 Flash 存储器)以及相关的控制逻辑。

3. FPGA 的应用

FPGA 在人工智能、物联网和边缘计算等领域通过发挥其高度并行、灵活可配置和低功耗等优势，带来了更加高效、可靠和智能的计算解决方案。

在人工智能领域，FPGA 以其高度并行和可定制的特性，为深度学习、神经网络等复杂算法提供了强大的加速能力。通过优化硬件设计，FPGA 能够显著提高计算效率，降低能耗，并加速模型的训练和推理过程。在人工智能应用中，FPGA 大幅提升模型的性能，同时减少运行成本，促进人工智能技术的广泛应用和发展。

物联网领域涉及大量的设备连接和数据传输，对计算平台的性能和能效要求极高。FPGA 以其低功耗、高集成度和灵活可配置的特点，在物联网设备中发挥着重要作用。通过 FPGA 加速数据处理和通信协议的实现，可以提高物联网设备的响应速度和吞吐量，降低能耗，从而延长设备的使用寿命。FPGA 还可以支持多种通信协议和标准，促进物联网设备的互联互通和智能化管理。

边缘计算作为一种将计算任务推向网络边缘的新型计算模式，对硬件平台的性能和灵活性提出了更高要求。FPGA 以其并行处理和可定制的特性，在边缘计算中发挥着重要作用。通过 FPGA 加速数据处理和分析，可以减小数据传输延迟，提高计算效率，从而满足边缘计算对实时性和可靠性的要求。FPGA 还支持多种应用场景和算法，可以根据具体需求进行定制和优化，实现高效的资源利用和性能提升。

7.1.3　TPU

1. TPU 的产生

TPU 全称为 tensor processing unit，即张量处理单元，是一种专门为机器学习和深度学习设计的专用处理器。它的出现和发展主要源于对计算性能、能效比以及特定算法优化的需求。在 TPU 出现之前，传统的 CPU 和 GPU 是主要的计算平台。然而，随着深度学习算法的兴起，传统的计算平台开始面临性能瓶颈。深度学习算法需要大量的矩阵乘法和张量运算，而传统的 CPU 和 GPU 在处理这些运算时，效率和能效比并不高。因此，为了满足深度学习算法对计算性能的需求，TPU 应运而生。

除了自用之外，Google 还积极推动 TPU 的开放生态。他们与合作伙伴共同推出了基于 TPU 的云服务，使得更多的开发者能够使用到 TPU 的计算能力。此外，Google 还开放了 TPU 的硬件和软件接口，鼓励更多的厂商和研究机构参与到 TPU 的研发和应用中。

TPU 的发展对机器学习和深度学习领域产生了深远的影响。它通过硬件级别的优化，显著提高了深度学习算法的计算性能和能效比，推动了深度学习技术的快速发展。同时，TPU 的开放生态也促进了整个计算生态系统的协同发展，为科技进步和社会发展注入了新的活力。

2. TPU 的硬件组成

TPU 的内部通过计算单元、存储单元、控制单元和互联单元等组件的协同工作，实现了高性能和高效能的计算能力。同时，配合完整的软件生态，TPU 能够为深度学习等机器学习任务提供强大的计算支持。计算单元是 TPU 的核心部分，负责执行实际的计算任务。它由大量的计算核心组成，每个核心都能够独立执行计算操作。这些计算核心被设计成能够高效地处理深度学习算法中的张量运算和矩阵乘法，从而实现高性能的计算能力。存储单元是 TPU 中的内存部分，用于存储数据和中间结果。它通常采用高速的内存技术，如高带宽内存(HBM)，以支持大规模数据的快速存取。存储单元的设计使得数据能够在计算单元之间高效地传输和共享，从而加速计算过程。控制单元是 TPU 的管理中心，负责调度和协调各个组件的工作。它负责接收来自外部的指令和数据，并根据指令的要求将任务分配给计算单元执行。控制单元还负责监控 TPU 的状态和性能，以确保计算过程的顺利进行。互联单元是 TPU 内部各个组件之间的通信枢纽。它负责在各个组件之间传输数据和指令，确保各个组件之间的协同工作。互联单元的设计通常采用高速的数据传输协议，以确保数据能够在各个组件之间快速而准确地传输。

除了硬件组成外，TPU 还配备了一套完整的软件生态，包括编译器、驱动程序和库等。这些软件工具能够帮助开发者更高效地使用 TPU 执行计算任务，并提供优化的编程接口和算法库，从而充分发挥 TPU 的性能优势。

矩阵和向量运算是深度学习算法中的核心组成部分，因此，优化这些运算对于提高整体计算性能至关重要。针对大量矩阵和向量运算的优化涉及多个方面，包括并行化计算、缓存优化、算法选择、数据压缩与稀疏表示、向量化操作以及软件和硬件协同优化等。通过综合运用这些优化策略，可以显著提高矩阵运算的性能和效率，从而加速深度学习等计算密集型任务的执行。并行化是优化矩阵运算的关键手段之一。通过将大型矩阵分解为多个小块，并在多个计算核心上同时处理这些小块，可以显著减少计算时间。此外，利用 GPU 或 TPU 等并行处理单元，可以进一步加速计算过程。矩阵运算通常涉及大量数据的读取和写入。为了提高数据访问效率，需要对缓存进行优化。这包括合理设计数据布局、减少数据访问冲突，以及利用缓存预取技术来预测并提前加载即将使用的数据。

不同的矩阵运算算法具有不同的计算复杂度和性能特点。针对特定的运算任务，选择合适的算法可以显著提高运算效率。在许多应用中，矩阵和向量可能具有稀疏性，即大部分元素为零。利用这一特性，可以通过数据压缩和稀疏表示来减少存储和计算开销。例如，使用压缩稀疏行或压缩稀疏列等格式可以更有效地存储和处理稀疏矩阵。在编程实现中，尽量使用向量化操作代替传统的循环遍历。向量化操作可以充分利用处理器的单指令多数据指令集，从而在一次操作中处理多个数据元素，提高计算效率。优化矩阵运算不仅需要关注算法和编程层面，还需要考虑软件和硬件的协同优化。例如，通过定制化的硬件加速器或指令集扩展，可以进一步提高矩阵运算的性能。同时，优化编译器和运行时系统也可以帮助开发者更有效地利用硬件资源。

脉动阵列是一种高效的数据处理技术，特别适用于大规模并行计算任务，如深度学习中的矩阵乘法和卷积运算。在 TPU 中，脉动阵列被广泛应用，以其独特的数据流和控制方式，实现了高性能和低功耗的计算。脉动阵列的核心思想是将计算任务划分为一系列简单的、可重复的计算单元，并将这些单元组织成一个二维网格结构。每个计算单元都负责执行一种特定的计算操作，如加法、乘法或激活函数等。数据在网格中按照特定的模式流动，每个计算单元从上游的计算单元接收数据，进行处理后传递给下游的计算单元。这种数据流方式有效地减少了数据搬移和内存访问的开销，提高了计算效率。在 TPU 中，脉动阵列被设计为与计算单元紧密结合，以支持大规模并行计算。计算单元按照脉动阵列的网格结构排列，每个计算单元都直接与相邻的计算单元相连，形成一个高度集成的计算网络。这种结构使得数据可以在计算单元之间快速流动，减少了数据传输的延迟和功耗。除了硬件层面的优化，TPU 还通过软件层面的调度和编译技术来充分利用脉动阵列的性能。编译器会对计算任务进行优化，将其映射到脉动阵列的网格结构上，并生成相应的指令序列。调度器则负责协调各个计算单元的工作，确保数据按照正确的顺序流动，并避免资源冲突和死锁等问题。

3. TPU 与 CPU、GPU 的比较

在计算领域，CPU、GPU 和 TPU 各自扮演着不可或缺的角色。尽管它们都是处理数据的硬件，但在性能、效率和用途上却存在显著的差异。

CPU 作为计算机的核心，负责执行大部分的计算任务。由于其设计初衷是处理通用计算任务，因此其性能特点是均衡的指令执行和多任务处理能力。然而，在处理大规模并行计算任务，特别是深度学习等复杂算法时，CPU 的性能可能会受限。GPU 最初是为图形渲染而设计的，但近年来已被广泛用于并行计算任务，特别是在深度学习领域。GPU

通过大量的核心并行处理，可以显著提升大规模矩阵乘法和张量运算的性能。但是，GPU 在某些特定任务上可能不如 TPU 高效。TPU 是专门为深度学习等机器学习任务而设计的处理器。它通过高度集成化的硬件架构和优化的软件生态，可以实现比 CPU 和 GPU 更高的计算性能和能效比。TPU 在处理大规模张量运算和神经网络推理等方面具有显著优势。

由于 CPU 的通用性，它在处理多样化任务时具有较高的灵活性。然而，在处理特定类型的大规模并行计算任务时，如深度学习，CPU 的能效比可能较低。GPU 通过并行计算的能力，在处理大规模数据集和复杂算法时具有较高的效率，但 GPU 的功耗也相对较高，可能不适合所有场景。TPU 通过针对深度学习等特定任务的硬件优化，实现了更高的能效比。

4. TPU 的应用

TPU 作为一种专为深度学习等计算密集型任务设计的处理器，其高效的计算能力和优化的软件生态将使其成为人工智能领域中的关键计算平台。随着人工智能技术的不断进步，深度学习算法将变得更加复杂和多样化，需要更加高效的计算平台来支持。TPU 通过其独特的硬件架构和优化算法，能够提供强大的计算能力，满足人工智能领域的计算需求，推动人工智能技术的快速发展和应用。

在大数据计算领域，TPU 具有巨大的潜力。随着大数据规模的不断扩大和复杂性的增加，传统计算平台已经难以满足高效处理和分析的需求。而 TPU 通过其高效的并行处理能力和优化算法，能够轻松应对大规模数据的计算挑战。这将使得大数据处理和分析变得更加快速和准确，为各行各业的决策提供有力支持。

7.1.4　DPU

1. DPU 的诞生

随着数据中心的不断演进和智能化，一个全新的计算单元正在崭露头角，那就是 DPU(data processing unit, 数据处理单元)。DPU 是一种专为数据中心设计的芯片，它的出现标志着数据中心计算架构的一次重大变革。

DPU 的核心职责是卸载 CPU 上的网络、存储和安全工作负载，从而释放 CPU 资源，使其专注于执行更复杂的任务。这种卸载机制极大地提高了数据中心的整体效率，使得数据处理变得更加迅速和高效。DPU 不仅具备强大的数据处理能力，还融合了网络、存储和安全功能。它可以处理数据包转发、存储访问请求以及安全协议等任务，为数据中心提供了一个统一、高效的计算平台。通过 DPU，数据中心能够实现更高效的数据传输、存储和保护，确保数据的安全性和完整性。

DPU 的出现是数据中心技术发展的重要里程碑。随着数据中心规模的不断扩大和数据处理需求的日益增长，传统的计算架构已经难以满足高效、安全、可靠的处理需求。而 DPU 作为一种专为数据中心设计的计算单元，正好填补了这一空白，为数据中心的发展注入了新的活力。

2. DPU 的主要特性

DPU 的核心优势之一便是其高性能的数据处理能力。这种能力源自其独特的设计和专为数据中心任务优化的架构。DPU 内置了强大的硬件加速引擎，这些引擎针对数据处理中最耗时的任务进行了优化。例如，对于网络数据包的处理，DPU 能够迅速解析、分类和转发数据包，大大提高了网络吞吐量和延迟性能。DPU 可以快速地处理存储访问请求，确保数据的高效访问和传输。DPU 采用了先进的并行处理架构，这意味着它能够同时处理多个数据流和任务，而不会出现性能瓶颈。通过高效的任务调度和并行计算，DPU 能够充分发挥其强大的计算能力，确保数据处理的高效性和实时性。DPU 还具备智能的数据处理功能。它能够根据数据的特点和需求，自动选择最优的处理算法和路径，从而提高数据处理的质量和效率。这种智能处理能力使得 DPU 能够应对各种复杂的数据处理场景，满足不同业务需求。

DPU 在网络工作负载方面表现出色。它内置了高性能的网络处理引擎，能够迅速处理大量的数据包转发、过滤和分类任务。通过硬件加速和优化的算法，DPU 能够大幅提升网络吞吐量，降低延迟，确保数据中心内部和外部通信的高效性和稳定性。DPU 在存储工作负载方面也具备卓越的性能。它提供了高速的存储访问接口和优化的存储处理算法，能够迅速响应存储请求，实现高效的数据读写和访问。这种设计使得 DPU 成为数据中心存储系统的理想选择，提高了数据存储和访问的性能和可靠性。DPU 还专注于安全工作负载的处理。它集成了先进的安全协议和加密技术，能够保护数据免受未经授权的访问和泄露。DPU可以实时监测和分析网络流量和存储访问请求，及时发现并防御潜在的安全威胁。这种安全功能的设计使得 DPU 成为数据中心安全架构的重要组成部分，为数据的安全性和隐私保护提供了强有力的保障。

3. DPU 的应用

DPU 在数据中心和云计算领域的潜在影响日益显现。作为一种专为网络、存储和安全工作负载设计的新型处理器，DPU 的引入将为数据中心和云计算带来革命性的变革。

DPU 极大地提升了数据中心和云计算的性能和效率。DPU 具备高性能的数据处理能力，能够高效地处理网络、存储和安全相关的数据。通过把 CPU 上的数据处理任务卸载到 DPU 上，能够有效释放 CPU 的计算资源。DPU 专注于执行核心业务逻辑，将大大提升数据中心和云计算的整体性能，实现更高效的数据处理和服务响应。

DPU 增强了数据中心和云计算的安全性。随着网络安全威胁的不断增加，数据安全和隐私保护成为数据中心和云计算领域的重要挑战。DPU 内置的硬件安全功能，如加密、解密和安全协议处理，将大大增强数据中心和云计算的安全性。通过实时监测和分析网络流量和存储访问请求，DPU 能够及时发现并防御潜在的安全威胁，确保数据的机密性和完整性。

DPU 还促进了数据中心和云计算的灵活性和可扩展性的提高。DPU 具备高可编程性和灵活性，能够适应不同数据中心和云计算的需求。通过灵活配置和优化 DPU 资源，数据中心和云计算能够提供更加多样化和个性化的服务。同时，DPU 的引入还将简化数据中心的硬件和软件架构，降低管理和维护的复杂性，提高整体的运营效率和可扩展性。

7.2　晶圆级计算系统实现技术

7.2.1　晶圆级计算系统简介

集成电路作为现代电子设备的核心组成部分,经历了从简单到复杂、从单一功能到高度集成的演变。片上系统和晶上系统是集成电路技术发展的两个重要里程碑。片上系统(SoC)是集成电路发展史上的一大突破。它将多种功能电路,如微处理器、内存、通信接口等,集成在一块芯片上,实现了系统级别的集成。SoC 的出现极大地简化了电子系统的设计和生产流程,提高了系统的可靠性和性能。同时,由于所有组件都集成在单个芯片上,SoC 还大大降低了系统的功耗和成本。

然而,随着技术的进步和应用需求的增长,传统的 SoC 已经难以满足某些领域对更高集成度、更强大性能的需求。这时,晶上系统(system on wafer, SoW)的概念应运而生,其也称为晶圆级计算系统。晶上系统将多个芯片或系统模块集成在一片晶圆上,实现了更大规模的集成和更高的性能。与 SoC 相比,SoW 具有更高的集成密度和更强的性能,能够支持更复杂、更大型的系统应用。

从片上系统到晶上系统,集成电路技术的发展不仅体现在集成密度的提升,更体现在对系统性能、功耗、成本等多方面的全面优化。未来,随着新材料、新工艺的不断涌现,集成电路的发展将继续向着更高集成密度、更高性能、更低功耗的方向发展,为人类的科技进步和社会发展提供更强大的动力。

1. 晶上系统

未来的信息基础设施将对集成电路提出新的需求,计算机体系结构和集成电路的发展将出现新的趋势。当前,软硬件协同计算正在成为新的计算模式,以面向应用的软件定义为中心,通过软件定义硬件系统、网络平台乃至基础设施成为新的服务模式。由于集成电路为未来的智能技术载体与智能产业基石,不论是超算中心、大数据中心、工业互联网,还是边缘计算、人工智能终端、物联网,都正在对集成电路的功能、性能、成本等提出新的需求。

面对集成电路技术新需求,全球集成电路产业面临发展困局。摩尔定律的提出曾经为集成电路的发展注入强劲动力,但随着芯片的工艺制程向 1nm 迈进,摩尔定律正在接近物理、技术和成本的极限。随着集成电路尺寸不断缩小,技术瓶颈制约集成电路工艺的发展越来越明显。

我国集成电路发展还面临特有困局。在当前人类发展阶段,集成电路产业是大国博弈和竞争的战略支点。世界主要国家高度重视集成电路科研实力和产业能力,大力推动半导体技术发展。我国集成电路的发展与国家战略规划目标还存在一定差距,亟须探索开放集成创新的新工程技术路线,真正形成关键核心技术,破解国外技术封锁,实现集成电路发展的高水平自立自强。

2. 软件定义晶上系统

不论是系统设计与集成,还是芯片设计与制造,都呈现弱耦合发展关系。系统与芯片之间几乎是两条独立的工程技术路线。由于缺乏归一化的工程技术路线，芯片设计与制造、系统设计与集成、设备开发与应用等垂直环节协同失配。这一方面导致芯片与设备的设计无法"最佳适配"上层系统应用的个性化需求，另一方面导致裸芯的"原始性能"在系统层面呈现逐级插损，进而导致当下云计算、超算、大数据中心等大型信息基础设施所面临的严重"功耗墙"、"运维墙"和"性能墙"问题。系统集成遵循"芯片-模组-机匣-机架-系统"的"逐级堆砌式"工程技术路线。对于一个大规模信息系统，如超算中心、数据中心等，通常包含大量的接口、存储、计算、交换等芯片，而这些芯片按照系统层次化的体系结构，如图 7-1 所示，依次堆砌为模组、机匣、机架、系统，呈现出对裸芯"原始性能"的逐级插损。

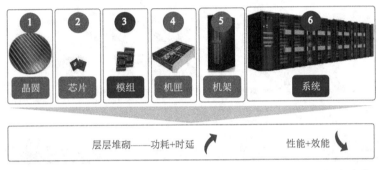

图 7-1　"芯片-模组-机匣-机架-系统"的"逐级堆砌式"工程技术路线

从系统视角来看，芯片只是手段，系统才是目的。结合当前集成电路前道设计与后道封装逐步收敛融合的技术趋势，从系统层面进行顶层规划、协同设计、融合制造、一体化集成，甚至实现跨尺度、跨材料、跨工艺、跨维度、跨物理，像设计、加工集成电路一样设计、加工微电子系统，将各种芯片、传感器、元器件、天线、互连线等制作(集成)在一个基板上，形成具有预期功能的系统，才能在摩尔定律趋于终结的条件下，构建高密度、小型化、强功能、低功耗、低成本、高可靠、易设计、易制作的集成系统。因此，从系统视角，若能找到"裸芯密度"更高乃至最高的集成方式，就可以打破现有堆砌式工程技术路线的逐级插损困局。

我国著名科学家钱学森在"战略突围"与"换道超车"上留下了系统工程理论与科学的思想和技术瑰宝。钱学森先生的系统工程思想可以为微电子发展困局提供方法论和现实指导，我国集成电路的发展可以不试图追求每个"部件芯片"的性能及工艺先进性，而是站在系统角度，研究系统架构创新带来的联乘增益，基于系统工程科学指导的集成电路设计系统需要将重点放在系统整体的相互作用和相互联系上，复杂性系统的整体功能不是由个体而是由个体之间的连接关系决定的，借助"网络极大化、节点极小化"，实现整体大于各部分之和(1+1>2)。按照系统工程思路，可将系统级功能、性能、效能与智能作为预期目标，形成芯片与系统的"分工不分家"发展模式，其本质是站在系统整体的角度对集成电路设计、加工、集成与应用等进行"工程技术路线革命"，实现系统级功能、性能、效能与智能指标的多维度协同最优化。

通过颠覆当前系统堆砌式工程技术路线，打破 SoC 边界条件束缚，将刚性结构升级为软件定义结构，将软硬件分离提升为软硬件协同，将 IP 复用提升至芯粒复用，将 2.5D/3D 封装升级至晶圆级集成，将单一工艺拓展至多种工艺，将硅基材料拓展至多种异质材料，并天然融合各种各样先进"感、传、存、算"技术，邬江兴院士团队于 2019 年提出软件定义晶上系统(software defined system on wafer, SDSoW)的概念，如图 7-2 所示。软件定义晶上系统实现了软件定义体系结构赋能集成电路设计和应用全流程，融合预制件组装和晶圆集成等创新思想，可颠覆现有微电子的设计方法、工作范式、集成方式等技术路线，形成以应用场景垂直整合、随阅历数据自我演化的新一代智能微电子设计、工艺和应用技术。

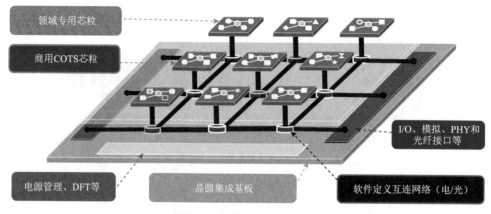

图 7-2　软件定义晶上系统

SDSoW 包含三个层面技术：一是软件定义系统；二是软件定义晶圆；三是晶上系统。

软件定义系统(software defined system, SDS)即"系统之系统"，具备复杂性系统之共性基因，为整体性、开放性、非线性、适应性、涌现性、重构性和多尺度性等奠定基础，基于混沌学习，可以平衡到不同耗散结构的有序状态，并可通过与外界的信息与能量交互实现自我演化。这一点不仅与智能底层机理相通，而且可基于当前技术，通过软件定义，实现面向领域的灵活性，在系统层面代表着一条"领域专用软硬件协同"的发展之路。

软件定义晶圆(software defined wafer, SDW)实现了硬件资源的可重构和灵活重组，将软件定义下沉到硬件资源的"物理层"，其核心目标是通过"结构适应应用"获取效能倍增优势，既实现了应用、算法、结构、电路、器件、工艺、材料联合迭代创新，也打破了系统的应用和设计界限，实现"应用即设计、设计即应用"，可支持软件定义信息基础设施与软件定义装备，从而实现高性能、高效能、高灵活三位一体。

晶上系统(SoW)通过系统工程论视角，将晶圆这一经济性、成熟性和高密性的工艺平台拓展到系统集成层面，全面释放晶圆集成的高带宽、高能效和低延迟天然优势，找到了一条"低损耗"的系统集成工程技术路线，从追求微电子技术进步升级为追求系统级功能、性能与效能的目标实现，为当前系统需求与微电子进步的失配困局找到可行出路。

软件定义晶上系统首次从系统的视角，站在"材料、器件、工艺、结构、算法、应用"的全流程，基于系统工程思想，用领域专用软硬件协同的体系结构和异构异质"类 ASIC"拼装集成的技术路线，给出了一条微电子的可持续发展、智能涌现之路。

7.2.2　软件定义晶上系统的关键技术

1. 领域专用软硬件协同计算架构

结构决定功能、性能、效能、安全，在领域专用软硬件协同计算时代，基于 SoW 的系统体系结构设计和创新尤为关键，体系结构的优劣可直接决定系统的灵活性和效能乃至安全性，也是 SoW 设计层面最大的技术挑战。领域专用软硬件协同计算包括晶上系统应用特征分析、晶上系统架构设计空间探索、软硬件协同晶上系统任务映射、面向应用需求的算粒提取等关键技术。

2. 软件定义晶上互连网络

高密度、强可塑的晶上互连网络对晶上系统的功能、性能和效能同样重要。晶上互连网络不仅要实现远超现有连接网络的高密度、大规模，而且还要实现高灵活、强可塑，基于软件定义互连的晶上互连网络能很好满足上述特征，软件定义互连可以实现互连协议、端口、速率、带宽利用度、协议转换、交换模式等的灵活定义，为晶上系统灵活互连异构芯粒提供了强大开放性，同时能够敏捷适应各种工作流程。需要特别指出的是，尽管采用软件定义互连，也不可能用一套互连标准支持所有类型的芯粒互连，可能需要多种互连标准来满足多样化芯粒的互连需求。软件定义晶上互连网络包括互连接口物理与逻辑标准、软件定义互连网络(拓扑结构、路由与拥塞控制、资源管理调度、微路由器体系结构以及可测性设计等)等关键技术。

3. 领域专用混合粒度芯粒

芯粒是实现“分而治之”与“群体智能”的基本部件，其种类、属性与拓扑在架构设计时根据领域应用的功能、性能和工作流程凝练抽取。SDSoW 的芯粒会经历两个阶段：第一阶段主要基于现有的 CPU、GPU、DSP、AI 处理器、Memory、Switch 等芯片进行重组或增量开发，通过粗粒度现有芯粒的集成和细粒度“黏合”芯粒的开发，按照功能等价去逼近系统架构设计中所需的理想芯粒，这一阶段可以最大化继承现有的技术与产业成果，实现 SDSoW 产业的快速起步；第二阶段则进行崭新形态芯粒的开发与定制，依靠晶上系统的丰富的互连资源和超低互连延迟，通过对处理芯粒和互连芯粒的定制，能够实现更高的能效比和能重比，真正发挥出 SDSoW 系统的优势和能力。随着“感、传、存、算”融合架构走向成熟与产业化，芯粒间的联系更加密切，芯粒的形态会更加逼近“不同类型的神经元”，芯粒间通过发达可塑的网络不仅可以实现“区域智能”，也可以支持“全局智能”。

4. 晶圆基板制备与拼装集成

为实现晶圆基板的制备，必须解决工艺文件、开发工具和制备流程的问题。晶圆基板不同于传统的有机基板和硅转接板，在晶圆级规模进行生产制备，必须解决晶圆级网络基板设计与制作相关的技术问题。晶圆基板制备与拼装集成包括晶圆级网络基板协同设计技术、TSV 晶圆级网络基板制作工艺以及微凸点制作技术。

5. 超高密度供电与散热

软件定义晶上系统集成大规模的不同功能的芯粒，由于集成的芯粒可以是不同的工艺节点的芯粒，因此其供电需求也不同，而且由于集成规模大，整个系统的功耗也比较大。对于晶上系统的芯粒来说，如果供电电压纹波很大或者电压跌落很大，当纹波或者电压跌落超过芯粒规格需求时，芯粒不能正常工作，从而影响整个软件定义晶上系统的功能实现，而整个系统由于功耗产生的焦耳热如果无法及时散出，也势必影响整个晶上系统工作的可靠性。超高密度供电与散热包括晶上系统供电结构设计、晶上系统供电网络设计、供配电模块设计、晶圆规模级电源完整性仿真、散热系统设计等关键技术。

6. 软硬件系统开发与编译

SDSoW 是领域专用软硬件协同系统，其开发与编译工具不仅会引入领域专用语言，提高编程的高效性与灵活性，还在开发与编译工具中体现软硬件协同，将系统设计空间的优化探索映射到晶上硬件资源上，通过在线编译硬件资源实现软硬件协同的"结构适应应用"。同时，开发与编译工具也将发布到应用客户，对晶上系统的应用本质上是领域专用系统需求的"在线定义与开发"。SDSoW 的软硬件系统开发与编译包括领域专用语言编程、软硬件协同、任务资源映射、资源调度与编译等关键技术。

7.2.3 软件定义晶上系统的前景

1. 形成集成电路发展新范式

SDSoW 将刷新信息基础设施的技术物理形态。SDSoW 本质上属于规模数量级提升、资源极大化异构的集成电路新物种，现有数据中心、云计算、大数据、高性能计算、智能计算中心、边缘计算、光网络等信息基础设施将实现极大微缩，车载高性能计算、机载智能计算、弹载一体化计算等新技术物理形态信息基础设施将会呼之欲出。同时，对于无人机、机器人、物联网等信息平台，将会在多功能一体化、智能化支持等能力方面迅速提升，诞生出新的产品形态，加速信息基础设施的技术升级与产业进步。

伴随 SDSoW 的诞生，尤其是云化服务时代的到来，可以重新定义微电子的经济性指标，即靠芯片提供的服务价值而非芯片销售规模来进行衡量，后续芯片的研发经济性主要看其承载的服务需求规模，通过服务的收费来体现芯片的价值，继而重新定义云化服务时代的微电子经济性指标。

SDSoW 一旦形成生态，将会成为堪比 SoC 的里程碑式芯片设计范式。得益于标准化芯粒的"即插即用"，SDSoW 设计门槛会大大降低，将会从复用设计演变为芯粒组装，带动设计方法的变革，并重塑产业上下游的分工，芯粒设计、加工与测试将会成为新的产业，晶圆级集成会加速技术创新与产业发展，领域专用的晶圆基板将会进一步缩短芯片与装备的敏捷设计周期，多功能综合一体化和单功能性能极致化将成为两个明显的发展方向。

在安全方面，SDSoW 的异构异质众量芯粒集成和软件定义互连技术为基于动态异构冗余的内生安全提供了天然的软硬件架构基石，内生安全将会成为所有平台、系统等的基本属性；在高性能计算方面，SDSoW 在晶圆上集成计算、存储、通信、互连 I/O，无论是通信、计算、存储，还是数据搬移，都没有插入损耗，而且由于晶圆基板互连距离特别近，对驱动器的驱动能力要求也得以降低，从而可以降低芯粒的功耗，进而降低整个系统的功耗，大大提升了高性能计算的能效比，同时，基于软件定义的领域专用计算在开发敏捷性和迭代速度上也有极大优势；在基因芯片方面，SDSoW 将单一工艺拓展至多种工艺，将硅基材料拓展至多种异质材料，为基因测序、DNA 合成、DNA 存储等信息技术与生物技术的融合应用提供了底层支撑。

2. 驱动本质智能研究新探索

SDSoW 在互连密度上较 PCB (process control block, 进程管理块) 实现了万倍到百万倍量级的提升，更加逼近人脑神经网络的连接密度，可以全方位释放体系结构的创新增益，也可形成网络与计算一体发展的模式。在系统体系结构创新中，体系结构的增益与系统资源规模和资源种类成正比，资源规模越大、资源越异构多样，体系结构能获得的增益越大；同时，系统的性能与效能与资源半径的平方成反比，资源半径越小，系统的效能与性能越高。在 SDSoW 中，可集成万亿规模晶体管的硬件资源，而且这些硬件资源可以是模拟、数字器件，也可以是计算、处理、存储器件等，同时具备"类 ASIC 内"的集成性能，为车联网、远程医疗、虚拟现实、元宇宙等服务质量要求苛刻的领域应用场景软硬件协同计算架构的效能释放提供了天然创新与应用平台。

智能化设备需要新的技术体系与指标体系，信息时代的算力和信息技术与指标体系不能适用于智能化设备。智力和知识应该是更有效的逼近表达，如何发展出以知识为核心的技术与指标体系是走出现有深度学习发展范式桎梏的关键问题。需要构建知识的表达、传输、处理、存储、呈现等技术体系，并形成智力而非算力的系统衡量指标，摆脱当前大算力、大带宽、高主频等的人工智能发展路径。由于 SDSoW 可提供一个"类神经网络"的晶圆底座，可天然接纳新型的知识表达、传输、加工等创新技术，也是"低算力、小数据、自演化"特征的人工智能发展最佳平台，有望带动人工智能从"算力和数据驱动"跃迁到"知识和算法驱动"，探索本质的智能发展之路。

3. 支撑数据计算产业新需求

大数据时代的数据量的爆炸性增长对计算系统提出了更高的要求。晶上计算系统作为一种高度集成、高性能的计算平台，在大数据计算领域展现出了广阔的应用前景。

晶上计算系统的高度集成使得它能够处理大规模的数据集。传统的计算系统在面对海量数据时，往往受限于硬件资源的瓶颈，无法有效处理。而晶上计算系统将多个处理器、存储器和输入输出接口集成在单一片晶上，实现了超高的计算密度，能够满足海量数据的计算需求。晶上计算系统的高性能使得它能够快速处理大数据计算任务。在大数据分析中，需要处理的数据量巨大，计算复杂度高。晶上计算系统通过优化系统架构、提高处理器性能、增强内存和存储能力等手段，实现了高性能的计算能力，能够快速完成大数据计算任务，提高分析效率。晶上计算系统的低功耗特性也使其在大数据计算领域具有优势。在大数据中心中，能耗是一个重要的考虑因素。晶上计算系统通过采用先进的散热技术和节能设计，降低了系统的功耗，有助于减少数据中心的能源消耗和运营成本。晶上计算系统的可扩展性和灵活性也为大数据计算领域带来了更多可能性。随着大数据应用的不断发展，计算需求也在不断变化。晶上计算系统可以通过升级处理器、增加存储器、扩展输入输出接口等方式，灵活适应不同的计算需求，以满足大数据应用的发展需求。

7.3　本 章 小 结

本章大数据计算系统实现技术的硬件包括 GPU、FPGA、TPU、DPU 和晶圆级计算系统等。本章分别对这些加速计算的硬件资源进行介绍，包括它们的设计原理、软件工具、优缺点的分析和未来发展预测。经过本章学习，读者能够对大数据计算系统的实现技术有一定了解。

第8章 先进大数据计算系统应用实践

在当今信息时代，大数据计算系统的应用已经深入到各个领域，其强大的数据处理和分析能力正在改变着人们的生活方式。先进的大数据计算系统不仅在理论上取得了显著的成果，而且在实际应用中展现了巨大的潜力。本章将以大数据试验场、医保大数据稽核、遥感大数据计算为例，探讨先进大数据计算系统的应用实践。

8.1 大数据试验场

在全球范围内，运用大数据提升科学和工程领域的创新速度和水平、推动经济发展、完善社会治理和民生服务、提升政府服务和监管能力正成为趋势。"实施国家大数据战略"是通过综合国际环境、技术趋势和中国形势做出的战略决策，必须把握大数据带来的战略机会，提升政府治理能力，实现经济转型升级。

大数据试验场以服务国家大数据战略、服务上海数字经济发展、服务上海大数据产业集聚、服务大数据创新创业、服务传统经济转型升级、服务区域大数据产业基地发展为统揽，旨在打造大数据技术研发、成果转化与企业孵化、人才培养培训等的公共服务平台，形成连接政府、企业、资本、技术、数据资源的桥梁和纽带。

通过建设数据资源服务子平台，实现数据归集功能，为大数据试验提供数据；通过建设数据试验服务子平台，为企业提供系统试验、模型试验的一站式服务；通过建设测试认证服务子平台，为大数据测试评价提供技术支撑；通过建设人才培养服务子平台，提升大数据试验场的人才培养能力；通过建设开源社区服务子平台，吸引国内外研究力量，促进技术共享；通过建设成果转化服务子平台，实现对大数据企业的创新成果转化与孵化。

8.1.1 大数据试验场总体架构

试验场主要由试验场景、系统管理控制、基础平台和试验场支持工具等部分构成，体系结构如图 8-1 所示。

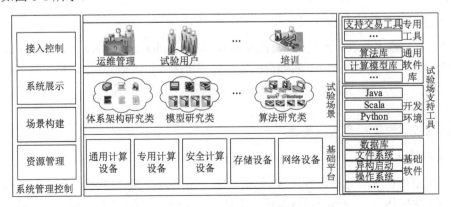

图 8-1 大数据试验场体系结构图

试验场景。处理数据前，大数据应用以及相关的支撑软件需要部署到特定场景的设备上。应用在执行的过程中，还可以结合系统的负载来动态调整。计算结束后，相应场景的软硬件资源必须释放。试验场景层主要提供针对不同场景的体系结构研究、模型研究、算法研究等功能，为场景构建提供具体的能力支撑。

系统管理控制。其包括接入控制、系统展示、场景构建和资源管理。

接入控制主要负责用户的全过程管理，包括用户新建、角色分配、权限分配、审批管理、启用停用、删除用户、登录退出、密码管理，以及访问控制、计费等。

系统展示负责收集平台内的各类状态信息，并展现给管理员和用户。状态信息包括硬件资源、服务运行状态、平台安全状态、平台健康状态；展现方式包括表格、图表等多种形式。

场景构建在获取用户需求后，基于规则库、知识库和资源的状态，生成特定的应用场景。

资源管理负责对平台内的各类软硬件资源进行统一管理，具体包括资源信息采集、资源状态监控、资源状态变更、异构算法库管理等。

基础平台。其共提供 5 种硬件资源，包括通用计算设备、专用计算设备、安全计算设备、存储设备、网络设备。基础平台层是这 5 种硬件资源的抽象概念，其主要为场景构建提供相应的硬件资源支撑。

试验场支持工具。其包括基础软件、开发环境、通用软件库和专用工具。基础软件是指操作系统、文件系统、数据库等；开发环境是指 Java、Scala、Python、C/C++等不同编程语言的集成开发调试环境；通用软件库指通用数据处理算法、通用计算模型、通用软件构件等；专用工具是指面向不同场景、不同数据资源、不同应用需求提供的专用功能软件。

8.1.2 数据资源池建设

大数据试验场中的数据源大致可分为科学研究数据、医疗健康数据和智慧城市数据三类，汇集多个行业不少于 20 万种样本数据，通过数据流发生器、仿真数据发生器、组合数据发生器等工具产生试验数据，为关键技术研究、应用试验以及人才培养提供充足的数据资源支撑。

1. 科学研究数据

科学研究数据主要包括天文(NASA(National Aeronautics and Space Administration, 国家航空航天局)遥感、SKA(square kilometre array, 平方千米阵)望远镜)、科技考古、人类基因组、互联网公开的研究用数据集等数据，其中既包括海量影像数据，也包含文物特征、基金信息等结构化数据。这些数据后续可为生命科学、人类学、基因、天文物理、环境等领域的研究提供交叉学科数据支撑。

2. 医疗健康数据

医疗健康数据主要包括医疗影像(包括核磁、超声、各种 X 线机、各种红外仪、显微仪等设备产生的图像)、养老监测(包括老人体征、起居、行为等)等数据，这些数据可为人工智能辅助疾病诊疗、健康行为分析、疾病早期筛查预判等提供多种数据支撑。

3. 智慧城市数据

智慧城市数据包括城市的道路交通、公共交通运行、遥感影像、物流、进出口供应链、安防摄像头、社会综合治理事件、企业经济运行、GIS、公共建筑等 50 余种数据。智慧城市数据包含城市运行的方方面面，可为机器视觉、经济学、交通工程学、智能辅助决策、环境保护、农业工程、农业经济、新能源汽车技术等多个学科提供多维度交叉领域的海量数据。

8.1.3 试验场基础设施建设

大数据试验场基础设施主要由"物理平台+实训基地+开源社区"模式构成，有三方面的建设任务。

(1) 建设大数据试验场核心软硬件平台，可为试验场的研发试验服务提供计算与存储能力的保障。

(2) 建立大数据实训基地，为大数据从业者、大数据工程师、数据科学家提供现场实训平台。

(3) 构建大数据技术开放共享创新平台，形成大数据开源社区，支持大数据领域顶层项目，吸收优秀的开源项目，降低大数据建设的成本，提高试验场服务的能力，同时支撑大数据技术交流与学习培训，以有效提升行业科研水平和质量，为信息化建设输送人才。

大数据试验场硬件环境包括拟态数据服务器、拟态存储服务器、通用服务器(x86/ARM 服务器)、拟态路由器、拟态交换机与大屏展示系统等部分。硬件环境的总体架构如图 8-2 所示。

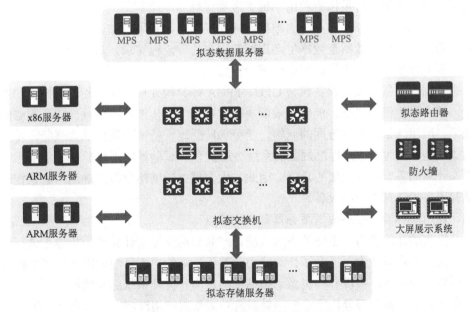

图 8-2 大数据试验场硬件环境的总体架构

1. 拟态数据服务器

大数据试验场需要有效支撑各类场景构建，按照建设目标，需要支持算法、计算模型、体系结构等三大类面向多领域的大数据试验，现有的通用 CPU 采用固定的计算架构，无法有效应对上面三类试验，特别是凸显大数据试验场的特色与技术水平的体系结构类的大数据试验。

世界首台拟态计算机(mimic computer)的问世被两院院士评选为 2013 年度中国十大科技进展之一。863 高性能计算机评测中心于 2013 年 7 月的测试结果也表明，针对互联网应用、图像解析和加解密三类典型的通信、存储和计算密集型应用，与同年主流商用服务器集群系统相比，基于认知的主动重构计算机体系结构的拟态计算机的综合效能比提升倍数均超过 10 倍，最高达到 315 倍。

拟态数据服务器是基于拟态计算架构设计的产品形态，使用了拟态计算中认知决策系统、混合异构资源调度与可重构互联网络等关键技术。其中，认知决策系统主要通过对应用和资源的静态和动态感知，基于主动认知能力，在合理的时机选取或重构出合适的资源及结构，动态地为应用提供最合适的体系结构方案和执行方案，力求不断逼近最优效能的应用计算需求，从而实现高效能的目标。认知部分由知识库、建模机、推理机、学习机、决策评估模块等构成。体系结构和各类资源需不需要重构、如何重构、何时重构等问题由该系统决策。混合异构资源调度定义了各类异构资源的描述模式与调用条件，区别于通用大数据处理平台，除了提供逻辑门级粒度的访问功能外，还面向各类大数据应用提供了有针对性的高阶函数集，如排序、聚类、检索、解密、分类等。可重构互联网络的目的是为试验用户提供可自定义的通信网络，包括网络拓扑、网络带宽、协议、速率等重要参数，同时也将拟态计算机的可重构资源由单机扩展到集群。

拟态数据服务器将拟态计算与大数据服务深度结合，利用拟态计算结构适应应用、主动认知的特点，结合大数据全数据生命周期管理与处理流程需求，形成软硬件深度耦合的面向大数据处理场景的一体化、标准化平台设备。

拟态数据服务器的硬件设备包含 GPU、FPGA 等异构处理单元与相应面向算法处理的工具集，结合异构资源调度，能够有效解决“大数据”时传统计算机软硬件所面临的处理效能低下、应用场景受限等方面的问题，能更加广泛地支持试验场内的类试验，特别是体系结构类试验。同时，通过标准规范的系统 API 提供，试验场的系统软件将能非常方便地整合拟态计算服务器的各项核心功能。因此，大数据试验场建设拟定选用拟态数据服务器作为试验服务的计算类核心设备。

相比通用服务器，拟态数据服务器有三大特点。

一是更高的计算能力、更好的系统效能。产品架构在拟态计算理论指导下进行设计，其中的异构计算资源池大幅提升了计算能力；基于认知的异构资源调度系统可根据大数据应用不同场景的特点，实现异构资源动态调度与重构，提升系统综合效能。

二是具备大数据处理异构资源库。针对行业大数据应用现状，其提供多类型、多版本的异构加速库，可让应用开发人员透明使用，后续还将不断丰富，同时提供定制化服务。区别于常规的通用服务器或者异构服务器，拟态数据服务器能有效支持 CPU、GPU、FPGA

以及混合计算泛型试验。

三是更便捷的使用。其提供统一拟态数据服务软件系统，数据服务层让用户可针对数据处理全生命周期流程实施交互式服务定制，避免为构造高效大数据环境而困扰。软件系统的所有功能提供完备的符合 RESTful 规范的 API。

2. 拟态存储服务器

大数据试验场需要汇集、承载用户的大量试验数据，其中不乏重要和隐私的信息，必须予以充分的保护；另外，为保证试验场稳定运转，存储系统必须具备良好的抗毁损攻击能力，保护存储服务的正常提供和存储数据的安全可用。而对于开放使用的大数据试验场来说，必将面临大量漏洞、后门与内部攻击威胁，这对试验场的存储系统提出了较高的安全要求。因此，采用基于拟态防御的分布式存储系统进行构建，在满足样本数据存放需求及高效支持各类大数据试验的前提下，使存储集群具备抵御攻击的高安全属性。

拟态分布式存储产品外观如图 8-3 所示。

图 8-3　拟态分布式存储产品外观

拟态分布式存储在软件定义存储架构的基础上，集成拟态安全等技术，包括异构存储设备高效安全调度、异构元数据管理、异构分布式存储系统构建与数据组织、拟态安全数据存储访问等技术，从而实现大规模可扩展、高效低能耗、高安全性、高可靠性等数据存储与访问能力，可广泛支持试验场云存储、大数据分析等各类典型应用场景。

元数据管理作为分布式存储的核心组件，针对元数据节点的数据索引管理引入拟态安全增强设计，增加功能等价的元数据管理异构执行体，接收到客户端数据的索引请求后，由访问代理分发至多个异构元数据管理执行体同时执行，并对索引结果进行拟态多模判决，确保输出正确的索引结果，提高元数据索引的安全性和可靠性，考虑到元数据校验对存储性能的影响，将元数据保存在 NVME 或通用高速 SSD(solid state disk, 固态硬盘)中，并缓存在内存中进行数据处理，最大化提升元数据处理的效率。元数据节点在底层硬件、操作系统、软件运行环境等各个层面具备多样性，结合分发裁决机制来保证系统对于单一类型的故障或攻击威胁具有抵抗性。

3. 通用服务器

通用服务器包括通用 x86 服务器和国产 ARM 服务器。

　　通用 x86 服务器用于计算资源、Web 安全、计费、用户管理、资源管理、场景构建、数据节点管理与数据节点分发表决等。其中在计算资源部分，为配合拟态计算资源的高效使用，在用户场景架构需求为单一 x86 资源可满足的情况下，直接为用户提供基于通用服务器的 x86 资源。

　　国产 ARM 服务器的应用场景与通用 x86 服务器相似，其主要用于构建拟态计算所需要的异构环境。

　　4. 拟态路由器

　　拟态路由器在其架构中引入多个异构冗余的路由执行体，同时引入协议代理进行消息分发，引入多模裁决进行输出结果裁决，拟态裁决结果通过负反馈控制器反馈给动态调度模块，实现各个执行体的动态调度和执行体的清洗恢复。通过对路由器的拟态构造，在保证功能性能不变的情况下，实现对基于未知漏洞后门攻击的发现与阻断，有效提升路由器安全性。

　　拟态路由器的拟态构造机制通过虚拟化技术实现，设备增加成本可控在 10% 以内。拟态构造特性决定了它不依赖于特征进行威胁检测与阻断，在设备生命期内既可以减少部署其他安全防护设备的成本，也可以降低不停打补丁修复漏洞的维护成本。拟态路由器体系结构如图 8-4 所示。

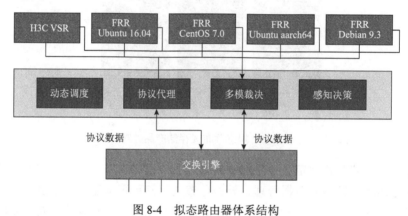

图 8-4　拟态路由器体系结构

　　拟态路由器主要由 5 个主要部件组成。

　　（1）协议代理单元。协议代理单元是消息进入系统的出入口，该单元负责将路由协议或管理协议报文分发给各个执行体，并按照一定策略对执行体向外发送的协议报文进行转发或过滤。

　　（2）多模裁决单元。通过载荷级、内容级、行为级的拟态裁决，实现对系统内部功能执行体异常的感知，并通过负反馈机制触发相应的后处理。

　　（3）异构执行体池。其中存储了具有相同功能的异构执行体，异构执行体池的多样性增大了攻击者分析漏洞和利用后门的难度，使整个路由系统具有强大的入侵容忍能力。目前拟态路由器的异构执行体池包括一个商用路由执行体和四个部署在不同 CPU 和操作系统上的开源执行体。

　　（4）动态调度单元。动态调度单元的主要功能是管理异构执行体池及其功能子池内执行体的运行，按照感知决策单元指定的调度策略，调度多个异构功能执行体，实现功能执行体的动态性和多样性，增加攻击者扫描发现和探测的难度，干扰未知漏洞后门、病毒木马等的可见性或可达性。

（5）感知决策单元。其负责从多方面收集拟态路由器系统运行过程中的各类异常和状态信息，并在此基础上，基于拟态裁决结果，甄别异常执行体，据此主动调整运行参数，使其自主跳变，主动防御。与此同时，对不可信的执行体进行下线清洗和初始状态回滚，或触发传统安全机制进行精确检查和清理。

由于拟态路由器采用了上述架构，攻击者即便控制了对外呈现执行体，也难以发现并且控制其他所有的执行体，从而使其恶意行为被拟态裁决机制阻断，极大地提高了对路由器的攻击难度。

5. 拟态交换机

由于大数据试验场面向公众提供开放的服务，为了为大数据试验场提供安全的试验网络环境，应针对可能的网络攻击和安全威胁，以拟态防御理论模型为指导开发基于动态异构冗余架构的拟态 SDN（software defined network，软件定义网络）控制器，为大数据试验场提供拟态安全交换网络系统，如图 8-5 所示。

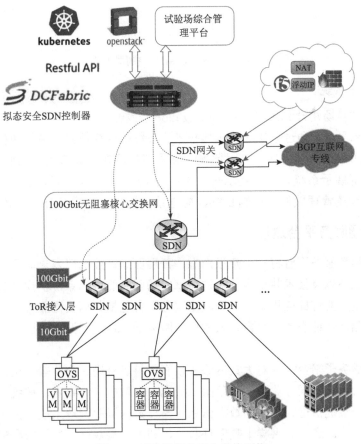

图 8-5　试验场拟态安全交换网络

试验场交换网络的核心是 SDN 控制器，网络设备的所有动作都是在 SDN 控制器的控制下进行的，因此试验场基于动态异构冗余架构设计了拟态安全 SDN 控制器，其架构如图 8-6 所示。拟态安全 SDN 控制器关键技术包括多平台异构网络控制器执行体动态调度、面向最大化系统异构度增益的 SDN 控制器执行体选调策略、基于消息字段比对的大数裁决机制等，通过对 SDN 设备的统一管理，实现租户网络、子网隔离、NAT 等网络功能，从而为大数据试验场提供安全、高效的网络环境。

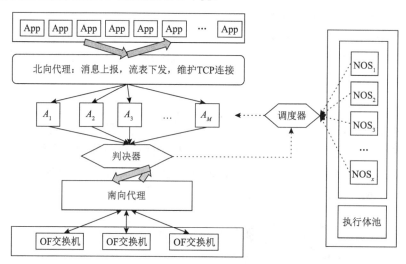

图 8-6　拟态安全 SDN 控制器架构

6. 大屏展示系统

在大数据试验场建设 LED（light-emitting diode，发光二极管）大屏，作为大数据试验场的主要信息显示平台。通过采用无缝拼接技术、多终端共享技术、信号切换技术、网络视频通信技术，形成了无缝拼接、高对比度、画面清晰流畅、高灰度、高刷新、功能强大、使用方便的大屏展示系统。大屏展示平台主要由 LED 显示屏、多画面拼接视频处理器、综合播控平台系统管理软件、控制系统、配电系统接口、线缆及外围设备等组成。

8.1.4　试验场服务平台建设

大数据试验场服务平台将基于建设形态，开展面向行业的研发试验服务、成果转化服务、人才培养服务以及技术共享服务，构建试验场创新服务体系，实现从技术研发到成果转化的大数据全产业链标准化服务。试验场服务平台包括数据资源服务子平台、数据试验服务子平台、测试认证服务子平台、人才培养服务子平台、开源社区服务子平台及成果转化服务子平台。

数据资源服务子平台：针对大数据服务政府、科研机构、企业等单位的不同特点，提供多样化数据，研究不同行业数据的范围、流程、保障技术等要素，按统一标准、流程和算法，分类、分级提供格式化后的数据信息。建设数据资源管理系统，汇集原始数据，形成大数据资源样本。通过提供样本数据（副本），利用各类数据发生器依照样本数据生成模拟仿真数据，为大数据试验提供基础数据资源支撑。

数据试验服务子平台：通过设计大数据试验场硬件架构和软件系统，基于成熟的硬件设备自主研发大数据试验场各软件模块，建成大数据试验场基础设施，为开展大数据试验服务提供软件平台支撑；基于其先进的研发基础设施和团队运营能力，以开放的数据服务模式为大数据企业及创新团队提供具备国际先进水平的技术方案定制、产品试验、成果评测、技术咨询等相关服务。

测试认证服务子平台：研究大数据技术及管理标准，构建大数据技术成果认证标准体系，提供大数据产品的测试、验证服务；提升大数据技术研发的标准化水平，减少技术成果的流通成本和市场转化成本。

人才培养服务子平台：组建人才培养团队，面向医疗、制造、交通等相关领域企业需求，以培训平台的形式组织大数据专业技术有偿培训，创新人才培养模式，建立健全多层次、多类型的大数据人才培养体系；切实推进大数据"产学研用"的无缝结合，为国家大数据战略创造良好的生态体系。

开源社区服务子平台：支持大数据软件社区形成政府导向、企业导向、大数据场景相结合的良好生态系统，形成自身特色，加快大数据产业链的发展。

成果转化服务子平台：从支撑产业链创新、支撑重大产品研发与转化、支撑创新创业、支持人才培养等方面开展成果转化服务，为大数据产业发展提供示范支撑。

8.2　医保大数据稽核

基本医疗保险事关人民健康和群众利益。近年来，财富持续积累为不断充实我国医疗保障制度的物质条件奠定了日益丰厚的基础，医保管理体制的统一与信息化、标准化建设步伐的加快则为我国医保制度的规范有序发展提供了日益健全的组织保障与有力的技术支撑。根据国家医疗保障局（简称医保局）2023 年 7 月发布的《2022 年全国医疗保障事业发展统计公报》统计，截至 2022 年底，全国基本医疗保险参保人数 134592 万人，参保率稳定在 95%以上；城乡居民基本医疗保险基金收入 10128.90 亿元，支出 9353.44 亿元，分别比 2021 年增长 4.2%、0.6%。居民医保基金当期结存 775.46 亿元，累计结存 7534.13 亿元。参加居民医保人员享受待遇 21.57 亿人次，比 2021 年增长 3.7%。其中，普通门急诊 17 亿人次，比 2021 年增长 1%；门诊慢特病 2.97 亿人次，比 2021 年增长 21.7%；住院 1.6 亿人次，比 2021 年增长 4.2%。因此，基本医疗保险是民生安全网、社会稳定器，与人民幸福安康息息相关。

医保基金是老百姓的"看病钱""救命钱"。近年来，国家出台了很多医保基金管理办法，但由于技术手段相对滞后，在一定程度上变成了少数违规医药机构的"唐僧肉"。2023 年 6 月 9 日，在国务院新闻办公室举行的国务院政策例行吹风会上，国家医疗保障局公布了一组统计数据：自 2018 年起国家医保局成立，截至 2023 年 4 月，累计检查定点医药机构 341.5 万家次，处理 162.9 万家次，追回医保资金 805 亿元，单单国家 2023 年追缴的医保骗保金额就达到 186 亿元。然而，经测算，实际发生的数额是实际公开报道数字的数倍，高发频发的医保基金欺诈骗保行为形成了对社会公平和效率原则的双重伤害。当下，各级政府都在做好"过几年紧日子"的准备，管好医保基金，防止有限的经费被蚕食侵吞，把

"救命钱"用在刀刃上，用出高效益，是一件极具现实意义的实事。

8.2.1 医保稽核面临的困难

从媒体每年陆续曝光的众多医保诈骗大案可以看出，我国现行医疗保障基金监管稽核制度依然面临着严峻的挑战，主要体现在以下几个方面。

(1)人口老龄的加速发展、疾病谱深刻变化、健康需求不断升级以及人口高流动性与各种新业态出现等，使得医保基金监管形势动态变化且日趋复杂。

(2)药品价格虚高、医用耗材滥用及大处方、重复检验等一直是医疗领域的不正常现象，它不仅无端消耗了巨额医保基金，直接加重了患者的医疗费用负担，而且扭曲了医疗服务行为，破坏了医药市场的公平有序竞争，是必须根治的痼疾。

(3)盗刷冒刷社保卡、伪造虚假票据报销、恶意挂床住院等欺诈骗取医保基金的违法违规行为花样频出，严重侵害了人民群众的合法权益，破坏了医保基金的正常运行，造成了恶劣的社会影响，损害了社会公平正义。医保基金违规欺诈行为变异快、实时动态跟踪难，如果无法在有限的时间和计算资源条件下，从海量的数据中快速地发现、定位和跟踪欺诈骗保行为，就无法开展有效监管。

(4)医保基金违规违法使用行为精准刻画难，如果无法从多源多模态数据中精准地刻画犯罪群体、还原犯罪现场、复现犯罪手法，就无法保护医保基金的运行安全。

(5)定点医疗机构普遍存在侥幸心理，基金安全意识薄弱，定点医药机构自我管理的主体责任没有压实。同时定点医疗机构基金与稽核人员严重不成正比，专业监管员更是捉襟见肘，无法真正地做到主动出击，更多的是被动防御。

国务院对此情况高度重视。习近平总书记高度重视医保基金安全，在十九届中央纪委四次全会上强调，坚决查处医疗机构内外勾结欺诈骗保行为，建立和强化长效监管机制。2020年7月10日《国务院办公厅关于推进医疗保障基金监管制度体系改革的指导意见》中指出，以大数据监管为依托，实现医保基金监管法治化、专业化、规范化、常态化，并在实践中不断发展完善。2020年12月29日国家卫生健康委员会等八部门联合发布的《关于进一步规范医疗行为促进合理医疗检查的指导意见》指出，同时运用信息化手段对医疗机构检查结果互认和资料共享情况进行实时监测，对高值高频、群众反映突出的检查项目进行实时监控，逐步实现对不合理医疗检查的自动发现、自动提醒、自动干预。2021年2月19日国务院发布《医疗保障基金使用监督管理条例》，要求实施大数据实时动态智能监控，并加强共享数据使用全过程管理，确保共享数据安全。

8.2.2 医保大数据稽核技术能力

安全的医保基金是医保制度得以平稳运行和可持续发展的财务基础，也是维护广大人民群众医保权益的经济保障。医保基金监管链条长、环节多、范围广、场景多样、情况复杂，导致医疗欺诈骗保行为层出不穷且现行医保基金预算体系和监管体系往往难以及时调整应对。针对当前医保基金监管的难题，在深入剖析现有医保基金智能监管系统软件存在的问题的基础上，作者团队以邬江兴院士拟态计算原创理论技术为基础，开展医保基金智能监管技术研究。首先，梳理总结国家和省市的相关医保业务规范和病种诊疗指导意见，以医保基金结算数据为研究对象，开展医保基金指标体系研究；其次，面向医保基金监管的认知决策，研究面向医保基金的知识工程体系构建；接着，综合大数据与人工智能技术，实现对医保数据的深度分析挖掘和欺诈对抗决策，形成机器自动学习新型医保欺诈手段的工作模式；最后，研制高效能、高精准、高安全的基于拟态计算的医保大数据稽核平台(平台的体系结构如图 8-7 所示)，从而形成节点全覆盖、监管全天候、服务全自动的医保基金智能监管服务解决方案。

图 8-7　基于拟态计算的医保大数据稽核平台体系结构图

1. 技术体系

平台紧贴国家医保治理体系构建规划，紧跟现代科技迭代升级，紧扣医保基金使用中的普遍性、隐蔽性、变异性违规违法问题，实现了核心技术的诸多创新。

(1)建立了高效能软硬件协同计算架构。通过软件与硬件的紧密配合，优化医保大数据的计算过程，使得医保大数据计算效能比常规大数据计算提高 2 个数量级左右，能够为医保部门对定点医疗机构海量历史数据进行全域、全局的数据探查，破解数据海洋中大海捞针的难题，以及全面梳理历史违规问题"去存量"提供专用算力支撑。

(2)建立了智能监管和反欺诈算法引擎。以医保政策、就医诊疗和服务收费"行为"等大数据为核心，利用机器学习构建行为"内涵"解析技术，破解传统智能审核规则单一、升级迭代慢，以及医疗机构欺诈行为隐秘、手法变异快的难题，不仅对欺诈骗保实现源头可追溯、现场可复现、行为可预判，更为遏制新型违规欺诈行为产生"抓变量"提供了算法支撑。

(3)建立了数据内生安全体系。采用内生安全理论，以内生安全基础设施为基础，强调在医保基金数据的存储、传输、处理和分析等环节中，实现数据的防泄露、防窃取和防攻击等多重安全防护能力。

在算力、算法和安全的加持下，解决了医保部门数据海量算不出、单一规则算不准等问题，通过技术和业务的融合，在数据空间中刻画违规标签，为医疗机构"他律"定标准，辅助定点医疗机构实现事前提醒、事中审核、事后监管的全流程精密智控。通过"他律"和"自律"两翼齐飞的医保综合治理体系直达"控增量"，实现从"不能骗、不敢骗"到"不想骗"的治理模式跨越。

2. 能力体系

平台立足监管部门、医疗机构、患者就医、政策执行等全方面、全链条、全过程、全环节，聚焦揭示问题、发现弊端、防诈堵骗、亮化行为，从医保"他律"和"自律"两个层面梳理、归纳迭代开发建设。

(1) 在医保"他律"端，以诊疗轨迹数据、医保数据、医保政策标准规范等多源多维信息的高效安全处理为基础，以大数据和人工智能技术为核心，基于医保基金监管算法体系及医保欺诈行为识别算法体系，构建了医保基金监管知识图谱及医保反欺诈知识图谱，打造贯穿事前、事中、事后监管以及多场景的反欺诈"数智大脑"，实现行为可预判、源头可追溯、现场可复现的智能医保基金监管模式，形成"数智化"监管格局。

①打造数智化监管工作场景。在"智慧医保"的要求下，针对医保治理薄弱环节以及痛难点问题，聚焦医保治理工作规范性、公平性、公正性，打造一中心、一平台的"透明医保"治理平台。平台以医保基金监管业务流程为主线，强调流程再造、业务协同、资源统筹、数据共享和系统整合，形成及时感知、快速反应、系统监管、主动服务、融合共治的事中、事后数智监管新模式。

②建立监管指标体系。以国家以及各省市医保政策执行与管理现状为切入点，以国家医保局《医疗保障基金智能审核和监控知识库、规则库管理办法(试行)》(医保发〔2022〕12 号)为基准，以违规结果为导向，以基金征缴、待遇支付等环节的常见违规为视角，构建全链条监管指标体系，为日常监管和动态监测提供数据支撑。目前在国家医保局的基础上，根据各省市的实际情况进一步拓展了政策、管理、医疗三大类监管重点，构建重复收费、超标准收费、超医保支付范围结算、不符合药品/材料目录政策结算和不符合临床诊疗规范收费 300 余项监管指标，初步建成了医保大数据监管指标体系。

③构建反欺诈识别模型和算法。针对医保基金风险防控管理的要求，与多家医疗保障局以及公安部门通力合作，深度剖析医保欺诈场景和定点医疗机构欺诈手法，利用人工智能算法模型，针对重点领域、机构、药耗、人员等构建基于决策树的医保信用评估模型、基于频繁模式挖掘的就医聚集行为挖掘模型、基于就诊模式相似性度量的医保异常行为挖掘模型。目前已经完成聚集就医购药、虚构医药服务项目、死亡人员就医购药等 30 余项欺诈行为算法的设计、开发和验证，实现了对违规违法对象和行为进行精准捕捉、线索放大和团伙打击。

(2) 在医保"自律"端，通过"他律"端构建全省统一的行业自律知识引擎，包括知识库管理和规范体系；构建医保服务平台，为定点医疗机构提供医保政策以及监管事项的解读和培训。核心建设如下所述。

①事前提醒。提供标准 API 嵌入其 HIS(hospital information system, 医院信息系统)中，实现对处方(医嘱)中超临床规则和超医保规则进行实时分析并给予警示，减少或避免不合理用药行为、违规诊疗行为。通过源头管控的方式，提高了医院医保科对医保基金使用的审核工作效率，同时也直接降低了医保事后监管的损失。

②事中控制。为定点医疗机构提供住院参保人日费用清单审核以及出院费用整体双重审核和复核功能，在参保人每日收取项目费用以及出院医疗费用结算时，根据明确的医保

支付业务规则对医保费用予以管理和控制,便于医疗机构及时对诊疗服务项目收费进行调整,实现复合式管控,确保医院医保使用的安全。

③事后复盘。定点医疗机构医保科通过平台,可对医院一段时间、某医生、某科室或全院的处方(医嘱)数据进行智能审核分析,为医保科或医院管理层提供综合的多维度的医保基金使用分析报告,更好地促进医生对医保药品和收费项目的合理合规使用。

④决策支持。提供可视化监管信息展示功能,按照业务管理的不同要求,将根据事前、事中、事后处理结果以可视化方式直观呈现,展示内容包括系统运行状态、个人/医师/医疗机构报告、管控指标综合结果等,为定点医疗机构管理追责、医保科以及医院管理层决策提供有效数据支持。

8.2.3 医保大数据监管稽核体系

作者团队研发了基于拟态计算的医保大数据监管稽核平台,平台除了采用大数据与人工智能等前沿技术构建了云端协同的医保基金监管平台,还构建了高精准的医保反欺诈知识工程体系,实现了对医保业务专家知识的表示和经验的固化,提升了平台反欺诈算法的效率和质量,并构建了对医保端("他律")和医院端("自律")医保基金使用行为的全链条动态监管体系。

1. 监管内容

平台以医保基金支出为视角,搭建全方位监管指标体系,对医保基金的流向、结构、趋势等进行多维度、深层次分析,对基金整体支出情况、定点机构支出情况、参保人支出情况进行智能监测和预警,定位医保基金不合理支出。

医保基金预警监管包括基金整体风险监管、医院风险监管、参保人风险监管。基金整体风险监管对各统筹区基金支出情况进行风险监测,包括对基金整体支出、机构流向、参保人流向、疾病流向、费用结构等维度进行深层分析,从全局视角定位基金支出异常风险。医院风险监管对各家医疗机构的基金支出情况进行风险监测,包括对医院整体基金支出、科室流向、医生流向、参保人流向、疾病流向、费用结构等进行深层分析,定位医疗机构基金支出异常风险。参保人风险监管对各参保人的基金支出情况进行风险监测,包括对参保人整体基金支出、医院流向、疾病流向、费用结构等进行深层分析,定位参保人基金支出异常风险。

(1)建立全方位、精细化指标监测体系,覆盖医保基金支出全场景:对医保基金整体支出、医疗机构支出、参保人支出情况进行全方位、多维度、深层次监测,及时捕捉基金支出异常点。

(2)以数据挖掘赋能,建立指标动态预警机制:应用数据挖掘算法,基于真实数据动态实现同质群体的异常检测,灵活、精准定位基金不合理支出。

(3)建立指标预警链路,实现风险智能解析:建立指标预警路径,一级指标异常自动分解至二级指标,逐层分解,精准定位异常落脚点。

(4)建立审核闭环机制,实现指标迭代升级:建立指标预警应用结果反馈机制,通过机器学习技术,对已有指标体系进行即时动态调整,不断提升指标预警的有效性及准确性。

2. 监管模式

平台提供多样化的医保基金监管手段，主要如下。

(1)待遇资质监管：通过对门慢、门特等特殊待遇参保人的就诊行为、治疗轨迹等进行分析，检视参保人待遇资质的合理性，识别恶意骗取待遇资质或利用资质套取医保基金等欺诈违规行为。

(2)违规住院监管：通过对住院频率、住院期间治疗情况、住院费用等进行分析，检视参保人住院合理性，识别低标准入院、分解住院、挂床住院等欺诈违规行为。

(3)门诊滥用监管：通过参保人一段时间内门诊治疗取药情况分析、一天内门诊治疗取药情况分析，并与同类型参保人进行横向比较，识别门诊滥用中草药、辅助用药、检验检查等违规行为。

(4)住院滥用监管：通过对单次住院期间检查、治疗、用药情况进行分析，并与同病种参保人、同等级医疗机构进行横向比较，识别住院滥用中草药、辅助用药、检验检查、中医理疗等违规行为。

(5)违规申报监管：通过对医疗机构报销单据进行合理性、相关性分析，识别医疗机构串换项目报销、虚构就诊记录报销等欺诈违规行为。

(6)群体行为监管：通过参保人就诊相关性分析、医疗机构就诊集中性分析等，识别药贩子集卡套刷、医疗机构敛卡空刷等欺诈违规行为。

(7)冲突性监管：对医保结算数据中的显著性冲突的单据进行合规性分析，主要包括药品与性别不符、诊疗与性别不符、诊断疾病与性别不符、药品与年龄不符、诊疗与年龄不符、诊断疾病与年龄不符等情况。

(8)互斥性监管：应用于医院将 A、B 两种互斥的药品开在同一个就诊单子中，即 A、B 两种药不能同时医治同一种病，不应该出现在同一个就诊单子上，而医院医生却同时开了这两种药，这属于不合理用药。通过该算法，不但可以自动识别互斥药品，还能自动识别出不合理疾病的治疗方案，也可以用于实时监管新型骗保行为。

(9)同质性监管：找到疑似具备相同功能的药品集合，将出现多种功能类似的药品的单据标为异常单据，为大数据风控挖掘新的欺诈场景，也可用于识别高度相似的项目。

(10)单病种监管：可识别医院将不符合单病种标准的单据申报为单病种来骗取医保基金。挖掘单据对应的实际诊断，如果与记录的诊断不一致，则判定单据为异常单据。

(11)群组检验监管：运用图分析方法，通过个体之间的联结关系分析挖掘异常高互动的群体。群体性挖掘方法可以识别包括成群结队药店买药、成群结队医院开药、卡贩子集卡套现、成群结队住院等欺诈场景。

(12)分类器监管：通过输入医保结算有标签拒付数据，对各个字段进行特征工程，然后提取关键信息，并利用多种分类器算法对数据进行训练后输出最优模型，预测单据是否为骗保疑点。

(13)完整性监管：通过无监督学习的方法，判断集合的完整性。完整性识别方法可以找到一些强相关的项目，在关联规则的理论支持下，如果某次就诊违背了算法所挖掘出的完整性检验，则该次就诊就有欺诈的风险。

3. 监管系统

面向数字社会治理重大战略需求，围绕如何利用前沿的大数据和人工智能技术，作者团队以邬江兴院士原创的拟态计算理论和技术为基础，开展基于拟态计算的医保基金监管技术研究和示范应用，借助信息化的力量实现对医保基金"全方位监管"，支撑实现医保基金精细化管理，引导医保基金规范使用，应对医疗费用过快增长，保障社会经济的稳步发展。作者团队研发的基于拟态计算的医保大数据稽核软件系统界面如图 8-8 和图 8-9 所示。

图 8-8　基于拟态计算的医保大数据稽核软件系统界面一

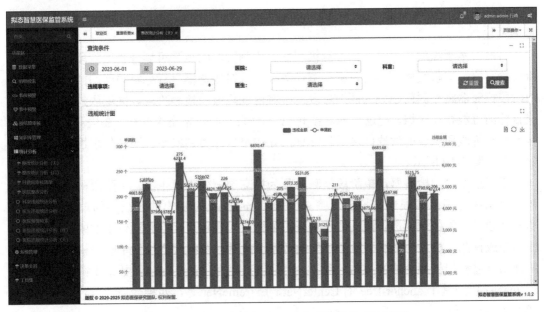

图 8-9　基于拟态计算的医保大数据稽核软件系统界面二

8.3　遥感大数据计算

遥感大数据计算系统是一种通过收集、处理和分析地球表面及其周围空间的信息，为科研、工程、管理等领域提供数据支持的计算系统。该大数据计算系统在各个领域的应用实践中取得了显著的成果。例如，在农业领域，遥感大数据计算系统可以对作物生长状况、土壤质量等进行实时监测，为农业生产提供科学依据；在环境领域，遥感大数据计算系统可以对大气污染、水体污染等进行实时监测，为环境保护提供数据支持；在军事领域，遥感大数据计算系统可以实时监控敌情，为战略决策提供有力保障。近期，遥感大数据计算系统在俄乌冲突中的应用引起了广泛关注。在这场冲突中，遥感大数据计算系统为各方提供了重要支持。例如，通过遥感卫星监测到的乌克兰军事基地、俄罗斯军队调动等信息为军事分析家和政策制定者提供了宝贵的情报；可以实时监测冲突地区的地形、天气等情况，为作战部队提供准确的数据支持。因此，本节主要概述遥感大数据计算的相关应用实践。

8.3.1　旋转目标识别背景介绍

如何让计算机模仿人类视觉系统，让机器拥有类似人类提取、处理和理解图像及其相关序列的功能，已成为人工智能领域中最为重要的研究问题。在此问题牵引下，以自动化处理图像为基础的计算机视觉(computer vision)任务应运而生。作为一门新兴的科学学科，计算机视觉旨在通过对传感器采集的图像或视频进行处理，获得所拍摄对象的数据与信息，具有速度快、精度高、成本低等优点。其中，目标检测通过对图像及视频上的特定目标进行识别与定位，已成为计算机视觉中最重要、最具挑战性的分支之一，因其在自动驾驶、安全识别、医疗诊断等多学科领域发挥着重要作用，遂受到各领域学者普遍关注。

目前，基于深度学习的目标检测模型按照检测阶段的步骤可划分为双阶段检测器和单阶段检测器，双阶段检测器将目标检测任务抽象为对候选框进行分类与回归的建模过程。双阶段检测器将检测问题分为两个阶段：区域候选阶段与检测阶段。区域候选阶段用于生成目标的可能存在区域，通过设置对象0、1得分来判断对象是否存在。在检测阶段，将对区域候选阶段所生成的候选区域进行细分，并输出目标类别概率。四种代表性双阶段检测器框架如图8-10所示。

不同于双阶段检测器，单阶段检测器是为提高检测效率而生的。单阶段检测器在一个神经网络中完成区域候选与检测步骤。例如，Redmon 等提出的代表性的单阶段检测器YOLO通过去除区域候选阶段，使用均分的单元格代替预设锚点并对包围框的位置与类别概率完成预测，极大地提高了检测模型的效率。此外，具有代表性的单阶段检测方案还包括使用全卷积层检测模式的 SSD 系列、使用焦点损失(focal loss)函数来平衡正负样本的RetinaNet 以及基于 anchor-free 的 CenterNet、ExtremeNet 等，四种代表性单阶段检测器框架如图8-11所示。

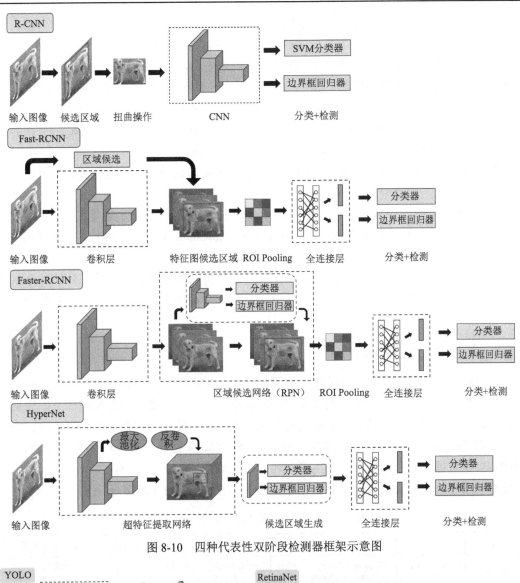

图 8-10　四种代表性双阶段检测器框架示意图

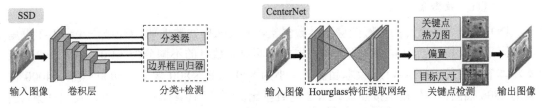

图 8-11　四种代表性单阶段检测器框架示意图

但是，这些检测工作绝大部分都采用水平的检测框，待检测目标也是水平方向的，不带旋转角度。不过在实际应用场景里面，仍旧有很多待检测的目标是有旋转角度的，其中最典型的例子便是航拍或者遥感领域，在该应用场景里面，由于摄像头的拍摄角度的问题，大部分目标是带任意旋转角度的。当然，也可以用水平目标检测算法去做目标检测和识别，但会存在一些问题。第一，对于密集目标来说，水平检测框很可能会将多个旋转目标框在同一个框里面。第二，目标识别中核心指标联合交叉口(intersection over union, IoU)很容易受到目标旋转角度的影响，导致用水平检测框去检测旋转物体时，识别的平均准确率下降。为了解决这些问题，在过去几年，国内外提出了很多面向旋转目标的检测和识别算法，这些算法总结下来，大概分成以下几类：

（1）类似双阶段检测器，通过预设旋转锚点(rotated anchor)来实现旋转目标识别。

（2）学习水平形状的感兴趣区域（region of interest, RoI）并将其转换成旋转 RoI，如 RoI Transformer 算法。

（3）利用单阶段的检测算法或 anchor-free 的目标识别算法，结合特征修正和渐进式回归的方法来实现旋转目标识别，如基于 RetinaNet 的单阶段旋转目标识别算法 R3Det 和 S2ANet。

8.3.2 常用数据集与评价标准

高质量数据集对于开发先进的目标检测算法是非常重要的。自计算机视觉任务在遥感领域逐渐兴起，并且被广泛引入到各类实际测评场景后，不同规模的遥感图像数据集也不断涌现，迅速推动各类视觉算法的研究与发展。本书主要使用当前在遥感领域使用较为广泛且标注侧重点不同的三个数据集，分别是 DOTA 数据集、HRSC2016 数据集以及 OHD-SJTU 数据集。下面将介绍上述三个遥感图像数据集的主要特点，并对当前所使用的性能衡量指标进行简要说明，表 8-1 为遥感图像标注数据集的统计信息。

表 8-1　遥感图像标注数据集的统计信息

数据集	来源	图像像素范围	图像数量	标注类	标注框	数据增强
DOTA	GoogleEeath、GF-2&JL-1	800 像素×800 像素～4000 像素×4000 像素	训练集 1403/验证集 458/测试集 945	15 类	旋转框标注	√
HRSC2016	GoogleEeath	300 像素×300 像素～1500 像素×900 像素	训练集 436/验证集 181/测试集 444	3 大类 27 小类	旋转框标注	×
OHD-SJTU	GoogleEeath	10000 像素×10000 像素～16000 像素×16000 像素	训练集+验证集 30/测试集 13	2 类	特殊头部标注	√

1. DOTA 数据集

DOTA 是大型公开的遥感图像基准数据集，采集来自谷歌地球、GF-2 卫星、JL-1 卫星等不同平台及传感器的数千幅图像，并根据检测对象数目的不同分为 v1.0、v1.5、v2.0 版本，本书使用的 DOTA-v1.0 版本涵盖了大小为 800 像素×800 像素～4000 像素×4000 像素的 2806 幅图像，数据集按照 3∶1∶2 的数量比例划分为训练集、验证集以及测试集。图像共标记 188282 个检测对象，囊括 15 类常见遥感图像，包括直升机(HC)、游泳池(SP)、港口(HA)、环岛(RA)、足球场(SBF)、储罐(ST)、篮球场(BC)、网球场(TC)、船舶(SH)、大型车辆(LV)、小型车辆(SV)、田径场(GTF)、桥梁(BR)、棒球场(BD)和飞机(PL)。

DOTA 的对象标注格式采用顶点边界框进行标注,顶点按照顺时针顺序进行依次排列,除此之外,每个对象注释有类别和检测难度两个属性,类别即为上述 15 类,检测难度分为困难与简易,分别用 1 和 0 进行表示。DOTA 是类别极不均衡的长尾数据集,同一类别也存在多种尺度,如图 8-12 所示。

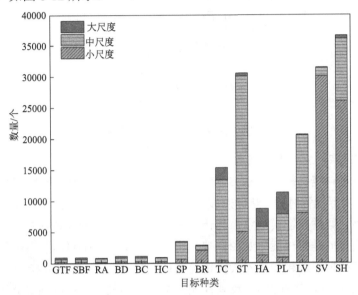

图 8-12　DOTA 数据集不同检测类别的数量

2. HRSC2016 数据集

2016 年高分辨率船舶数据集(high-resolution ship collections 2016, HRSC2016)主要用于各种船舶检测任务,其所有图像均来自谷歌地球。该数据集标注 3 大类物体,包括航空母舰(AC)、军舰(WC)以及商船(MS),并在其中标注了 27 小类物体,物体总数达到 2976 个。训练集包含 436 幅图片,1207 个样本,验证集包含 181 幅图片,541 个样本,测试集包含 444 幅图片,1228 个样本。

3. OHD-SJTU 数据集

OHD-SJTU 是一个新的开源数据集,用于旋转检测和物体航向检测。它包含两个不同大小的数据集:OHD-SJTU-L 和 OHD-SJTU-S。OHD-SJTU-L 数据集包含 43 幅来自谷歌地球的大图像,图像清晰度为 10000 像素×10000 像素或 16000 像素×16000 像素,这些图像覆盖了 3343 个船舶的位置和 782 个飞机的位置。另外,OHD-SJTU-S 来源于 DOTA 数据集,包含 6 大类共 113435 个实例。这个数据集最重要的特点是使用了一种新的注释方法来预测物体头部,并包含了各种各样的道路场景,包括云层遮挡、密集的无缝排列、曝光的大幅度变化以及陆地和海洋混合场景。

4. 评价标准

评价标准按照性能指标分为精度评价标准与速度评价标准两大类。精度评价根据平均精度均值(mean average precision, mAP)进行评判，mAP 作为目前目标检测模型最重要的精度评价指标，是平均精度(average precision, AP)在多类别条件下的平均值，该指标融合召回率(recall)与精准率(precision)，召回率用以评价分类器检测所有正样本数目的能力，精准率则用以评价分类器的预测准确程度。在实际检测中，预测结果分为四类，包括实际为正样本预测仍为正样本的真正(true positive, TP)例、实际为正样本预测为负样本的真负(true negative, TN)例、实际为负样本预测为正样本的假正(false positive, FP)例以及实际为负样本预测仍为负样本的假负(false negative, FN)例，召回率、精准率以及平均检测精度可分别做如下计算：

$$\text{recall} = \frac{\text{TP}}{\text{TP} + \text{FN}} \tag{8-1}$$

$$\text{precision} = \frac{\text{TP}}{\text{TP} + \text{FP}} \tag{8-2}$$

$$\text{average precision} = \int_0^1 p(r)\,\mathrm{d}r \tag{8-3}$$

其中，p 代表精准率；r 代表召回率。

速度评价标准包括局部指标与整体指标，局部指标包括模型参数量、图像预处理时间、内存读取时间、实际运行时间，整体速度指标使用每秒帧数(frames per second, FPS)展开评价。其中，模型参数量表征模型容量与计算量，包括图节点的权重偏置以及卷积层参数；图像预处理时间指的是测试集原始图像被裁切为 800 像素×800 像素规格子图的过程用时；内存读取时间包括模型加载和逐元素操作等消耗用时；实际运行时间指的是模型利用 GPU 在网络图结构上的实际推理时间，反映检测网络的实际效能；每秒帧数通过计算每秒处理的图像数判断模型的整体检测速度。

8.3.3 遥感图像目标检测识别算法加速技术

1. 背景介绍

旋转目标识别特别适合用在航拍和军事领域，如对于舰船、机场、飞机或者基础建筑的侦察和打击。有些场景下需要实时识别，不能通过通信链路将感知图片传输到地面进行处理再反馈回侦察打击端。这种应用场景属于典型的边缘端计算场景，该场景下典型的平台是无人机或者卫星，这些平台往往对功耗设备空间有严格的要求。另外，旋转目标识别的计算过程往往伴随着复杂的修正和控制，这些计算均需要 CPU 频繁地介入进行协同处理。把这些复杂的修正计算和控制称为空间操作(spatial operation)，因为这些运算既不适合 GPU 运算的矩阵计算，也不全是条件判断等 CPU 适合的控制流操作，而是更加适合 FPGA 的空间数据流计算。相比水平目标识别，旋转目标识别引入了空间操作，对第一个神经网络的结果进行旋转角度修正，并将修正之后的结果作为第二个神经网络的输入，实现最终旋转目标的识别与定位。

在现有的由 CPU+GPU 构成的计算系统中，一些 GPU 效率低的计算操作需要使用 CPU 来处理，这就不可避免地带来两个方面的问题：第一，频繁的 CPU 介入要求数据频繁地从 GPU 显存搬移到 CPU 内存，再从 CPU 内存搬移到 GPU 显存，这增加了数据搬移以及同步时间，降低了整体的处理性能；第二，空间操作和多网络之间均存在数据依赖，而依赖关系决定了在传统的 CPU-GPU 计算系统里面，第二个网络只能等待 spatial operation 完成之后才能接着计算，这导致的一个问题是 spatial operation 在 CPU 介入计算期间，GPU 处于空闲状态，这降低了 GPU 的利用率，从而导致总的计算时间增加。

　　从系统设计角度看，如果能将旋转目标识别的核心计算流程，如第一个神经网络、spatial operation 以及第二个神经网络，均在硬件上加速，便可以解决上述提到的数据频繁在不同计算设备上传输和同步导致的计算时间增加的问题。其次，按照计算分块计算的特点，如果设计好计算块的调度，在 spatial operation 计算时，计算阵列可以开始第二个神经网络的计算，那么可以一定程度上解决数据依赖导致的 spatial operation 和第二个神经网络不能同时计算的问题。

　　过去已有的基于 ASIC 芯片或者基于 FPGA 加速系统的工作都面向水平目标检测识别算法，特别是 SSD 系列的算法以及 YOLO 系列的算法。这些工作主要集中在如何设计高效的神经网络处理器(neural network processing unit, NPU)来实现卷积神经网络的加速上，当然也有专门设计的面向目标识别后处理模块的计算单元，如 NMS、Softmax 等。但这些对于旋转目标识别算法加速来说还不够：一方面旋转目标识别算法需要设计专门面向 spatial operation 的加速单元；另一方面还得考虑 NPU 与 spatial operation 加速单元之间的数据交互、调度等问题，这涉及这两部分硬件在存储、数据流控制上的协同设计，本书将以旋转目标识别算法 R3Det 为例，首次利用 Xilinx 公司高性价比的 Kintex Ultrascale+FPGA 实现旋转目标识别算法的加速。该工作的意义可以概况成两方面，首先，提出了神经网络加速阵列与 spatial operation 专用结构协同计算的架构，分别从共享存储、计算块调度两个方面进行总体优化，来减少总体计算时间。该结构方式可以为其他具备类似数据流的算法提供架构借鉴。其次，从应用角度验证了旋转目标识别算法完全可以在中低端 FPGA 上取得优异的性能，对将算法迁移应用到功耗敏感的边缘端军事设备平台的可行性提供了实验支撑依据。请注意，本书所讲用例原始算法为 R3Det，在了解加速系统设计之前，读者需提前阅读 R3Det 论文以了解 R3Det 基本结构。

　　2. 加速结构

　　首先，对 R3Det 算法进行简要概述。R3Det 整个算法框架基于著名的水平目标识别算法 RetinaNet，是 refined rotation RetinaNet 的简称。一个完整的算法流程框图如图 8-13 所示。其主要包含 5 部分，分别是预处理、RetinaNet、特征修正(Feature Refinement)、修正网络 RefineNet 以及后处理。预处理的任务是将一幅任意分辨率的图片通过滑动窗口的方式进行拆解。子图分辨率为 600 像素×600 像素，其中滑动窗口的步长设定为 150 像素，这样一幅输入原图便可以拆解出多幅子图。每幅子图通过缩放，从 600 像素×600 像素的分辨率缩放到 800 像素×800 像素，作为第二部分 RetinaNet 的输入。第二部分 RetinaNet 总共包含 3 个子网络，分别是骨干网络(backbone network)、特征金字塔(feature pyramid network)以及区域提议(region proposal network)。第三部分 Feature Refinement 是根据 RPN 的输出评分对 RPN 的输出锚点特征进行修正的过程。第四部分就是接收插值之后特征图作为输入的修正网络(RefineNet)，其包含两个分支，一个分支用于预测修正之后检测框的坐标信息，另一个分支则用于输出预测概率。为了进一步提高修正准确率，还可以通过设置

cycle 变量来实现特征图和检测框的重复修正，不过在硬件实现过程中，没有采用这种模式。因此，RefineNet 的输出直接进入第五部分，进行后处理。与水平目标检测和识别过程类似，后处理主要是实现检测框的非极大值抑制（non maximum suppression, NMS）处理，下面将基于算法介绍，进行硬件的设计。

按照图 8-13 对 R3Det 算法的划分，所有网络的乘加运算器（multiply-add calculator, MAC）数目共 216.7G。其中 ResNet-50 网络最多，但和 RPN 和 RefineNet 相比相差不大，FPN 最少。在本书实验下，从算法运行时间上分析，在 TensorFlow 框架并开启 GPU 加速的情况下，预处理和后处理这两部分相比 RefineNet、Feature Refinement 和 RefineNet 三部分，时间占比只有 5.03%，R3Det 算法的主要计算时间集中在所有的神经网络和 Feature Refinement，这也是意料之中的事情。这带来的启示是硬件系统的设计可以只面向神经网络和 Feature Refinement 这两部分，而预处理和后处理可以在主机端进行处理，在这里，硬件加速系统就是采用这种设计模式。此外，还在实验中发现 Feature Refinement 占据了 38.74% 的计算时间，超过了计算时间的 1/3。原因其实在算法介绍的时候提到过，Feature Refinement 中部分计算操作不太适合在 GPU 上运行，因此需要 CPU 端频繁地介入计算，这避免不了数据需要频繁地在 CPU 的内存和 GPU 的显存之间进行搬移和同步。另外，从 timeline 也可以看到，RetinaNet 和 RefineNet 这两部分神经网络之间被 Feature Refinement 隔开，这三者存在数据依赖关系，导致 Feature Refinement 阶段 GPU 利用率低的情况下 RefineNet 并不能提前计算，浪费了 GPU 的算力。这给设计硬件加速系统的启示是需要设计好调度算法，保证计算阵列在计算 Feature Refinement 的时候，RefineNet 也能在计算阵列上运行起来，以最大限度地减少神经网络加速阵列空闲的时间。通常来说，调度方法有两种：一种是粗粒度调度；另一种是细粒度调度。其中粗粒度调度是指以图片为单位，而细粒度则以每一层划分的数据块为单位。

图 8-14 展示的是没有调度的情况（CPU+GPU 系统就是这种情况）、基于粗粒度的调度情况以及基于细粒度的调度情况的运行示意图。在没有调度的情况下，Feature Refinement 计算的时候，神经网络计算阵列是处于空闲状态的。减少计算阵列的空闲时间的一个方法是通过调度相邻两幅图片不同阶段的计算，来实现计算时间的相互掩盖。图 8-14(b) 显示的是在计算 image 1 的 Feature Refinement 的时候，神经网络计算阵列开始计算 image 2 的 RetinaNet。等开始计算 image 2 的 Feature Refinement 的时候，就可以开始计算 image 1 的 RefineNet 和 image 2 的 RefineNet，这样神经网络计算阵列就可以一直保持计算状态，提高了系统的吞吐率，但增加了计算延时以及存储空间的要求，该调度方法是粗粒度调度。为了在保持高吞吐率的情况下，降低计算延时以及存储空间的要求，可以采用第二种调度方法，如图 8-14(c) 所示。同样，在计算 image 1 的 Feature Refinement 的时候，可以根据数据依赖对 Feature Refinement 与第二个网络 RefineNet 进行联合划分，这样在计算 Feature Refinement 的第一个划分块的时候，就可以开始计算 RefineNet 的第一个划分块，这样虽然计算阵列的空闲时间相比粗粒度调度方法的，但可以大大降低计算延时以及存储空间的要求，特别是对于大的神经网络输入分辨率，每一层特征图对存储空间的要求还是相当高的，给 FPGA 的传输带宽以及片内存储都带来了极大的压力，而采用这种细粒度的调度方法则可以有效降低带宽和存储的压力。

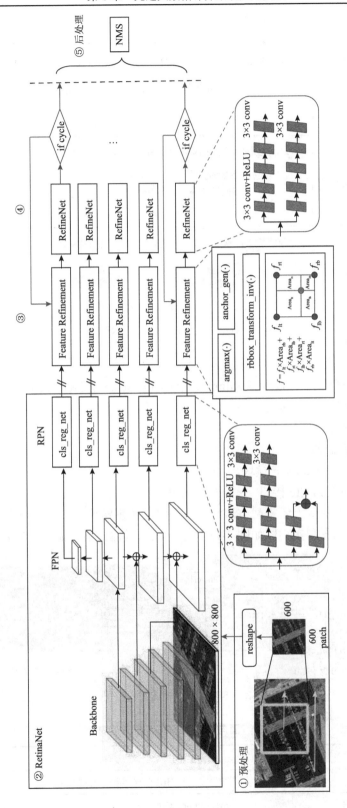

图8-13　R3Det算法流程示意图

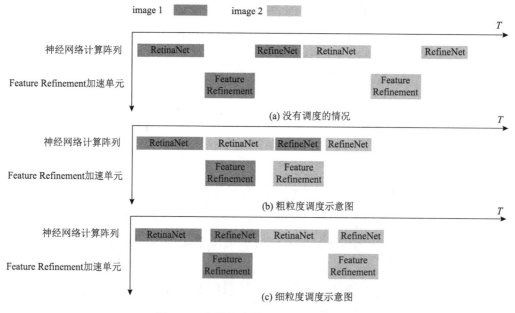

图 8-14　各类调度情况下的运行示意图

3. 加速系统设计

采用FPGA计算板卡,该板卡以Xilinx Kintex Ultra-scale+XCKU15P-FFVE1517为核心,搭载多种外设和接口,主要包含:

(1) DDR4 内存。

(2) SPI Flash 存储器。

(3) 10Gbit/s 和 100Gbit/s 光模块。

(4) 16 通道 Gen3.0 PCIe 接口。

除此之外,计算板卡上还搭载电流、电压和温度传感器等,方便用户进行实时温度和功耗的检测。板卡框图和实物图如图 8-15 所示。板卡具体的信息如表 8-2 所示。

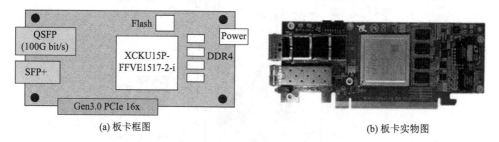

图 8-15　FPGA 板卡框图及实物图

表 8-2　面向边缘端 FPGA 板卡信息

组件	规格	
结构尺寸	HHHL(半高半长)标准 PCIE 卡	
FPGA 资源信息	System Logic Cells/Kbit	1143

续表

组件	规格	
FPGA 资源信息	Block RAM/Mbit	34.6
	Ultra RAM/Mbit	36.0
	DSP Slices	1968
PCIE 接口	PCIE GEN3.0×16，兼容×8、GEN2.0	
SFP+接口	1 个，提供 10Gbit/s 接口速率	
QSFP28 接口	1 个，提供 100Gbit/s 接口速率	
GTH/GTY 通道	44/32	
散热	被动散热	
工作温度	0～70℃（全工业级器件）	
供电	12V（±10%），PCIE 供电，功耗<75W	

按照卷积神经网络加速器的设计方案，由神经网络加速单元和特征细化专用计算单元构成一个完整的加速系统，如图 8-16 所示。其中 NPU 便是面向卷积神经网络加速器，由输入数据缓存 L1 buffer、权重缓存 Weight buffer、PE 计算阵列、输出结果缓存 Result buffer、向量计算单元（用于处理 Pooling、上采样和激活函数）以及控制整个 NPU 的指令控制模块 INST_CTR 构成。

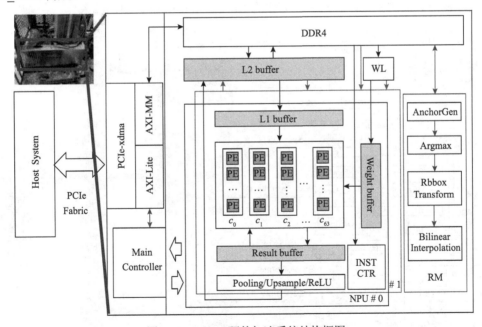

图 8-16　R3Det 硬件加速系统结构框图

对于 PE 计算阵列而言，将乘法器的数目设置成 2048，同时采用三种重构模式，如果用数学的表示方式，那么这三种重构模式可以分别写成 $D_{1\times32}\times W_{32\times64}$、$D_{2\times32}\times W_{32\times32}$ 和 $D_{4\times16}\times W_{16\times32}$。

多种重构模式可以应对各式各样的神经网络层配置,特别是一些特殊层,如接收图片输入的第一层,输入的图片一般只有 RGB 三个通道,对于 $D_{1\times32}\times W_{32\times64}$ 这种计算模式来说,计算阵列的利用率显然是很差的,而采用 $D_{4\times16}\times W_{16\times32}$ 模式则能很好地解决利用率的问题。

在存储系统的设计上,采用了三级的存储方式,第一级缓存是跟 NPU 内部计算阵列最近的输入数据缓存 L1 buffer、权重缓存 Weight buffer,以及输出结果缓存 Result buffer。其中输出结果缓存既用于存储计算块在计算过程中的中间结果,也用于暂存计算完成之后的结果,为最终做激活、池化或者上采样等操作做准备。L1 buffer 和 Result buffer 直接跟第二级缓存 L2 buffer 进行数据交互,考虑到数据量特别大,L2 buffer 是不可能存下所有的数据块的,因此需要第三级缓存 DDR4(片外存储)。实际上,从输入和输出数据块角度看,也可以将 L2 buffer 和 DDR4 看成一个整体,这样在控制逻辑上会容易设计很多。对于参数数据来说,NPU 通过权重加载(weight loading, WL)模块实现权重数据直接从 DDR4 到 Weight buffer 加载,这是一种单向的传输。

在整个系统结构里面,设计了专门面向 Feature Refinement 的加速单元 RM 模块,RM 模块包含 4 个子模块,AnchorGen 模块根据输入特征图生成锚点坐标信息,而 Argmax 实现 argmax 函数的功能,求取评分最高的类别和尺度索引。Rbbox Transform 模块将对评分高的锚点进行修正,修正之后通过 Bilinear Interpolation 模块进行特征图的修正。RM 的硬件结构图如图 8-17 所示。AnchorGen 实际上是 Argmax 模块的控制模块,产生锚点信息以及对应索引,并利用锚点的坐标生成地址信息,来获取数据作为 Argmax 模块的输入,其中的 Argmax_buffer 就是用来缓存这些输入的。在这里采取并行比较树结构,来并行计算最大值以及最大值的坐标,并送进队列作为 Rbbox Transform 模块的输入。

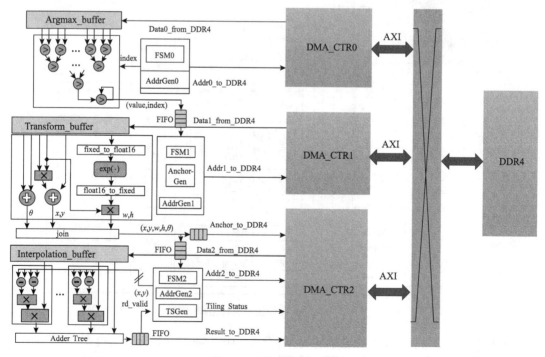

图 8-17　RM 的硬件结构图

　　对于锚点坐标信息的修正结构,用 Xilinx 的浮点 IP 库实现了 e 指数的计算功能,采用的是 float16 的数据格式,以减少指数硬件结构的资源使用,相比 32 位的浮点表示方式来说,float16 对最后精度没有影响。由于坐标信息都是定点的表示方式,因此在结构里面,会先将定点的数据格式转换成 float16,实现 e 指数的计算之后,再重新转换成定点数。为了节约计算资源,结构里面只调用了一个 e 指数计算单元,w 和 h 采用分时复用的方式进行计算,x 与 y 采用分时复用的方式进行计算。

　　插值模块会根据锚点坐标修正模块生成的修正坐标信息,生成对应特征的地址,从片外缓存读取插值所需的点的特征,并按照双线性插值方式计算插值之后的值。在这里,采取并行计算的结构,并用加法树将所有的乘积加在一起。结果输出写回片外的 DDR4,控制器根据输出结果的有效信号生成插值块的状态信息,以备调度使用。总的来说,输入数据缓存、权重缓存和输出结果缓存三个模块对应三个 DDR4 的 DMA(direct memory access,直接存储器访问)控制器,用于生成访问 DDR4 的地址,通过 crossbar 来实现对 DDR4 的读写访问。

　　除了 NPU 和 RM 模块外,还有顶层模块跟外面主机对接的 PCIe-xdma 接口,该接口允许主机端通过 AXI-MM 的访问方式读写 DDR4,或通过 AXI-Lite 访问方式对主控制器 Main Controller 中的寄存器进行读写和控制。这里 Main Controller 一方面用于调度 NPU 的计算块,另一方面用于调度 NPU 与 RM 两种计算单元,以使得这两种计算单元可以按照细粒度调度方式工作,如以下算法所示。

算法: NPU 和 RM 单元的细粒度调度算法

```
Input:  F_map_in :feature-maps from RetinaNet
        ac :anchors from bounding box transformation
Output: F_map_out :output feature-maps of RefineNet
01: initial ti=0, rf_list=[], m_list=[];
02: tile_list=TileByCoordinate(ac);
03: for each anchor_tile∈tile_list do
04:     // RM 加速
05:     tile=Interpolation(anchor_tile,F_map_in);
06:     rf_list.append(tile);
07:     ti++;
08:     if ti>1 then
09:         // NPU 加速
10:         t=RefineNetDoFirstLayer(rf_list[ti-2]);
11:         rn_list.append(t);
12:     end
13: end
14: t=RefineNetDoFirstLayer(rf_list[ti-1]);
15: rn_list.append(t);
16: F_map_out=RefineNetDoOtherLayer(rf_list);
```

　　图 8-16 展示的整个加速系统是包含两个 NPU 计算核的情况，实际应用情况下，可以根据 FPGA 的型号来设置 NPU 的核数，可以设置为 1 个核，也可以设置成 3 或 4 个核，当 NPU=1，RM=1 时，XCKU15P FPGA 资源利用情况如表 8-3 所示。当然，如果资源允许，同样也可以增加 RM 单元的数目。

表 8-3　NPU=1，RM=1 时 XCKU15P FPGA 资源利用情况

资源名	占用	空闲	百分比/%
LUT	112607 个	522720 个	21.54
LUTRAM	29830 个	161280 个	18.50
FF	187981 个	1045440 个	17.98
BRAM	246Kbit	984Kbit	25.00
URAM	73Kbit	128Kbit	57.03
DSP	643 个	1968 个	32.67
I/O	122 个	512 个	23.83
GT	1 个	56 个	1.79
BUFG	13 个	940 个	1.38
MMCM	2 个	11 个	18.18
PLL	3 个	22 个	13.64

4. 实验结果概览

　　为了衡量调度算法的有效性，分别评估了纯软件的 Feature Refinement 模块性能、无调度的 RM 性能、有调度的 RM 性能、无调度的 R3Det 性能、有调度的 R3Det 性能。图 8-18 展示了这些结果，从图中可以看到，纯软件的 Feature Refinement 模块需要消耗 62.69ms 的计算时间，而采用 RM 单元进行加速时，无调度的时候消耗了 30.02ms，实现了 2.09 倍的计算加速。如果采用了调度算法，90.84%的 RM 单元的计算时间会被 RefineNet 在 NPU 上的计算时间所掩盖，所以有调度时，在 RM 单元上的计算时间降到了 2.75ms。在整个 R3Det 算法上，没采用调度算法和采用调度算法的计算时间分别为 258.39ms 和 231.12ms，有调度比无调度时下降了 10.55%。

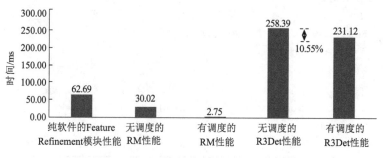

图 8-18　各类情况下的调度算法性能对比

　　将 R3Det 算法在 CPU、GPU 和 FPGA 上运行的时间、功耗进行比较，如表 8-4 所示。从表中可以看到，R3Det 算法在纯 CPU 上的吞吐量只有 0.94 帧/秒，而功耗却高达 122.9W，能量效率为每焦耳能量能计算 0.00765 帧图片，FPGA 跟 CPU 相比，无论是在吞吐量上还是在能量效率上，均远好于 CPU。对于 GPU，R3Det 算法在 Tesla V100 上的吞吐量是 6.18 帧/秒，功耗为 178.0W，能置效率为每焦耳能量能计算 0.03472 帧图片，在能效上是 CPU 的 4.54 倍。对于 FPGA，在 INT8 计算精度的情况下，获得 69.78% 的准确度，吞吐量达到 4.33 帧/秒，是 CPU 解决方案的 4.6 倍，功耗为 38.9W，能量效率为每焦耳能量能计算 0.11123 帧图片，是 CPU 的 14.54 倍，GPU 的 3.2 倍。图 8-19 展示了 FPGA 运行 DOTA 数据集的一些结果示意图，有储油罐、飞机、码头以及船舶的例子。

表 8-4　DOTA 数据集下 CPU、GPU 与 FPGA 的性能对比

平台	CPU	GPU	FPGA
设备	i5-8400	Tesla V100	XCKU15P
算法	R3Det（800 像素×800 像素）		
数据格式	float32	float32	INT8
时钟/GHz	2.8	1.3	0.5
准确度（mAP）/%	70.66	70.66	69.78
吞吐量/（帧/s）	0.94	6.18	4.33
速度	1x	6.57x	4.60x
功耗/W	122.9	178.0	38.9
能量效率/（帧/J）	0.00765	0.03472	0.11123
能量效率比率	1x	4.54x	14.54x

图 8-19　DOTA 数据集在 FPGA 上运行的一些例子

8.4　本 章 小 结

　　本章探讨了先进大数据计算系统应用实践，包括大数据试验场、医保大数据稽核和遥感大数据计算等。本章分别对这些应用实践内容进行介绍，包括它们的背景、架构和评价标准等。经过本章学习，读者能够对先进大数据计算系统应用实践有一定了解。

第9章 大数据计算的生态体系和发展趋势

大数据计算已经成为支撑现代社会运行的重要基石，它不仅改变了信息的存储、处理和分析方式，还深刻地影响了经济、政治、文化等各个领域。展望未来，大数据计算的生态体系将更加完善，发展趋势将更加多元，而大数据与人工智能的结合将开启智能时代的新篇章。

当前，大数据计算生态体系已经初具规模。从硬件层面来看，高性能计算设备、分布式存储系统以及高速网络设施为大数据的处理和分析提供了强有力的支持。从软件层面来看，大数据处理框架、分析工具以及可视化平台等软件产品不断发展，使得大数据的挖掘和应用变得更加便捷；知识工程可以加强大数据计算的应用效果，通过知识工程的技术手段，可以将大数据计算应用于各个领域，提高行业的运行效率，创造新的价值；智能算法中的机器学习、深度学习等技术可以对大数据进行深度的挖掘和分析，提取出其中的有用信息，为决策提供支持；而网络安全在大数据计算中的应用显得尤为重要。只有确保网络安全，才能保障大数据计算的正常运行。

未来，大数据计算的发展趋势将体现在以下几个方面，包括数据应用密集化、算力异构加速化、全局高阶互联化、数据安全资产化、全栈自主可控化、软硬系统节能化等。在大数据与人工智能的结合方面，未来的展望十分广阔。人工智能依赖于大数据提供的丰富训练数据，通过深度学习、强化学习等技术，人工智能可以不断优化自身的算法，提高智能系统的智能水平。

9.1 大数据计算生态体系

"信息是 21 世纪的石油，而分析则是内燃机。"Peter Sondergaard 的金句道出了当前大数据时代的深刻本质：计算大于数据，生态驱动数据。如果没有内燃机，石油只是埋在地下的烃化物。如果没有计算和分析，再多的数据也无法构成当前错综复杂的生态链路。如今，筑起大数据计算生态体系的"砌石"数不胜数，而林立于数据高台华山论剑的大家亦藏诸名山，诸子均有各自学说，并在不断的交流中发生碰撞，这也正是当前学术界所愿意看到和接受的。那么去除榫卯，在当前复杂严峻的网络环境下，大数据计算生态体系的骨架可分为知识工程、智能算法、算力基础设施以及网络安全四个部分。知识工程为"路"，指引信息化迈向智能化的方向；智能算法则为"刃"，斩断通用智能化途中的一切荆棘；算力基础设施可作为"粮"，满足数据计算的基本需求；网络安全则为"盾"，防御数据内部漏洞以及外来数据病毒等。以刃开路，举盾护粮，路为粮行，粮亦可造刃。这相辅相成的四个部分构成了当前数据生态体系的四个基石。

9.1.1 大数据计算与知识工程

知识工程是一个跨学科的领域，旨在研究如何利用计算机和信息技术来获取、表示、存储、推理和应用知识。知识工程涉及知识获取、知识表示、知识存储、知识推理等方面。在知识工程中，重点关注的是将人类的知识转化为可计算和可利用的形式，以支持各种智能系统的开发和应用。这包括知识图谱、本体论、专家系统、推荐系统等。知识工程在大数据计算里有如下 5 个方面的作用。

1. 知识表示和组织

知识工程将领域知识形式化为可计算的表示形式，如本体、知识图谱等，若将不同表示形式按照一定的逻辑关系进行分层次分模块的组织，则可为大数据计算提供清晰的结构化知识框架及关系组织。

这种结构化的知识框架及关系组织能够帮助大数据计算系统更好地理解和利用数据，提高数据的可发现性、可访问性和可理解性。

2. 知识获取和挖掘

知识工程通过知识获取和挖掘技术，从大数据中提取隐含的、有用的知识。

这些知识可以包括领域专家的经验知识、规则、模式等，通过知识工程的技术，将这些知识转化为可计算的形式，用于数据分析、智能推荐、决策支持等。

3. 知识推理和智能决策

知识工程的推理机制能够基于已有的知识，进行逻辑推理、推断，从而实现智能决策和问题解决。

在大数据计算中，通过结合大数据技术和知识工程的推理能力，可以构建更智能、更灵活的决策支持系统和智能应用。

4. 知识融合和协同

大数据计算往往涉及多源、异构的数据，而知识工程可以帮助将这些数据整合、融合，构建统一的知识图谱或知识库。

通过知识融合和协同，可以更好地利用各种数据资源，挖掘出更深层次的知识和洞见，支持更复杂、更综合的应用场景。

5. 智能化应用开发

知识工程为大数据计算提供了智能化应用开发的基础和支撑，使得开发者能够利用已有的知识和推理能力，快速构建智能化的数据分析、推荐系统等应用。

这种智能化应用开发能够提高开发效率，降低开发难度，同时也提升了应用的智能性和用户体验。

综上所述，知识工程在大数据计算中扮演着至关重要的角色，通过知识表示、知识获取、知识推理等技术手段，为大数据计算提供了丰富的语义信息和强大的智能支持，促进了大数据的挖掘、分析和应用，对推动数据驱动的智能化发展具有重要意义。

9.1.2 大数据计算与智能算法

智能算法是一类能够模拟人类智能、自动学习和适应环境的计算机算法。它们能够从数据中学习规律、发现模式，并基于学习到的知识做出决策或执行特定任务。智能算法通常包括以下几种主要类型。

1. 机器学习算法

机器学习算法是智能算法的一种重要类型，它可以自动地从数据中学习，并通过学习到的知识来做出预测或者决策。机器学习算法分为监督学习、无监督学习和半监督学习等不同类型，如线性回归、决策树、支持向量机、神经网络等。在这里，不得不提基于人工神经网络模型的机器学习算法——深度学习算法。其核心思想是通过多层次的神经网络模拟人类大脑的工作原理，实现对复杂数据的学习和抽象表示。深度学习算法在图像识别、语音识别、自然语言处理等领域取得了显著的成就，如卷积神经网络(convolutional neural network, CNN)、循环神经网络(recurrent neural network, RNN)、长短期记忆网络(long short-term memory network, LSTM)等。

2. 进化算法

进化算法是一类受生物进化理论启发的优化算法，通过模拟自然选择、交叉和变异等过程来寻找问题的最优解或者近似最优解。进化算法包括遗传算法、粒子群算法、模拟退火等，常用于解决复杂的优化问题。

3. 其他智能算法

除了上述提到的主流智能算法之外，还有许多其他类型的智能算法，如模拟退火算法、蚁群算法、人工免疫算法等，它们分别通过模拟自然现象或者人类认知过程来解决问题。

智能算法的特点包括自动化、适应性、灵活性和智能性，它们可以应用于各种领域，如数据挖掘、预测分析、优化问题、自动决策等，为解决实际问题提供了强大的工具和方法。

智能算法在大数据分析里面有如下四个方面的重要特性。

(1)数据挖掘和分析：智能算法可以帮助从海量数据中挖掘出隐藏的模式、规律和关系，从而为业务决策提供支持。

(2)预测和预测分析：通过建立模型并进行预测，智能算法可以预测未来趋势、事件和结果，帮助企业做出更准确的决策。

(3)优化和调优：智能算法可以应用于各种优化问题中，如资源分配、成本最小化、参数调优等，以提高效率和性能。

(4)自动化决策和智能控制：智能算法可以构建智能系统，实现自动化决策和智能控制，如智能推荐系统、智能客服等。

智能算法可以通过自动化和智能化的方式，加速数据处理和决策过程，提高工作效率和生产力。同时，智能算法能够从大数据中挖掘出隐藏的信息和知识，帮助人们发现新的洞见、趋势和机会，推动创新和发展。此外，智能算法可以基于数据和模型进行决策分析和预测，提供科学、客观的决策依据，降低决策的风险和不确定性。在用户体验上，智能算法可以根据个体的特征和偏好，提供个性化的服务和推荐，提升用户体验和满意度。智能算法在大数据计算中具有重要作用和深远意义，它们的应用可以推动数据驱动的智能化发展，促进各行业的转型和升级，为社会带来更多的价值和福祉。

9.1.3　大数据计算与算力基础设施

算力基础设施主要包括三个部分，即硬件设施、软件平台和数据中心设施。硬件设施包括高性能计算(HPC)集群、分布式计算集群、GPU加速器、高速网络等，为大数据计算提供了强大的计算和存储能力。软件平台包括分布式计算框架(如 Hadoop、Spark)、容器编排系统(如 kubernetes)、云计算平台(如 AWS、Azure、Google Cloud)等，提供了大数据计算的基础设施和环境。数据中心设施包括服务器、存储设备、网络设备、冷却系统等，构建了大规模的数据处理和存储基础设施，以支持大数据计算的高效运行。

算力基础设施负责提供计算和存储资源，能够满足海量数据的处理和分析需求。相关设施也可以通过分布式计算集群和相关技术，实现大规模数据的并行处理和分布式计算，提高计算效率和性能。在云计算飞速发展的今天，算力基础设施采用云计算技术，能够实现弹性扩展和按需分配资源，根据需求动态调整计算和存储资源，以应对不同规模和变化的工作负载。当然，算力基础设施需要通过高可用性、容错机制和安全措施，保障大数据计算系统的稳定运行和数据安全。

由此看来，算力基础设施为大数据计算提供了强大的计算和存储能力，能够加速数据处理和分析过程，提高工作效率和生产力；为开发人员和研究者提供了丰富的计算和存储资源，促进了创新应用的开发和实现，推动了科技创新和产业发展。算力基础设施还能够为大数据分析和智能决策提供强大的支持，帮助企业从数据中提取价值、优化业务流程，实现数据驱动的智能化发展。算力基础设施也为企业和组织提供了数字化转型的基础设施和技术支持，帮助其实现业务的数字化、智能化和云化，提升竞争力和创新能力。

9.1.4　大数据计算与网络安全

网络安全主要包含以下几个部分。

(1) 数据保护：包括对数据的加密、脱敏、身份认证和访问控制等技术措施，以确保数据在存储、传输和处理过程中的安全性和完整性。

(2) 网络防御：建立完善的网络防火墙、入侵检测系统(intrusion detection system, IDS)和入侵防御系统(intrusion prevention system, IPS)，及时发现并阻止恶意攻击，保障网络和系统的安全。

(3) 恶意代码防护：通过反病毒软件、安全补丁和行为分析等手段，检测和防范恶意软件、病毒、木马等恶意代码对系统的攻击和破坏。

(4) 安全监控和日志管理：建立安全事件监控系统，实时监测网络和系统的安全状态，并对异常行为和安全事件进行日志记录和分析，以及时响应和处置安全威胁。

在大数据计算中，重视网络安全有助于保护数据安全，网络安全措施能够有效地保护大数据在传输、存储和处理过程中的安全，避免数据泄露、篡改和盗用，确保数据的机密性和完整性。同时，网络安全措施能够有效地防范各种网络攻击，包括但不限于DDoS(distributed denial of service, 分布式拒绝服务)、SQL 注入、跨站脚本等攻击手段，保护系统免受攻击和损害。除此之外，网络安全措施能够减少恶意攻击和恶意代码对系统的影响，提高系统的稳定性和可靠性，保障系统的正常运行。用户隐私在大数据计算中是不可忽视的，网络安全措施能够保障用户的个人信息和隐私，确保用户数据不被非法获取和滥用，维护用户权益和信任。

大数据中包含大量的敏感信息和商业机密，而网络安全能够保障这些信息的安全性和完整性，避免泄露和损失，维护组织的声誉和利益。同时，其能够建立信任和保障机制，增强数据共享和合作的信心，促进跨组织、跨领域的数据共享与合作，推动数据驱动的创新和发展。

9.2　大数据计算未来发展趋势

在大数据计算发展过程中，逐渐表现出如图 9-1 所示的几种发展趋势。

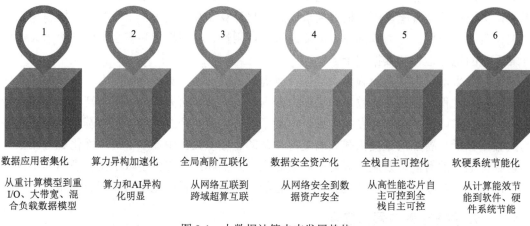

图 9-1　大数据计算未来发展趋势

9.2.1　数据应用密集化

数据应用密集化意味着不同部门、不同系统之间的数据集成和共享程度增加，数据被整合到统一的平台或数据库中，供多个部门或应用程序使用，实现了数据的共享和协作；数据也将用于训练机器学习模型，实现智能化应用。此外，数据应用越来越注重对实时数据的处理和分析，实时数据被及时地采集、处理和分析，从而实现了对实时事件的快速响应和决策。在数据安全和隐私保护方面，随着数据应用密集程度的增大，加强数据隐私保护和安全控制也成为未来发展的重中之重。

9.2.2　算力异构加速化

算力异构加速化是指利用多种类型的硬件加速器来提升计算性能和效率的技术趋势。随着技术的进步，硬件加速器的种类将日益丰富，包括现有的 GPU（图形处理单元）、FPGA（现场可编程门阵列）、ASIC（专用集成电路）等。未来，也将涌现出一批性能更为强大的神经形态芯片。这些硬件加速器在不同的应用场景中展现出不同的性能优势。在这些加速器优势的加持下，越来越多的计算平台将采用混合架构，即同时集成多种类型的硬件加速器。此外，各种异构编程模型不断涌现。这些编程模型可以让开发者针对不同的硬件加速器进行优化,提高应用程序的性能和效率。在大型云计算平台上,通过多云协同的方式亦体现出算力异构加速化技术的快速发展趋势。

9.2.3　全局高阶互联化

在大数据计算领域,全局高阶互联化主要表现在以下几个方面。

(1)全球数据共享与交换:大数据计算促进了全球范围内的数据共享和交换。不同地区、不同组织之间可以通过互联网和大数据平台共享数据资源,实现数据的跨区域、跨机构流动与利用,从而推动全球数据资源的共享和协作。

(2)全球数据采集与监控:大数据计算技术可以实现全球范围内的数据采集和监控。通过物联网设备、传感器网络等技术,可以实时地采集和监控全球各地的数据,包括气象数据、环境数据、交通数据等,为全球范围内的决策和应用提供数据支持。

(3)全球数据安全与隐私保护:面对全球范围内的数据流动和共享,大数据计算促进了全球数据安全与隐私保护的合作与交流。各国和地区可以通过技术标准、政策法规等手段加强数据安全和隐私保护,保护用户的个人隐私和数据安全。

9.2.4　数据安全资产化

数据安全资产化指的是将数据安全管理与保护视为一项重要的资产和战略,通过相应的技术、策略和流程来管理和保护数据,以确保数据的安全性、完整性和可用性。其表现如下。

(1)组织建立完善的数据安全策略和标准,明确数据安全的管理原则、目标和措施,以及相应的数据安全标准和规范。

(2)根据数据的重要性和敏感程度,对数据进行分类和分级,采取相应的安全措施和保护措施。

(3)采用各种安全技术和工具来保护数据安全,包括防火墙、入侵检测系统(IDS)、加密技术、访问控制技术等,以及安全管理和监控工具,确保数据受到全面的保护。

(4)建立数据安全监控系统,做好数据安全的应急响应工作。

(5)定期对数据安全进行评估和检查,发现安全隐患和问题,及时采取措施加以改进和修复,持续提升数据安全管理和保护水平。

通过这些措施,组织可以有效地管理和保护数据资产,确保数据的安全性、完整性和可用性,提高组织的安全防护能力和应对风险的能力。

9.2.5　全栈自主可控化

在整个大数据计算生态体系中,各个层级(从基础设施层到应用层)都具备可控性,使得数据的处理和分析过程能够在自主控制的环境下进行。

(1)在基础设施层,组织可以选择自建数据中心或使用云服务提供商的资源,实现基础设施的自主控制。

(2)在数据存储和处理层,组织可以选择合适的数据存储和处理技术,如 Hadoop、Spark、Hive 等开源框架,建立自己的数据处理平台。

（3）在数据治理和安全层，组织可以建立自己的数据治理政策和安全策略，制定数据访问控制、数据备份和恢复、数据加密等措施，确保数据的安全和合规。

（4）在数据分析和挖掘层，组织可以选择合适的数据分析和挖掘工具，如机器学习算法、数据可视化工具等，实现对数据的深度分析和挖掘。

（5）在应用层，组织可以开发和部署自己的数据应用，如智能推荐系统、风险预测模型等，实现对数据的应用和价值的最大化。

大数据计算全栈自主可控化体现在每个层级既能独立运作以适应变化，同时也能被更高层级有效地管理和监督，从而可以更好地管理和保护数据，实现数据的高效处理和分析。

9.2.6 软硬系统节能化

大数据计算未来发展趋势中，软硬系统节能化是一个重要的发展方向。这一趋势的体现包括以下几个方面。

（1）能效优化的硬件设备：硬件设备在设计和制造过程中越来越注重能效优化。例如，服务器、存储设备、网络设备等硬件设备均开始采用更加节能的设计，如低功耗组件、智能节能管理功能等，以降低能源消耗。

（2）数据中心节能技术：数据中心作为大数据计算的重要基础设施，采用了多种节能技术来降低能源消耗。例如，采用了高效的制冷系统和空调系统，利用冷热通道隔离技术和智能温控技术，提高数据中心的能效。

（3）资源利用率的优化：大数据计算软件平台通过优化资源调度和管理，提高了资源利用率，从而降低了能源消耗。例如，采用了分布式计算框架和资源管理工具，实现了对计算资源的动态调整和优化，避免了资源的闲置和浪费。

除了以上三类优化技术，软硬系统节能化还体现在算法和优化技术以及智能能源管理系统等多个方面。这些节能措施有效地降低了大数据计算过程中的能源消耗，提高了能源利用效率，符合可持续发展的要求。

9.3 本 章 小 结

在大数据时代，数据已经成为驱动科技发展和社会进步的核心资源。大数据计算作为处理和分析海量数据的关键技术，扮演着重要的角色，对于各个领域的发展都具有重要意义。本章从生态体系和未来发展趋势对大数据计算进行了深入探讨。通过对大数据计算的全面了解，可以看到它在促进科技创新、推动经济增长、改善生活品质等方面的巨大潜力和作用。

先进大数据计算的生态体系展示了它作为一个完整的技术体系的结构和组成部分。在生态体系中，数据收集、存储、处理、分析和应用等环节相互配合，形成了一个相对完整的数据处理和利用的生态系统。各个环节之间的协同作用和互相支持，为大数据计算的实施提供了有力保障。

未来，大数据计算将更加注重数据安全和隐私保护、智能化和自动化、生态化和可持续发展。同时，大数据计算也将与人工智能、物联网、区块链等新兴技术相结合，推动数字化转型和智能化升级。

后　　记

通过本书对大数据计算系统的介绍与探讨，可以看到大数据计算技术在不断发展和演进的过程中，已经成为信息时代的重要组成部分。从大数据计算的基本概念和核心技术，到大数据计算的演进历程和系统架构，再到大数据计算在各个领域的应用实践，逐步深入了解了这一领域的方方面面。

在传统大数据计算框架和软件架构的基础上，先进大数据计算系统的出现提供了更多的可能性。领域专用软硬件协同计算系统的提出以及各种先进技术的应用为大数据计算带来了更高的效率和更广阔的应用领域。同时，计算机体系结构模拟仿真技术的发展也提供了有效的工具来评估和优化系统性能。

在加速芯片和晶圆级异质集成计算系统的推动下，大数据计算系统的性能和功能得到了进一步提升。GPU、FPGA、TPU、DPU 等加速芯片的出现为大数据计算带来了更高的计算速度和更低的能耗，为大数据应用的发展提供了强有力的支持。

在先进大数据计算系统的应用实践中，看到了大数据技术在不同领域的广泛应用。从大数据试验场、医保大数据稽核到遥感大数据计算，大数据计算系统正在为各行各业的发展提供着重要支撑。

展望未来，随着大数据技术的不断发展和完善，大数据计算将在生态体系、发展趋势等方面继续迎来新的挑战和机遇。期待着大数据计算在知识工程、智能算法、算力基础设施、网络安全等领域的深入应用，为推动人类社会的进步和发展做出更大的贡献。

让我们共同期待着大数据计算技术的未来，为构建数字化、智能化的世界贡献力量！

参 考 文 献

窦勇, 王嘉伦, 苏华友, 等, 2020. 从计算机体系结构发展历程看数据流计算思想[J]. 中国科学: 信息科学, 50(11): 1697-1713.

高彦钊, 王建明, 雷志勇, 等, 2021. 分布式机会阵雷达拟态信号处理方法[J]. 现代雷达, 43(11): 1-8.

高彦钊, 张永丽, 沈剑良, 等, 2020. 基于拟态计算的软件化雷达信号处理体系架构[J]. 通信与计算技术, 40(2): 10-14.

李兆奇, 2017. 面向分组密码算法的粗粒度可重构架构高效能设计与优化[D]. 南京: 东南大学.

李宗伟, 2022. 大数据分析可视化[M]. 北京: 人民邮电出版社.

梁浩, 陈福才, 季新生, 等, 2019. 天地一体化信息网络发展与拟态技术应用构想[J]. 中国科学: 信息科学, 49(7): 799-818.

吕平, 刘勤让, 邬江兴, 等, 2018. 新一代软件定义体系架构[J]. 中国科学: 信息科学, 48(3): 315-328.

潘谈, 2014. 计算机指令系统的发展与研究[J]. 黑龙江科技信息(31): 177.

谭健, 周清雷, 斯雪明, 等, 2017. 全流水架构 MD5 算法在拟态计算机上的实现及改进[J]. 小型微型计算机系统, 38(6): 1216-1220.

魏少军, 刘雷波, 尹首一, 2014. 可重构计算[M]. 北京: 科学出版社.

邬江兴, 2014. 拟态计算与拟态安全防御的原意和愿景[J]. 电信科学, 30(7): 2-7.

席胜鑫, 张文宁, 周清雷, 等, 2018. 基于拟态计算机的 SHA512 算法高吞吐量实现[J]. 计算机工程与科学, 40(8): 1344-1350.

向聪, 冯大政, 和洁, 2010. 机载雷达三维空时两级降维自适应处理[J]. 电子与信息学报, 32(8): 1869-1873.

张文文, 邓佳伟, 徐稳, 2018. 一种基于拟态高性能计算的模式识别系统及方法: CN107908473A[P].

中国信息通信研究院, 2022. 大数据白皮书(2022)[M]. 北京: 人民邮电出版社.

朱敏, 2014. 互联网体系结构应用适应性评估方法研究[M]. 北京: 清华大学出版社.

AARNO D, ENGBLOM J, 2014. Software and system development using virtual platforms: full-system simulation with wind river Simics[M]. San Francisco: Morgan Kaufmann.

ADALSTEINSSON H, CRANFORD S, EVENSKY D A, et al., 2010. A simulator for large-scale parallel computer architectures[J]. International journal of distributed systems and technologies, 1(2): 57-73.

AGRAWAL R, SRIKANT R, 1994. Fast algorithms for mining association rules[C]. The 20th international conference on very large data bases(VLDB). Santiago.

AMDAHL G M, 1964. The structure of SYSTEM/360, part Ⅲ: processing unit design considerations[J]. IBM systems journal, 3(2): 144-164.

ARDESTANI E K, RENAU J, 2013. ESESC: a fast multicore simulator using time-based sampling[C]. 2013 IEEE 19th international symposium on high performance computer architecture (HPCA). Shenzhen.

ARGOLLO E, FALCÓN A, FARABOSCHI P, et al., 2009. COTSon: Infrastructure for full system simulation[J]. ACM SIGOPS operating systems review, 43(1): 52-61.

AUSTIN T, LARSON E, ERNST D, 2002. SimpleScalar: an infrastructure for computer system modeling[J]. Computer, 35(2): 59-67.

BINKERT N, BECKMANN B, BLACK G, et al., 2011. The gem5 simulator[J]. ACM SIGARCH computer architecture news, 39(2): 1-7.

BIRMAN K P, 1993. The process group approach to reliable distributed computing[J]. Communications of the ACM, 36(12): 37-53.

BOHR M, 2007. A 30 year retrospective on Dennard's MOSFET scaling paper[J]. IEEE solid-state circuits society newsletter, 12(1): 11-13.

BONVIN D, SRINIVASAN B, HUNKELER D, 2006. Control and optimization of batch processes[J]. IEEE control systems magazine, 26(6): 34-45.

BREIMAN L, FRIEDMAN J H, OLSHEN R A, et al., 1984. Classification and regression trees (CART)[J]. Biometrics, 40(3): 358.

BURSTEIN I, 2021. Nvidia data center processing unit (DPU) architecture[C]. 2021 IEEE hot chips 33 symposium (HCS). Palo Alto.

CALHEIROS R N, RANJAN R, BELOGLAZOV A, et al., 2011. CloudSim: a toolkit for modeling and simulation of cloud computing environments and evaluation of resource provisioning algorithms[J]. Software-practice and experience, 41(1): 23-50.

CARBONE P, KATSIFODIMOS A, EWEN S, et al., 2015. Apache Flink: stream and batch processing in a single engine[J]. The bulletin of the technical committee on data engineering, 38(4): 28-38.

CARLSON T E, HEIRMAN W, EECKHOUT L, 2011. Sniper: exploring the level of abstraction for scalable and accurate parallel multi-core simulation[C]. 2011 international conference for high performance computing, networking, storage and analysis. Seattle.

CHEN H M, YANG C, ZHANG X M, et al., 2021. From symbols to embeddings: a tale of two representations in computational social science[J]. Journal of social computing, 2(2): 103-156.

CHEN T Q, GUESTRIN C, 2016. XGBoost: a scalable tree boosting system[C]. The 22nd ACM SIGKDD international conference on knowledge discovery and data mining. San Francisco.

CMELIK B, KEPPEL D, 1994. Shade: a fast instruction-set simulator for execution profiling[C]. The 1994 ACM SIGMETRICS conference on measurement and modeling of computer systems.

COLLANGE C, DAUMAS M, DEFOUR D, et al., 2010. Barra: a parallel functional simulator for GPGPU[C]. 2010 IEEE international symposium on modeling, analysis and simulation of computer and telecommunication systems. Miami Beach.

CORTES C, VAPNIK V, 1995. Support-vector networks[J]. Machine learning, 20(3): 273-297.

COVER T, HART P, 1967. Nearest neighbor pattern classification[J]. IEEE transactions on information theory, 13(1): 21-27.

DEHON A, WAWRZYNEK J, 1999. Reconfigurable computing: what, why, and implications for design automation[C]. 1999 design automation conference. New Orleans.

DENNIS J B, 1968. Programming generality, parallelism and computer architecture[J]. IFIP congress booklet C software.

EMER J, AHUJA P, BORCH E, et al., 2002 Asim: a performance model framework[J]. Computer, 35(2): 68-76.

ESTER M, KRIEGEL H P, SANDER J, et al., 1996. A density-based algorithm for discovering clusters in large spatial databases with noise[C]. The second international conference on knowledge discovery and data mining(KDD-96). Portland.

ESTRIN G, 1960. Organization of computer systems: the fixed plus variable structure computer[C]. Western joint IRE-AIEE-ACM computer conference. San Francisco.

FOX G C, WILLIAMS R D, MESSINA G C, 1994. Parallel computing works![M]. Amsterdam: Elsevier.

FREUND Y, SCHAPIRE R E, 1997. A decision-theoretic generalization of on-line learning and an application to boosting[J]. Journal of computer and system sciences, 55(1): 119-139.

GARG N, 2013. Apache Kafka[M]. Birmingham: Packt Publishing.

HAN J W, PEI J, YIN Y W, 2000. Mining frequent patterns without candidate generation[J]. ACM SIGMO drecord, 29(2): 1-12.

HARTENSTEIN R W, HIRSCHBIEL A G, RIEDMULLER M, et al., 1991. A novel ASIC design approach based on a new machine paradigm[J]. IEEE journal of solid-state circuits, 26(7): 975-989.

HASSANI S, SOUTHERN G, RENAU J, 2016. LiveSim: going live with microarchitecture simulation[C]. 2016 IEEE international symposium on high performance computer architecture (HPCA). Barcelona.

HE K M, ZHANG X Y, REN S Q, et al., 2016. Deep residual learning for image recognition[C]. 2016 IEEE conference on computer vision and pattern recognition (CVPR). Las Vegas.

HENNESSY J L, PATTERSON D A, 2019. A new golden age for computer architecture[J]. Communications of the ACM, 62(2): 48-60.

HUANG J, 2000 .The simulator for multi-threaded computer architecture (SIMCA), Release 1.2[J]. http://www.cs.umn.edu/Research/Agassiz/Tools/SIMCA/simca.html.

HUGHES C J, PAI V S, RANGANATHAN P, et al., 2002. Rsim: simulating shared-memory multiprocessors with ILP processors[J]. Computer, 35(2): 40-49.

IBBETT R N, HEYWOOD P E, HOWELL F W, 1995. HASE: a flexible toolset for computer architects[J]. Computer journal, 38(10): 755-764.

IBM, 2004. Optimize observability with IBM Cloud Logs to help improve infrastructure and app performance [EB/OL]. [2024-09-13]. https://www.ibm.com/blog/announcement/ibm-cloud-logs-observability.

JALEEL A, COHN R S, LUK C K, et al., 2008. CMP$im: a pin-based on-the-fly multi-core Cache simulator[C]. 4th Annu. Workshop Modeling, Benchmarking Simulation(MoBS), co-Located ISCA. Beijing.

JAMAIN A, HAND D J, 2005. The naive Bayes mystery: a classification detective story[J]. Pattern recognition letters, 26(11): 1752-1760.

JUMPER J, EVANS R, PRITZEL A, et al., 2021. Highly accurate protein structure prediction with AlphaFold[J]. Nature, 596(7873): 583-589.

KARANDIKAR S, MAO H, KIM D, et al., 2018. FireSim: FPGA-accelerated cycle-exact scale-out system simulation in the public cloud[C]. 2018 ACM/IEEE 45th annual international symposium on computer architecture (ISCA). Los Angeles.

KISE K, KATAGIRI T, HONDA H, et al., 2004. The SimCore/Alpha functional simulator[C]. The 2004 workshop on computer architecture education held in conjunction with the 31st international symposium on computer architecture. Munich.

KYROLA A, BLELLOCH G, GUESTRIN C, 2012. GraphChi: large-scale graph computation on just a PC[C]. In 10th USENIX symposium on operating systems design and implementation (OSDI'12). Hollywood.

LAM C, 2010. Hadoop in action[M]. New York : Simon and Schuster.

LI W W, SUO X W, CHENG L, et al., 2023. DARPA electronics resurgence initiative 2.0 program layout in fiscal year 2024[C]. 2023 6th international conference on computing and big data (ICCBD). Shanghai.

LIN T Y, GOYAL P, GIRSHICK R, et al., 2017. Focal loss for dense object detection[C]. 2017 IEEE international conference on computer vision (ICCV). Venice.

LIN Y F, YANG X J, XU X H, et al., 2013. VACED-SIM: a simulator for scalability prediction in large-scale parallel computing[J]. IEICE TRANSACTIONS on information and systems, 96(7): 1430-1442.

LIU W, ANGUELOV D, ERHAN D, et al., 2016. SSD: single shot MultiBox detector[C]. Computer vision-ECCV 2016: 14th European conference. Amsterdam.

LIU Z K, WANG H Z, WENG L B, et al., 2016. Ship rotated bounding box space for ship extraction from high-resolution optical satellite images with complex backgrounds[J]. IEEE geoscience and remote sensing letters, 13(8): 1074-1078.

LU Y N, LIU L B, ZHU J F, et al., 2020. Architecture, challenges and applications of dynamic reconfigurable computing[J]. Journal of semiconductors, 41(2): 021401.

MACQUEEN J, 1967. Some methods for classification and analysis of multivariate observations[C]. The fifth Berkeley symposium on mathematical statistics and probability. Berkeley.

MILLER J E, KASTURE H, KURIAN G, et al., 2010. Graphite: a distributed parallel simulator for multicores[C]. HPCA-16 2010 the sixteenth international symposium on high-performance computer architecture. Bangalore.

NICKOLLS J, DALLY W J, 2010. The GPU computing era[J]. IEEE micro, 30(2): 56-69.

PATEL A, AFRAM F, CHEN S F, et al., 2011. MARSS: a full system simulator for multicore x86 CPUs[C]. 2011 48th ACM/EDAC/IEEE design automation conference (DAC). San Diego.

PATTI D, SPADACCINI A, PALESI M, et al., 2012. Supporting undergraduate computer architecture students using a visual MIPS64 CPU simulator[J]. IEEE transactions on education, 55(3): 406-411.

PELLAUER M, ADLER M, KINSY M, et al., 2011. HAsim: FPGA-based high-detail multicore simulation using time-division multiplexing[C]. 2011 IEEE 17th international symposium on high performance computer architecture. San Antonio.

QUINLAN J R, 1993. C4.5: programs for machine learning[M]. San Francisco: Morgan Kaufmann.

REDMON J, DIVVALA S, GIRSHICK R, et al., 2016. You only look once: unified, real-time object detection[C]. 2016 IEEE conference on computer vision and pattern recognition (CVPR). Las Vegas.

ROSENBLUM M, HERROD S A, WITCHEL E, et al., 1995. Complete computer system simulation: the SimOS approach[J]. IEEE parallel & distributed technology: systems & applications, 3(4): 34-43.

ROWLEY J, 2007. The wisdom hierarchy: representations of the DIKW hierarchy[J]. Journal of information science, 33(2): 163-180.

RUSSOM P, 2011. TDWI best practices report [J]. Big data analytics, 19(4): 1-34.

SALLOUM S, DAUTOV R, CHEN X J, et al., 2016. Big data analytics on Apache Spark[J]. International journal of data science and analytics, 1(3): 145-164.

SAON G, KURATA G, SERCU T, et al., 2017. English conversational telephone speech recognition by humans and machines[J].

SEBASTIAN A, LE GALLO M, KHADDAM-ALJAMEH R, et al., 2020. Memory devices and applications for in-memory computing[J]. Nature nanotechnology, 15(7): 529-544.

SHARMA A, NGUYEN A T, TORELLAS J, et al., 1996. Augmint: a multiprocessor simulation environment for Intel x86 architectures[J]. Center for Supercomputing Research and Development (CSRD) Technical Report, 1463.

SHI W S, CAO J, ZHANG Q, et al., 2016. Edge computing: vision and challenges[J]. IEEE internet of things journal, 3(5): 637-646.

SNYTNIKOVA T V, 2019. Processing-in-memory: current trends in the development of technology[J]. Microprocessors and microsystems, 67: 28-41.

STEPHENS R, 1997. A survey of stream processing[J]. Acta informatica, 34(7): 491-541.

SURYA S R, RESMI S R, 2023. Deep neural network architecture for face mask detection against COVID-19 pandemic using pre-trained exception network[J].

SZELISKI R, 2022. Computer vision: algorithms and applications[M]. Berlin: Springer Nature.

TOSHNIWAL A, TANEJA S, SHUKLA A, et al., 2014. Storm@ twitter[C]. The 2014 ACM SIGMOD international conference on management of data. Snowbird.

UBAL R, SAHUQUILLO J, PETIT S, et al., 2007. Multi2Sim: a simulation framework to evaluate multicore-multithreaded processors[C]. 19th international symposium on computer architecture and high performance computing (SBAC-PAD'07). Gramado.

WANG D, GANESH B, TUAYCHAROEN N, et al., 2005. DRAMsim: a memory system simulator[J]. ACM SIGARCH computer architecture news, 33(4): 100-107.

WANG Y X, 2002. The real-time process algebra (RTPA)[J]. Annals of software engineering, 14(1): 235-274.

WATERMAN A, LEE Y, AVIZIENIS R, et al., 2013. The RISC-V instruction set[C]. 2013 IEEE hot chips 25 symposium (HCS). Stanford.

WEI M L, 2007. Software and hardware support for data intensive computing[J].

XIA G S, BAI X, DING J, et al., 2018. DOTA: a large-scale dataset for object detection in aerial images[C]. 2018 IEEE/CVF conference on computer vision and pattern recognition. Salt Lake City.

YOURST M T, 2007. PTLsim: a cycle accurate full system x86-64 microarchitectural simulator[C]. 2007 IEEE international symposium on performance analysis of systems & software. San Jose.

ZAHARIA M, CHOWDHURY M, DAS T, et al., 2012. Resilient distributed datasets: a {Fault-Tolerant} abstraction for {In-Memory} cluster computing[C]. 9th USENIX symposium on networked systems design and implementation (NSDI 12).

ZHIRNOV V, 2020. Decadal plan for semiconductors: new compute trajectories for energy-efficient computing; key messages[R]. Albuquerque: Sandia National Lab. (SNL-NM).

ZHOU X Y, WANG D Q, KRÄHENBÜHL P, 2019. Objects as Points[J].

ZHOU X Y, ZHUO J C, KRÄHENBÜHL P, 2019. Bottom-up object detection by grouping extreme and center points[C]. 2019 IEEE/CVF conference on computer vision and pattern recognition (CVPR). Long Beach.